特高压直流输电技术

研究成果专辑

(2012年)

国家电网公司　组编

中国电力出版社
CHINA ELECTRIC POWER PRESS

内 容 提 要

本书是国家电网公司对2012年特高压直流输电工程建设情况和特高压直流输电技术研究成果的全面回顾和总结。

本书共分8章，介绍了2012年度完成的特高压直流输电关键技术课题和单项专题的研究成果，主要内容包括±800kV、8000MW特高压直流输电工程成套设计、设备技术规范、换流站工程专题研究、线路工程专题研究；±1000kV特高压直流输电关键技术研发与设备研制；锦苏±800kV特高压直流输电工程系统试验研究与实践。

本书可供从事特高压直流输电技术设计、研究、工程建设方面的技术人员和相关管理人员使用，也可供高等院校相关专业师生参考。

图书在版编目（CIP）数据

特高压直流输电技术研究成果专辑. 2012年 / 国家电网公司组编. —北京：中国电力出版社，2015.9

ISBN 978-7-5123-7988-6

Ⅰ. ①特… Ⅱ. ①国… Ⅲ. ①特高压输电-直流输电-输电技术-研究 Ⅳ. ①TM726.1

中国版本图书馆CIP数据核字（2015）第148495号

中国电力出版社出版、发行

（北京市东城区北京站西街19号 100005 http://www.cepp.sgcc.com.cn）

北京丰源印刷厂印刷

各地新华书店经售

*

2015年9月第一版 2015年9月北京第一次印刷

880毫米×1230毫米 16开本 19.25印张 356千字

定价 **110.00** 元

编写人员名单

主　　编　刘振亚

副 主 编　郑宝森

编委会成员　刘泽洪　伍　萱　赵庆波　王益民　丁广鑫　郭剑波
刘开俊　肖世杰　梁政平

编写组组长　刘泽洪　丁永福　蓝　海　高理迎　种芝艺　文卫兵
马为民　李　正

编写组副组长　王祖力　郭贤珊　黄　勇　宋胜利　孙　涛　伹　刚
余　军

编写组成员　张燕秉　赵大平　王　庆　丁一工　卢理成　张　进
段　昊　肖　鲲　丁赞成　周立宪　孟华伟　吴自强
朱　聪　鲁　俊　周海鹰　杨博林　黄兴怀　邵洪海
高　振　武俊义　钱雪锋　郭咏华　丁玉剑　刘　臻
童雪芳　杨万开　于昕哲　刘操兰　刘胜春　董晓辉
朱艺颖　朱宽军　杨一鸣　张　涛　蒋维勇　吴方劼
张宗鑫　申笑林　赵　峥　李亚男　邹　欣　蒲　莹
卢亚军　谢　龙　曾　静　戚　乐　邹荣盛　张　瑚
李学鹏　何　岩　汪　伟　张鹏姣　姜俊柏　何洪波

前　言

特高压直流输电技术是目前世界上最先进的输电技术，具有超远距离、超大容量、低损耗等特点。国家电网公司实施“一特四大”发展战略，加快发展特高压电网，促进大煤电、大水电、大核电和大型可再生能源基地建设，对于保障能源安全、防治大气污染、解决电网安全问题、促进经济增长都具有重要意义。

2012 年是国家电网公司“十二五”电网规划实施的关键一年，也是特高压直流输电工程建设攻坚克难、创新奋进的一年：一是锦屏—苏南±800kV 特高压直流输电工程和高岭背靠背扩建工程按期投产；二是在建工程快速推进，哈密南—郑州±800kV 特高压直流输电工程超额完成全年形象进度目标；三是宁东—浙江、锡盟—泰州、上海庙—山东工程等新开工工程超前组织关键技术研究；四是国产化取得重大进展，锦屏—苏南±800kV 特高压直流输电工程首次实现两种自主化特高压换流阀工程应用，高岭背靠背扩建工程首次实现全部设备国内自主研制生产，哈密南—郑州±800kV 特高压直流输电工程、溪洛渡—浙西±800kV 特高压直流输电工程首次实现了直流场设备除穿墙套管外的所有设备立足于国内供货方式；五是直流工程质量目标大幅提高。

为及时总结特高压直流输电技术研究工作取得的成果，优化工程技术应用，应对特高压直流规模化建设的需要，国家电网公司组织相关科研、设计等单位编写《特高压直流输电技术研究成果专辑（2012 年）》，对 2012 年特高压直流输电技术研究成果进行全面回顾和总结，专辑凝聚着各级领导和工作人员的汗水，是参与特高压直流输电技术研究的全体人员的劳动和智慧的结晶。

本专辑系统介绍了 2012 年度完成的 36 项研究成果，共分为 8 章：第 1 章主要回顾了 2012 年特高压直流输电工程建设工作情况以及特高压直流输电技术发展方向；第 2 章介绍了±800kV、8000MW 特高压直流输电工程成套设计方案；第 3 章介绍了±800kV、8000MW 特高压直流输电工程主要设备技术规范；第 4 章介绍了±800kV、8000MW 特高压直流输电工程换流站和线路工程设计方案；第 5 章介绍了±800kV、8000MW 特高压直流换流站工程专题研究内容；第 6 章介绍了±800kV、8000MW 特高压直流输电线路工程专题研究内容；第 7 章介绍了±1100kV 特高压直流输电关键技术研发与设备研制情况；第 8 章介绍了锦屏—苏南±800kV 特高压直流工程系统试验研究与实践。本书不仅可供读者全面了解 2012 年度特高压直流输电技术研究取得的成果和进展情况，同时还为今后特高压直流建设提供了统一的基础条件和数据平台。

特高压输电技术研究的参与者付出了辛勤的劳动，换来了累累硕果，承担研究任务的单位全力以赴，克服重重困难，圆满完成了既定的研究任务，在此表示衷心感谢，并向为本书编辑出版提供支持和帮助的单位和个人致谢！

国家电网公司

2015 年 6 月

目　　录

2012

特高压直流输电技术研究成果专辑

第1章 绪论

第 1 节　2012 年特高压直流输电工程建设工作回顾

2012 年是国家电网公司“十二五”电网规划实施的关键一年，也是直流工程建设攻坚克难、创新奋进的一年。这一年里，国家电网公司紧紧围绕全年直流工程建设工作目标，克服建设任务繁重、管理体制变革的困难，实现锦屏—苏南±800kV 特高压直流输电工程（简称锦苏工程）、高岭背靠背直流扩建工程（简称高岭扩建工程）提前建成投产，哈密南—郑州±800kV 特高压直流输电工程（简称哈郑工程）、溪洛渡—浙西±800kV 特高压直流输电工程（简称溪浙工程）建设取得重要进展，±1100kV 直流新技术研发取得关键突破。

一是投产工程按期完成。锦苏工程：克服成昆铁路换流变压器大件运输受阻和高端换流变压器生产制造过程中因质量问题无法按时出厂等困难，于 2012 年 11 月 28 日顺利投入运行，刷新了特高压直流工程在输送容量、送电距离和输电效率等方面的世界纪录，成为目前世界上电压等级最高、输送容量最大、送电距离最远的高压直流输电工程。高岭扩建工程：克服设备供货期短、全新控制保护新平台应用存在适应期等困难，仅用 10 个月的有效时间，优质高效地将扩建工程投入运行，在 2012 年冬季来临前将东北电网富余的火电风力输送到华北京津唐地区，缓解了京津唐地区冬季电力紧张局面。

二是在建工程快速推进。哈郑工程：自 2012 年 7 月开工至 2012 年年底，历时不到 5 个月时间，通过优化方案、科学组织，克服设备招标滞后、施工图纸紧张、冬季施工环境恶劣等重重困难，超额完成全年形象进度目标。

三是新开工工程超前组织关键技术研究。宁东—浙江工程：按照送端接入 750kV、受端接入 500kV 的可研方案完成了换流站预成套设计，直流主设备采购技术规范编制发布。锡盟—泰州、上海庙—山东工程：按照受端按照接入 1000kV 交流的可研方案开展选站选线工作，换流变压器研制方案论证可行，关键技术研究工作取得阶段性成果。

四是国产化取得重大进展。锦苏工程首次实现两种自主化特高压换流阀工程应用。高岭扩建工程首次实现全部设备国内自主研制生产，换流阀控设备、直流套管在工程中首次成功应用。第二种全国产化的直流控制保护软件平台成功在工程中应用。哈郑、溪浙工程首次实现了全部特高压直流主设备公开招标采购，首次实现了直流场设备除穿墙套管外的所有设备立足于国内供货方式；低端换流变压器引进更多制造厂家参与竞争。

五是直流工程质量目标大幅提高。深入贯彻落实国家电网公司《关于进一步提高工程建设安全质量和工艺水平的决定》，以全面提高直流运行可靠性和换流站主要设备使用寿命为目标，大力推行工程全寿命周期管理理念。组织设计、设备等工程建设主要环节系统梳理影响工程寿命和质量的设备、材料、工艺等关键点，在设计方案和设备采购中落实反事故措施和质量提升要求；深入推行程序化工作流程、标准化设计模块、通用化设备接口、典型化施工工艺，科学提高工程建设各个环节的工作质量水平。

自 2002 年以来，我国直流输电事业迎来了一个空前发展的黄金 10 年。截至 2012 年，国家电网公司建成了向家坝—上海±800kV 特高压直流输电工程（简称向上工程）、锦苏工程，创造了直流输电电压等级、输送容量和送电距离的世界纪录；成功建设了世界上首个±660kV 直流输电工程，在世界海拔最高、接入系统十分薄弱条件下建成了青藏联网工程；三峡—常州、三峡—广东、三峡—上海、宝鸡—德阳、呼伦贝尔—辽宁、葛沪综合改造、灵宝、高岭、黑河背靠背等一批具有重要意义的直流工程相继建成投运；有力地促进了三峡、向家坝、溪洛渡、锦屏等大型水电基地和北部大型火电基地的集约开发和规模外送，结束了西藏电网长期孤网运行的历史，开启了国际能源输送通道，实现了全国电网的互联互济。2012 年，国家电网直流工程共输送电量 1301 亿 kWh，占当年国家电网跨区交易电量的 71%。直流工程已成为西电东送、北电南送的重要通道，是国家跨区电网的重要组成部分，成为全国乃至更大范围能源资源优化配置的大平台。

通过 10 年来的奋发努力，我国已成为世界上投运直流工程最多、直流输电技术应用最全面、技术创新最前沿的国家！

第 2 节　2012 年特高压直流输电技术主要研究成果概述

2012 年，国家电网公司勇于挑战和敢于挑战技术极限，从交流电压、直流电压、直流电流三个方面的提升着手研究提升特高压直流技术水平的方案，进一步发挥特高压直流在远距离、大容量、高效率能源配置方面的技术优势，坚持以创新促发展、提升直流工程技术水平的理念，深入开展科研攻关和优化创新，直流技术创新取得新成果。

一是依托锦苏工程进一步推动特高压技术进步和质量提升。通过深入开展技术创新与优化，在向上工程基础上进一步挖掘潜力，提升输送容量和质量技术水平，提高特高压直流的输电效率和效益，实现特高压直流工程输电技术的跨越式发展。

二是±1100kV 直流输电技术研发取得重大进展。±1100kV 电压等级输电技术的过电压绝缘配合、空气间隙、防雷、电磁环境等关键技术研究取得阶段性成果。两种不同技术路线的换流变压器模型样机通过了试验考核，穿墙套管样机研制成功，换流阀、直流隔离开关、避雷器、直流绝缘子等多个设备已通过或正在进行型式试验。深入推进换流变压器现场组装研究，现场组装方案实现工程科研逐步向工程应用的实质性转化。

三是±800kV、800 万 kW 直流输电技术应用在工程实践阶段不断完善。依托哈郑、溪浙工程，结合工程直流通流能力提升，全面梳理相关设备与设计方案，提出了全套设备技术规范，引导设备厂家队关键设备的关键环节通流能力提升及散热措施进行完善和优化。针对哈密南换流站缺水问题，实践优化完善空气冷却器加自然通风板翅式换热器的新型冷却方案。深入推进模块化设计工作，构建换流站主控楼、阀厅、直流场、换流变广场、滤波器场等区域施工图设计的模块化和标准化，总结继承优良设计方案，为后续更多设计单位参与直流工程设计提供技术支撑。

第 3 节　特高压直流输电技术发展方向

在未来几年里，我国特高压直流输电工程将继续坚持以安全可靠为前提，以提高工程质量和寿命为目标，深入推行技术创新。

一是从交流电压、直流电压、直流电流三个方面的提升着手研究提升特高压直流技术水平的方案，进一步发挥特高压直流在远距离、大容量、高效率能源配置方面的技术优势。

（1）加快特高压直流送端接入 750kV 和受端分层接入 1000kV、500kV 交流电网的设备研制和工程应用。按照宁东—浙江工程建设需要，加快推进交流侧 750kV 换流变压器、750kV 交流滤波器小组断路器等关键设备研制，确保满足工程建设的顺利推进。依托锡盟—泰州、蒙西—武汉特高压直流工程，提前开展工程（预）成套设计，深入优化直流系统技术方案，优化 1000kV 交流配电装置、滤波器及其小组断路器、换流变压器等关键设备参数；加快开展 1000kV 滤波器小组断路器、交流侧 1000kV 低端换流变压器、交流滤波器等新设备的设计和研发工作，组织各科研单位深入开展直流场设备空气间隙、设备抗震等关键技术研究；根据工程需要，开展换流站设计研究，研究换流站优化布置方案，减小 1000kV 交流滤波器场占地，全面支撑工程建设。

（2）研究提高特高压直流工程的输送能力，推广应用大截面导线。进一步优化工程成套设计，深入落实设备研制可行性，大力开展设备设计研究，尽快确定换流变压器阀侧套管、换流阀、直流高速开关、隔离开关和平波电抗器等设备技术路线，开展换流变压器现场组装等设备相关技术研发，全面支撑工程可研。组织科研、设计、施工单位开展 $1250mm^2$ 和 $1520mm^2$ 大截面导线研发工作，完成导线、配套金具、施工机具的研制和施工、防振技术研究，为在宁东—浙江及后续特高压直流工程中的推广应用做好科研支撑。推广采用节能导线及以铝合金材料为主的新型导线，应用型线制造技术。

（3）推进±1100kV 特高压直流工程成套设计和应用。深入推进直流场空气间隙、外绝缘、电磁环境等关键技术研究；结合工程送端具体条件，继续研究换流变压器现场组装，进一步简化现场工作，降低管理难度，确保设备现场制造的质量；紧密跟踪工程可研，根据确定的可研方案，进一步优化工程成套设计方案，推动研究成果向工程应用转化。

（4）继续完善±800kV、800 万 kW 容量直流输电技术。在哈郑工程、溪浙工程的基础上，系统梳理并研究解决与输送容量提升有关的系统安全稳定问题、无功配置与优化问题，设备容量与通流能力提升带来的设备研制与大件运输问题，以及阀厅金具优化设计等问题。结合不同的系统与外部环境条件，形成兼顾差异化的±800kV 特高压直流工程通用化设计模块与通用化设备选型。

二是持续开展设计优化创新和通用设计的总结提升。牢固树立“设计为龙头”的指导思想，以设计优化创新和标准化设计为技术手段保安全、求质量、促速度、增效益。结合工程实际持续开展设计优化创新，将优化创新贯穿成套设计、初步设计和施工图设计的全过程，既不墨守成规、因循守旧，也不过度激进、盲目冒进。在设计优化过程中，始终牢固树立安全第一的意识，充分认识设计工作对于工程安全可靠、优质高效建设的重要作用，充分重视特高压直流工程设计工作的复杂性和艰巨性，细化分解和深入落实设计责任，严格分级审查和专家把关制度，深入、正确理解和科学落实各项反措要求和隐患排查整改措施，坚决杜绝和彻底消除影响安全可靠的设计风险。正确把握设计优化与投资控制的关系，既不能片面追求优化设计指标和降低造价水平而牺牲工程的安全可靠性和运行维护的便捷性，又不能过度追求系统性能而盲目增加投资水平。要注重从延长工程寿命和提高工程可靠性两方面求效益，在直流控制保护、水冷、空调、站用电等制约工程可靠性的薄弱环节上下功夫、做改进，减少直流强迫停运造成的损失；通过适当提高建筑材料规格等手段提高工程使用寿命，增加工程运行年限。不断总结设计优化成果并做好提升，推进设计标准化工作。加强设计回访，及时总结设计中的经验教训，严格防止重复性质量问题的发生。同时，还要全面、深入地总结特高压直流设计成果，在此基础上形成典型性的、通用性的设计方案，用于指导后续工程的设计工作。

2012

特高压直流输电技术研究成果专辑

第 2 章

±800kV、8000MW 特高压直流输电工程成套设计

本章研究内容主要包括直流系统参数、过电压和绝缘配合、无功补偿、滤波器设计、控制保护等。

从系统角度来看，通过提高直流工程的输送能力，有利于促进交直流协调发展，更好发挥特高压电网的优势。从经济性角度来看，通过提高直流工程的输电能力，直流工程单位千瓦投资和年费用均明显减小。随着设备制造技术的不断进步，经济性优势会愈加凸显。从“资源节约、环境保护”角度来看，通过提高直流工程的输送能力，单位走廊输送能力得以充分利用，走廊利用率得到明显提高。因此为了节省输电走廊，降低直流系统损耗，提高送电经济性，哈郑工程与溪浙工程第一次将输送能力提高至8000MW。由于两工程输送容量与电压等级相同，本章将以哈郑工程为主，结合溪浙工程，对主回路、过电压与绝缘配合、无功补偿、滤波器设计、控制保护等方面的直流输电工程成套设计参数进行整理与计算。

第1节 直流系统参数

1 引言

由于哈郑工程的输送功率为8000MW，较以往的±800kV直流输电工程在直流系统参数方面发生了较大的变化，需要对直流电流、整流器电压、逆变器电压、运行特性等进行计算与研究。

2 系统接线

哈郑工程在哈密南换流站和郑州换流站都含有双极每极 2 个串联的 12 脉动换流器，直流线路长度为2210km，每端换流站都设置接地极。每个 12 脉动换流器两端的直流电压为400kV，输送功率为8000MW。

3 运行接线与运行控制模式

哈郑工程设计要求实现以下运行接线：

（1）双极全压运行；

（2）双极混合电压运行（一极双换流器运行，一极单换流器运行）；

（3）双极半压运行（每极一个换流器运行）；

（4）单极金属返回全压运行；

（5）单极金属返回半压运行（只有一个换流器运行）；

（6）单极大地返回全压运行；

（7）单极大地返回半压运行（只有一个换流器运行）；

（8）单极金属返回运行方式下，郑州换流站接地。

在换流站临时接地时，可以运行于双极平衡方式。但是在这种运行方式下，如果一极跳闸应该立即闭锁另一极，定义为单极停运。

哈郑工程直流系统应能实现下列运行控制模式：

（1）全电压运行；

（2）降压运行。

每极一个换流器时，不考虑降压运行。

直流系统可以从郑州向哈密南输送功率，即功率反送运行方式。此运行方式不确定设备额定值。

4　直流电压与输送能力

哈密南换流站的直流额定运行电压为±800kV，定义为平波电抗器出线侧直流极母线与直流中性母线之间的电压。在每极双换流器串联运行方式下，计及所有误差，直流电压最高不超过 816kV，最低不低于 560kV。每极一个换流器运行时，换流器两端最大电压不超过 412kV。

当功率从哈密南换流站送往郑州换流站时，两端换流母线电压在连续稳态运行范围内（哈密南换流站 500～550kV，郑州换流站 500～550kV），直流电压降压至额定电压的 70%～100%（±800kV），每一极都应能够连续运行。

在单极金属回路运行方式下，由于存在额外的金属返回导体压降，而整流器两端的电压没有升高，逆变侧的直流电压允许低于额定运行时逆变侧的额定电压。

功率从郑州换流站送往哈密南换流站时，直流额定电压定义为郑州换流站在正送时的额定电压，即 747kV。

双极运行时，额定功率传输能力为 8000MW（P_N）；单极运行时，额定功率传输能力为 4000MW。传输能力定义为在环境温度不高于 45.0℃，交流系统电压在规定的稳态运行范围内，哈密南换流站直流平波电抗器线路侧对中性母线额定电压下传输的功率。

哈郑工程功率正送方式时，从哈密南换流站向郑州换流站传输功率能力如下（不投入备用冷却设备）：双极全压运行输送 8000MW；双极混合电压运行输送 6000MW；双极半压运行输送 4000MW；单极金属返回全压运行输送 4000MW；单极金属返回半压运行输送 2000MW；单极大地返回全压运行输送 4000MW；单极大地返回半压运行输送2000MW。

在80%额定直流电压即±640kV、双极运行时，直流系统传输能力不低于0.8P_N；在70%额定直流电压即±560kV、双极运行时，直流系统传输能力不低于0.7P_N。

哈郑工程在最高设计环温条件件下，具有3s内1.2倍、2h内1.05倍的短时过负荷能力，长期1.0倍输送能力。

5　控制策略

通过逆变侧换流变压器分接头控制整流侧的直流电压，在稳态工况下，熄弧角γ维持恒定。整流侧触发角α控制直流电流。

每极两个串联的12脉动换流器分接头相互独立控制，相差不超过1挡，极线对中性母线的直流电压U_{dRN}维持在±0.625%的范围内，相当于逆变站两个分接头挡位之间的死区值。

整流侧换流变压器调节抽头使触发角α维持在$\alpha_N \pm 2.5°$的范围内。只要触发角α在此范围内，换流变压器分接头就不会动作以使触发角更接近额定值。

常规的控制模式是整流侧直流母线处的恒功率控制模式。直流电流按下式确定：$I_d = P_{Rref} / U_{d,meas}$。其中$P_{Rref}$为直流功率；$U_{d,meas}$是整流侧平波电抗器线路侧极线对中性母线电压的测量值。当直流电压U_d下降0.625%时，直流电流将升高0.625%以维持直流功率不变。

在降压运行方式下，当换流变压器分接头达到极限时，控制角将增加。

在过负荷运行时，维持U_{dio}不变，直流电压降低，直流电流将随之增大。

6　计算条件

下面给出了误差、控制参数等重要的计算条件。参数值都假设为从哈密南换流站至郑州换流站的功率正送方式的条件下。

6.1　误差

表1是用于设计计算的最大误差。

表1　用于设计计算的最大误差

参数	描　述	误差
d_x	正常直流电压运行范围内换流变相对感性压降的最大制造公差（δd_x）	+5% d_{xN} −7%d_{xN}
U_d	测量误差$\delta U_{d,meas}$	±0.5%U_{dRN}
I_d	测量误差$\delta I_{d,meas}$	±0.3%I_{dN}
γ	测量误差δ_γ	±1.0°

续表

参数	描　述	误差
α	测量误差δ_α	±0.5°
U_{dio}	电容分压式电压互感器的测量误差δ_{dioN}	±1.0%U_{dioN}

6.2　控制参数

表 2 是控制系统的参数值。

表 2　　控制系统的参数值

参数	描　述	范围/值
α_N	额定触发角	15°
$\Delta\alpha$	α的稳态控制范围	±2.5°
α_{min}	控制系统的最小限制角	5°
γ_N	额定熄弧角	17°
ΔU_d（R，I）	分接头变化一挡对应的整流侧直流电压变化范围	±1.25% U_{dRN}/2

6.3　直流电阻

直流电阻对换流器额定容量有直接的影响。在主电路参数计算中采用的最大、额定、最小直流电阻如表 3 所示。

表 3　　线路电阻和接地电阻

参　数		电阻（Ω）		
		最小值	额定值	最大值
直流线路电阻（R_b）		8.40	10.56	13.16
接地电阻（R_e+R_g）	哈密南	1.13	1.29	1.5
	郑州	0.66	0.76	0.87

计算导线电阻最小值时，温度取两站环境温度平均值–25℃；计算额定值时，温度取两站环境温度平均值 20℃；计算最大值时，导线温度按 70℃计算。

6.4　换流器直流电压降

哈密南换流站和郑州换流站的相对阻性压降 d_r 和换流阀前向压降 U_T 的取值如表 4 所示。

表 4　　换流站的相对阻性压降 d_r 和换流阀前向压降 U_T

d_r	0.3%
U_T	0.3kV

7 计算过程

6脉动整流器两端的直流电压计算公式为

$$\frac{U_{dR}}{2}=U_{dioR}\left(\cos\alpha-(d_{xR}+d_{rR})\ \frac{I_d}{I_{dN}}\times\frac{U_{dioNR}}{U_{dioR}}\right)-U_T \tag{1}$$

从系统的角度看，单极大地回路运行方式下的U_{dR}可以计算如下

$$U_{dR}=U_{dLR}+(R_{eR}+R_{gR})\,I_d \tag{2}$$

6脉动逆变器两端的直流电压公式如下

$$\frac{U_{dI}}{2}=U_{dioI}\left(\cos\gamma-(d_{xI}-d_{rI})\ \frac{I_d}{I_{dN}}\times\frac{U_{dioNI}}{U_{dioI}}\right)+U_T \tag{3}$$

从系统的角度看，单极大地回路运行方式下的U_{dI}可以计算如下

$$U_{dI}=U_{dLI}-(R_{eI}+R_{gI})\ I_d$$

当双极运行时

$$U_{dR}=U_{dLR}$$

$$U_{dI}=U_{dLI}$$

式中 U_{dR}、U_{dI}——12脉动阀组两端的直流电压；

U_{dLR}、U_{dLI}——平波电抗器线路侧极线对地电压。

整流侧哈密南换流站，根据式（1），U_{dioNR}的计算公式如下

$$\frac{U_{dNR}}{n}=U_{dioNR}[\cos\alpha_N-(d_{xNR}+d_{rNR})]-U_T$$

有

$$U_{dioNR}=\frac{\dfrac{U_{dNR}}{n}+U_T}{\cos\alpha_N-(d_{xNR}+d_{rNR})}=232.12\text{kV}$$

式中 n——6脉动换流器数量。

逆变侧郑州换流站，根据式（3），U_{dioNI}的计算公式如下

$$\frac{U_{dNI}}{n}=U_{dioNI}[\cos\gamma_N-(d_{xNI}-d_{rNR})]+U_T$$

有

$$U_{dioNI}=\frac{\dfrac{U_{dNR}-R_{dN}I_{dN}}{4}-U_T}{\cos\gamma_N-(d_{xNI}-d_{rNI})}=215.78\text{kV}$$

通过进一步计算可得出表5。

表 5 U_{dio} 参数值 kV

参　数	哈密南	郑州
U_{dioN}	232.12	215.78
U_{diomin}	210.07	194.02
U_{diomax}	233.06	223.21
$U_{diomaxOLTC}$	233.06	219.66
U_{dioG}	233.06	219.16
U_{dioL}	237.41	223.21
$U_{dioabsmax}$（计算值）	239.78	225.44
$U_{dioabsmax}$（设计值）	240	226

8 运行特性

除非特别声明交流系统电压，在功率正送方式的计算中，哈密南换流母线电压采用 530kV，郑州换流母线电压采用 525kV。

整流侧换流变压器调节抽头使触发角α 维持在 α_N ±2.5°的范围内。只要触发角α 在此范围内，换流变压器分解头就不会动作以使触发角更接近额定值。熄弧角 γ 维持恒定，在近期正向输送功率，为避免换相失败，可将 γ 维持在 17°。在下列计算中没有考虑换流站的无功功率平衡。

（1）双极运行。哈密南换流站换流母线电压为 530kV，郑州流站换流母线电压为 525kV，线路电阻为 R_b=10.56Ω 时，功率从 0.1p.u.至 1.25p.u.，整流器和逆变器运行特性如表 6 所示。

表 6 正向双极全压运行

P_{dR}（p.u.）	I_{dR}（A）	U_{dR}（V）	U_{dioR}（kV）	U_{dioI}（kV）	P_{dR}（MW）	α（°）	γ（°）	TCR	TCI
0.1	500	800	209.8	209.5	800	15	17	8.5	2.4
0.4	2000	800	217.2	211.6	3200	15	17	5.5	1.6
0.8	4000	800	227.3	214.4	6400	15	17	1.7	0.5
1	5000	800	232.1	215.8	8000	15	17	0	0
1.25	6480	771.7	232.1	210.3	10 000	15	17	0	2.0

注　TCR——整流侧调压开关分接头位置；TCI——逆变侧调压开关分接头位置。

哈密南换流母线电压 550kV，郑州换流站母线电压 550kV 时，线路电阻 R_b=13.16Ω，通过换流变压器分接头调节和增大触发角，降压至 560kV，整流器和逆变器运行特性如表 7 所示。

表 7　　正向双极 70%降压运行

P_{dR}（p.u.）	I_{dR}（A）	U_{dR}（V）	U_{dioR}（kV）	U_{dioI}（kV）	P_{dR}（MW）	α（°）	γ（°）	TCR	TCI
0.1	714	560	187.1	172.2	800	39.8	35.5	23	25
0.3	2143	560	187.1	172.2	2400	36.4	35	23	25
0.7	5000	560	187.1	172.2	5600	28.6	33.8	23	25

（2）单极大地回线运行。哈密南换流站换流母线电压为 530kV，郑州流站换流母线电压为 525kV，线路电阻为 10.56Ω，哈密南侧接地线及接地电阻为 1.29Ω，郑州侧接地线及接地电阻为 0.76Ω，运行参数如表 8 所示。

表 8　　正向单极大地回路全压运行

P_{dR}（p.u.）	I_{dR}（A）	U_{dR}（V）	U_{dioR}（kV）	U_{dioI}（kV）	P_{dR}（MW）	α（°）	γ（°）	TCR	TCI
0.1	500	800	209.8	209.2	400	15	17	8.5	2.5
0.5	2500	800	219.8	211.0	2000	15	17	4.5	1.8
1	5000	800	232.1	213.1	4000	15	17	0	1
1.2	6173	777.6	232.1	208.2	4800	15	17	0	2.9

哈密南换流站换流母线电压为 530kV，郑州换流站换流母线电压为 505kV，线路电阻为 23.36Ω，哈密南侧接地线及接地电阻为 1.73Ω，郑州侧接地线及接地电阻为 0.97Ω，运行参数如表 9 所示。

表 9　　正向单极大地回路 70%降压运行

P_{dR}	I_{dR}	U_{dR}	U_{dioR}	U_{dioI}	P_{dR}	α	γ	TCR	TCI
p.u.	A	kV	kV	kV	MW	（°）	（°）		
0.1	714	560	180.3	158.1	400	37.1	27.5	23	25
0.7	5000	560	180.3	158.1	2800	24.4	24.6	23	25

第 2 节　过电压与绝缘配合

1　引言

过电压与绝缘配合研究包括绝缘配合研究、直流过电压研究、交流过电压研究。

其中绝缘配合研究确定直流换流站（不包含交、直流滤波器内部）避雷器配置方案、避雷器参数、设备绝缘水平、阀厅空气间隙绝缘水平、开关场雷电保护要求；直流过电压研究通过仿真直流系统各种故障情况下直流避雷器承受的冲击和系统过电压水平，确定直流避雷器能量要求，修正绝缘配合研究结论；交流过电压研究通过仿真交流系统故障情况下交流避雷器和阀避雷器承受的冲击和交流系统过电压水平，确定交流避雷器和阀避雷器能量要求，修正绝缘配合研究结论。

2　暂态过电压

本部分提出了直流系统及换流变压器阀侧位置计算的暂态过电压。计算结果用于确定避雷器参数，并用以校验绝缘配合报告。给出了关键工况的运行条件，提出了过电压情况下避雷器电流和能量等计算结果，如表 1 所示。

计算采用 EMTDC/PSCAD4.2 软件完成。模型包含以下元件：

（1）模型与单线图一致；

（2）两个换流站用直流线路和接地线连接起来；

（3）两侧的交流网络采用无穷大电源等效，并加入集中阻抗；

（4）换流变压器模型看作理想模型，带有独立的变压器磁路模型；

（5）平波电抗器包含在模型中；

（6）中性母线电容和串联阻波器包含在模型中；

（7）直流控制系统包含在模型中；

（8）包含所有的避雷器；

（9）交流、直流及 RI 滤波器都包含在模型中，以实际参数表示。

交流母线避雷器采用最大特性曲线，以便得到最大交流母线电压。一般情况下，所有避雷器在开始阶段都采用最大特性曲线，以便得到最大的电压应力。然后，对于需要研究的避雷器，采用最小特性曲线计算最大能量应力。

表 1　　计算结果汇总表

避雷器		哈密南			郑州		
		U_{max}（kV）	I（kA）	E_{max}（MJ）	U_{max}（kV）	I（kA）	E_{max}（MJ）
V11/V1	计算值	380.2	2.40	6.80	370.0	4.66	2.16
	设计值	391	4	10.23	380	5	7.8
V3	计算值	388.6	1.10	2.72	369.0	0.96	2.02
	设计值	410	3	5.50	388	3	3.89
DB	计算值	1015.0	≈0	0.44	973.5	≈0	≈0
	设计值	1391	1	13.97	1391	1	13.97

续表

避雷器		哈密南			郑州		
		U_{max}（kV）	I（kA）	E_{max}（MJ）	U_{max}（kV）	I（kA）	E_{max}（MJ）
CBH	计算值	1027.5	0.01	0.55	979.5	≈0	≈0
	设计值	1393	0.2	20.62	1364	0.2	20.24
MH	计算值	776.6	0.01	0.65	744.4	≈0	≈0
	设计值	1038	0.2	15.43	1017	0.2	15.20
CBL	计算值	512.5	≈0	0.25	484.1	≈0	≈0
	设计值	726	0.2	10.84	690	0.2	10.39
ML	计算值	322.3	0.01	0.11	370.7	≈0	≈0
	设计值	490	0.5	3.59	485	0.5	3.59
CBN	计算值	435.3	5.80	19.75	416.0	0.93	0.89
	设计值	437	6	19.94	437	1.5	5.96
EL	计算值	275.2	0.72	0.40	172.9	≈0	≈0
	设计值	303	2.5	5.96	294	2.5	3.97
EM	计算值	380.8	3.46	38.60	—	—	—
	设计值	393	5	39.06	—	—	—
F50	计算值	117.5	9.78	11.46	—	—	—
	设计值	120	10	12	—	—	—

3 绝缘配合

本部分列出了提高至 8000MW 输送能力哈密南、郑州换流站绝缘配合的要求，但不包括交/直流滤波器内部元件的绝缘要求。绝缘配合是在配置如图 1 所示的避雷器保护的基础上进行的，所采用的各种避雷器在图中都已标出，并做了说明，给出了避雷器参数和绝缘配合数据。

（1）避雷器保护配置方案。换流站交直流两侧均采用无间隙氧化锌避雷器作为保护装置。换流站避雷器保护配置方案图如图 1 所示。

±800kV 特高压直流换流站采用每极 2 个 12 脉动换流单元，其避雷器保护配置原则应以高压直流换流站避雷器布置为基础，主要配置方案及作用与高压直流换流站的也基本类似。但是，对于特高压直流，由于极线运行电压的升高，导致上 12 脉动单元换流变，尤其是上部 Yy 换流变压器的绝缘水平升高，局限了变压器的生产及运输。为了更有效限制换流变压器、换流器各点的过电压，除了阀避雷器外，还分别配置了避雷器 CBH 以及 CBL2 来保护直流侧的设备。在平波电抗器端子间可以加装避雷器以限制平波电抗器的绝缘水平。

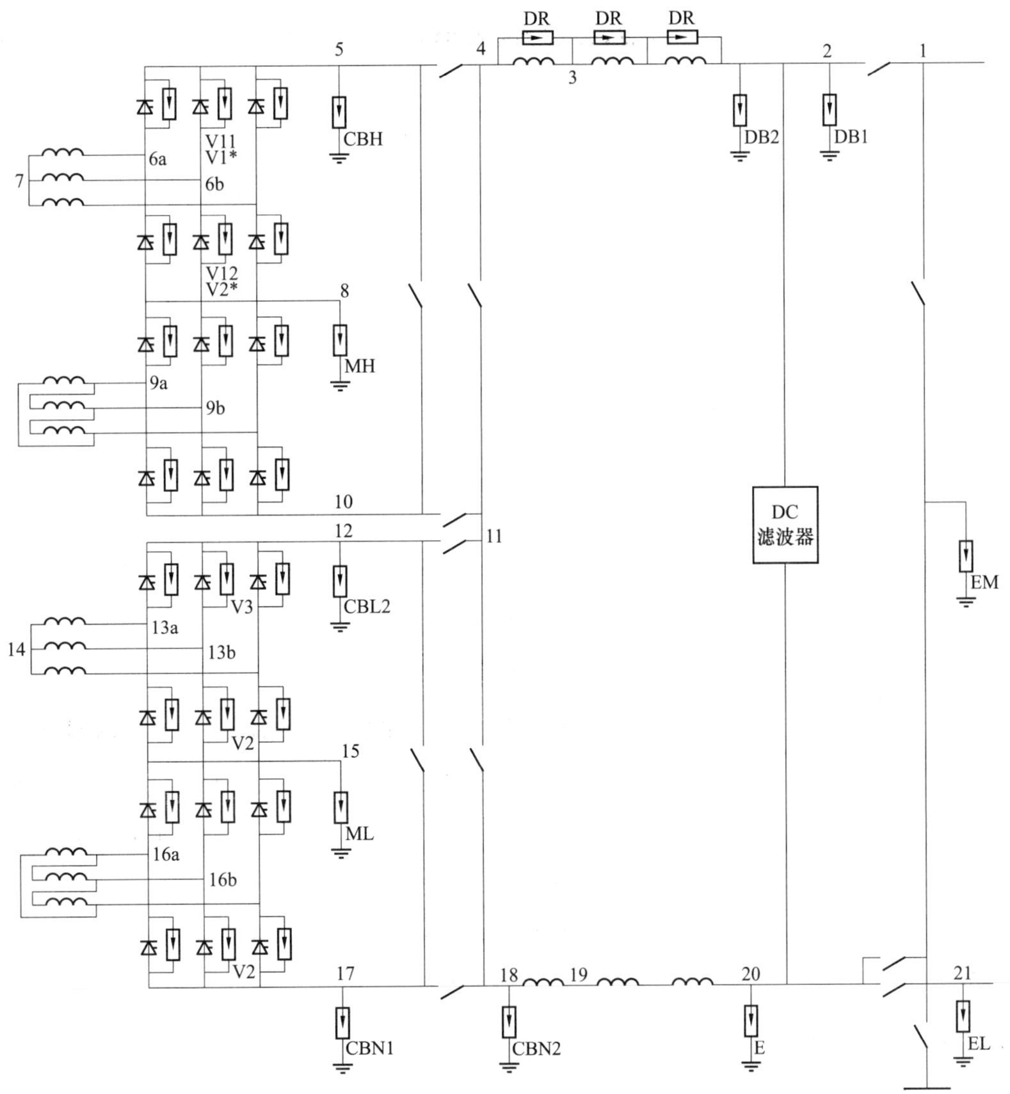

图 1　哈密南、郑州换流站避雷器保护配置

V1（V11）、V2（V12）、V3—阀避雷器；ML—下 12 脉动换流单元 6 脉动桥避雷器；MH—上 12 脉动换流单元 6 脉动桥避雷器；CBL2—上下 12 脉动换流单元之间中点直流母线避雷器（对地）；CBH—上 12 脉动换流单元直流母线避雷器（对地）；DB1—直流线路避雷器；DB2—直流母线避雷器；CBN1、CBN2、E、EL、EM—中性母线避雷器；DR—平波电抗器并联避雷器

（2）避雷器参数。哈密南换流站避雷器参数如表 2 所示，郑州换流站避雷器参数如表 3 所示。阀避雷器的波前保护水平如表 4 所示。

表 2　　哈密南换流站避雷器参数

参数 / 避雷器	持续运行电压最大峰值 PCOV（kV）	持续运行电压峰值 CCOV（kV）	参考电压 U_{ref}（kV）	雷电保护水平 LIPL（kV）	操作保护水平 SIPL（kV）	柱数
V11	291.3	251.3	208.7（rms）	376/1	391/4	8
V12	291.3	251.3	208.7（rms）	384/1	399/3 （368/0.2）	4

续表

避雷器 \ 参数	持续运行电压最大峰值 PCOV（kV）	持续运行电压峰值 CCOV（kV）	参考电压 U_{ref}（kV）	雷电保护水平 LIPL（kV）	操作保护水平 SIPL（kV）	柱数
V2	298.6	251.3	211.6（rms）	394/1	410/3	4
V3	298.6	251.3	211.6（rms）	394/1	410/3	6
MH	733	667	815	1089/1	1038/0.2	4
ML	—	296	362	501/1	490/0.5	2
CBH	949	883	1079	1435/0.5	1393/0.2	4
CBL	503	448	560	761/1	726/0.2	4
DB1	—	824	969	1625/20	1391/1	3
DB2	—	824	969	1625/20	1391/1	3
CBN1	187	149	333	458/1	—	2
CBN2	187	149	304	408/1	437/4	12
E	—	95	304	478/5	—	2
EL	—	20	202	311/10	303/2.5	4
EM	—	95	278	431/20	393/6	30
A	—	318	396（rms）	961/20	761/10	1
A′	—	—	—	—	263	
DR	—	44	483（rms）	900/0.5	—	1

表 3　　郑州换流站避雷器参数

避雷器 \ 参数	持续运行电压最大峰值 PCOV（kV）	持续运行电压峰值 CCOV（kV）	参考电压 U_{ref}（kV）	雷电保护水平 LIPL（kV）	操作保护水平 SIPL（kV）	柱数
V1	281	235.6	200（rms）	364/1	380/4	6
V2	281	235.6	200（rms）	371/1	388/3（354/0.2）	3
V3	281	235.6	200（rms）	371/1	388/3	3
ML	285	250	360	495/1	485/0.5	2
MH	708	645	787	1066/1	1017/0.2	6
CBL2	472	436	532	724/1	690/0.2	4
CBH	902	866	1056	1432/1	1364/0.2	4
DB1	—	824	969	1625/20	1391/1	3
DB2	—	824	969	1625/20	1391/1	3
CBN1	124	88	333	458/1	/	2
CBN2	124	88	300.3	426/1	437/1.5	4
E	—	20	219	345/5	/	2
EL	—	20	202	311/10	294/2.5	4

续表

避雷器 \ 参数	持续运行电压最大峰值 PCOV（kV）	持续运行电压峰值 CCOV（kV）	参考电压 U_{ref}（kV）	雷电保护水平 LIPL（kV）	操作保护水平 SIPL（kV）	柱数
EM	—	20	219	386/20	341/5	2
A	—	318	396（rms）	961/20	761/10	11
A′	—	—	—	—	247	
DR	—	44	483（rms）	900/0.5		1

表 4　　阀避雷器的波前保护水平

参　　数	单位	哈密南	郑州
波前保护水平 FWPL	kV	417	413
波前耐受水平 FWWL	kV	480	475
裕度	%	15	15

（3）绝缘裕度。设备的最小绝缘裕度不小于表 5 中的值。

表 5　　设备的最小绝缘裕度

类型	油绝缘（线侧）	油绝缘（阀侧）	空气绝缘	单个阀
陡波	25%	25%	25%	15%
雷击	25%	20%	20%	10%
操作	20%	15%	15%	10%

对设备而言，油绝缘设备的 SIWL 和 LIWL 的比值不小于 0.83。在加上绝缘裕度、并确定 LIWL 和 SIWL 之间的适当比值后，所有绝缘水平可向上套取 IEC 的标准值。

（4）设备的保护水平及绝缘水平。哈密南换流站设备的保护水平及绝缘水平如表 6 所示。郑州换流站设备的保护水平及绝缘水平如表 7 所示。

表 6　　哈密南换流站设备保护水平及绝缘水平

项　　目	保护设备	雷电保护水平 LIPL（kV）	雷电耐受水平 LIWL（kV）	裕度（%）	操作保护水平 SIPL（kV）	操作耐受水平 SIWL（kV）	裕度（%）
阀桥两侧	max（V11/V12/V2/V3）	394	434	10	410	451	10
交流母线	A	961	1550	62	761	1175	54
直流线路（平波电抗器侧）	max（DB1，DB2）	1625	1950	20	1391	1600	15
极母线阀侧	CBH	1435	1800	25	1393	1620	16
单个平波电抗器两端	DR	900	1080	20	—	—	15

续表

项　　目	保护设备	雷电保护水平 LIPL（kV）	雷电耐受水平 LIWL（kV）	裕度（%）	操作保护水平 SIPL（kV）	操作耐受水平 SIWL（kV）	裕度（%）
跨高压 12 脉动桥	max（V11，V12）+V2	778	934	20	809	931	15
上换流变压器 Yy 阀侧相对地	MH+V12	1473	1768	20	1406	1620	15
上换流变压器 Yy 阀侧中性点	A′+MH	—	—	—	1301	1497	15
上 12 脉动桥中点母线	MH	1089	1307	20	1038	1194	15
上换流变压器 Yd 阀侧相对地	V2+CBL	1155	1386	20	1136	1307	15
上 12 脉动桥低压端	CBL	761	914	20	726	835	15
下换流变压器 Yy 阀侧相对地	V2+ML	895	1074	20	900	1035	15
下换流变压器 Yy 阀侧中性点	A′+ML	—	—	—	753	866	15
下 12 脉动桥中点母线	ML	501	602	20	490	564	15
下换流变压器 Yd 阀侧相对地	max（V2+CBN1，V2+CBN2）	852	1023	20	847	975	15
Yy 阀侧相间	2* A′	—	—	—	527	608	15
Yd 阀侧相间	sqrt（3）* A′	—	—	—	457	526	15
阀侧中性母线	max（CBN1，CBN2）	458	550	20	437	503	15
线侧中性母线	max（E，EL，EM）	478	574	20	393	452	15
接地极母线	EL	311	374	20	303	349	15
金属回路母线	EM	431	518	20	393	452	15
中性线平波电抗器两端	CBN2+E	892	1071	20	—	—	—

表 7　　郑州换流站设备保护水平绝缘水平

项　　目	保护设备	雷电保护水平 LIPL（kV）	雷电耐受水平 LIWL（kV）	裕度（%）	操作保护水平 SIPL（kV）	操作耐受水平 SIWL（kV）	裕度（%）
阀桥两侧	max（V1/V2/V3）	371	410	10	388	427	10
交流母线	A	942	1550	64	761	1175	54
直流线路（平波电抗器侧）	max（DB1，DB2）	1625	1950	20	1391	1600	15
极母线阀侧	CBH	1432	1800	25	1364	1600	17
单个平波电抗器两端	DR	900	1080	20	—	—	—
跨高压 12 脉动桥	max（V1，V2）+V2	742	891	20	776	893	15
上换流变压器 Yy 阀侧相对地	MH+V2	1437	1725	20	1371	1600	17

续表

项　　目	保护设备	雷电保护水平 LIPL（kV）	雷电耐受水平 LIWL（kV）	裕度（%）	操作保护水平 SIPL（kV）	操作耐受水平 SIWL（kV）	裕度（%）
上换流变压器 Yy 阀侧中性点	A′+MH	—	—		1264	1454	15
上 12 脉动桥中点母线	MH	1066	1280	20	1017	1170	15
上换流变压器 Yd 阀侧相对地	V2+CBL2	1095	1314	20	1078	1240	15
上下两 12 脉动桥之间中点	CBL2	724	869	20	690	794	15
下换流变压器 Yy 阀侧相对地	V2+ML	869	1043	20	876	1008	15
下换流变压器 Yy 阀侧中性点	A′+ML				732	842	15
下 12 脉动桥中点母线	ML	495	598	20	485	562	15
下换流变压器 Yd 阀侧相对地	max（V2+CBN1，V2+CBN2）	829	995	20	825	949	15
Yy 阀侧相间	2* A′				494	569	15
Yd 阀侧相间	sqrt（3）*A′	—	—	—	428	493	15
阀侧中性母线	max（CBN1，CBN2）	458	550	20	437	503	15
线侧中性母线	max（E，EL，EM）	386	464	20	341	393	15
接地极母线	EL	311	374	20	294	339	15
金属回路母线	EM	386	464	20	341	393	15
中性线平波电抗器两端	CBN2+E	771	926	20	—	—	—

（5）开关场雷电保护要求如表 8 所示。

表 8　　开关场雷电保护要求

有关设备的区域	最大雷电电流（kA）
交流场	10
交流滤波器开关场	10
交流滤波器构架	10
交流滤波器组低压设备	2
交流滤波器组低压设备	10
换流变压器（包括备用单元）	10
直流极母线（包括平抗、直流滤波器构架）	5
中性母线，从穿墙套管到中性母线隔离开关，包括直流滤波器低压设备	5
从中性母线隔离开关到第一基接地极线路杆塔	10
金属回路转换母线，从中性母线隔离开关起	1

第3节 污秽及外绝缘

1 设计依据

本节主要对哈郑工程换流站拟建站址的污秽水平数据进行整理，并在此基础上详细列出了换流站直流场设备的外绝缘设计。换流站直流场的外绝缘设计是直流系统设计的一个关键环节，它直接影响到换流站直流系统的可靠性和可用率，要使换流站经济、运行可靠，合理地配置其交直流设备的外绝缘是十分重要的。外绝缘设计的主要任务是在拟建站址环境条件下获得并利用绝缘子性能的数据，外绝缘设计应是技术和经济的最佳方案。

对于交流设备，我国以交流绝缘子为基础制订了比较完善的污区分布图，现在广泛运用于各种常规交流工程的污秽绝缘设计中；而对直流设备，由于直流绝缘子的积污特性与交流不同，直流外绝缘的设计不宜采用目前已使用的污区分布图，所以合理地根据站址地区的污秽状况来配置直流设备的外绝缘就显得尤为重要。

绝缘子的性能可以从运行经验的实验室试验得到。运行经验还可分成区域运行经验和通用运行经验。区域运行经验是从具体地点附近的输电线路和变电站获得数据，根据这些数据对该地点绝缘子进行选型。通用运行经验包括全世界的输电线路、变电站和户外试验站的经验。

2 哈密南换流站污秽等级及污秽水平

2.1 交流污秽等级

近两年来哈密市没有污闪事故记录，邻近换流站站址地区有 110kV 红雅线从黄芦岗和红旗村经过，其外绝缘配置一般为直线串 8 片 X-4.5 绝缘子，爬电比距约为 21mm/kV（按最高运行电压计算），属于 II 级污区外绝缘配置标准。位于烽火台站址东北约 18km 的红雅线 66 号塔瓷绝缘子表面灰尘较大，如图 1 所示。

从外绝缘方面考虑，该 110kV 线路采用 8 片 X-4.5 绝缘子，爬电比距为 21mm/kV，外绝缘配置明显偏低，但线路可以正常运行。这可能既与盐碱土中石膏、碳酸钙等难溶盐含量高（pH 值大于 8.5）有关，更与哈密地区的干旱天气有关。哈密市历年年均雾日数只有 0.5 天，雾凇日仅为 0.2 天，毛毛雨日几乎为 0（毛毛雨自 1951 年后再未出现过）。

图 1　110kV 红雅线 66 号直线串

哈密市境内的部分 110kV 变电站的设备一般按中等污秽配置外绝缘水平的设备，但隔离开关爬距选择较大，一般属重污秽和很重污秽配置。与线路运行情况基本相似，尽管除隔离开关外的其他变电站设备外绝缘配置偏低（爬电比距仅为 18～20mm/kV），由于缺少污闪的气象条件，变电设备尚无污闪的报导。

综上所述，哈密市南部区域土壤盐渍化严重，且绝缘子串表面等值盐密值高，属重污秽地区，但是由于干旱少雨，缺少污闪形成的气象条件，交流系统输变电设备外绝缘按中等污秽配置，即可满足运行要求。参考现有交流变电站的运行经验，哈密南换流站的交流设备的爬电比距可取 25mm/kV。

2.2　直流污秽水平及直交流积污比

根据哈密南换流站站址区域地表土含盐量预测交流 XP-70 绝缘子的年度等值盐密值，烽火台站址取 0.16mg/cm^2。

烽火台站址以盐碱扬尘污染为主，其积污颗粒度粒径分布较窄，哈密南换流站站址附近区域的冬季平均风速约为 1.5m/s，站址的直交流积污比暂取 1.2。根据西北内陆地区（陕西富县）自然积污试验站的测试结果，交流电压下普通支柱绝缘子和普通悬式绝缘子的积污比为 2/3～4/5，因此哈密南换流站的交流普通支柱绝缘子和 XP 型悬式绝缘子的等值盐密比取 3/4。再根据支柱绝缘子的直交流等值盐密比，可以计算出哈密南换流站直流电压下支柱绝缘子的表面污秽情况，如表 1 所示。

站址所在地区虽然盐碱污染很大，但哈密地区污闪气象条件很少，有效盐密可不考虑过高。依站址盐碱土的 pH 值（7.4）确定有效盐密的取值，烽火台站址的有效盐密取其等值盐密的 80%，有效盐密为 0.12mg/cm^2。哈密南换流站支柱绝缘子表面污秽情况如表 1 所示。

表1　　哈密南换流站支柱绝缘子表面污秽情况

交流悬式盐密（mg/cm²）	交流支柱盐密（mg/cm²）	直交流等值盐密比	直流支柱等值盐密（mg/cm²）	直流支柱有效盐密（mg/cm²）
0.16	0.12	1.2	0.14	0.12

3　哈密南换流站直流场设备的爬电比距

根据哈密南换流站站址预测的直流支柱绝缘子的等值盐密可以计算出所需爬电比距，如表2所示。

表2　　哈密南换流站所需爬电比距

项　　目	各类支柱绝缘子	垂直套管		
平均直径（mm）	250～300	400	500	600
大小伞（C型）爬电比距（mm/kV）	47	49	50	52

从表2可见，哈密南换流站直流场大小伞型支柱绝缘子和套管的复合外绝缘爬电比距的设计值为47～52mm/kV，水平复合套管的爬电比距设计值不小于44mm/kV。

4　郑州污秽等级及污秽水平

4.1　交流污秽等级

河南北部和西部曾是我国电网大面积污闪的重灾区，1990年和2001年的华北两次大面积污闪事故均由此向北延伸。从20世纪70年代始，郑州电网发生污闪事故频繁，开封电厂也多次发生污闪事故，郑州至开封之间的110～220kV线路也有污闪发生。但总体而言，河南北部的污闪主要分布在郑州西部，郑州东部较少。在历次河南电网的调爬改造中，包括中牟在内的郑州电网普遍使用复合绝缘子，使线路抗污闪能力显著提高。据中牟电业局反映，中牟县近十年没有发生过污闪事故。位于大孟站址东侧3km的西吴110kV变电站，紧邻西吴村，建于2008年，站内变压器套管、电压互感器和隔离开关支柱为瓷绝缘，均为大小伞结构，爬电比距均不小于25mm/kV；断路器、母线支柱绝缘子及悬式绝缘子为复合绝缘，爬电比距均大于20mm/kV。该变电站外绝缘配置属于II级上限（按Q/GDW 152—2006《电力系统污区分级与外绝缘选择标准》标准属于c级上限）。该站运行人员介绍，站内设备自投运以来，从未发生过污闪跳闸现象，但因支柱瓷绝缘子表面附尘较多，冬季大雾出现时曾有轻微放电现象。拟建大孟换流站交流场的外绝缘配置可依此运行经验进行设计。

参考现有运行经验，中牟县所在区域交流输变电设备爬电比距取25mm/kV可以满足运行要求。

4.2 直流污秽水平及直交流积污比

污秽水平调研过程中在郑州地区的输电线路绝缘子上采集了灰样，并进行了污秽粒径分布检测分析，平均累积概率为 50%的污秽微粒粒径为 10.3μm。根据中牟县气象站提供的数据，冬季平均风速为 1.95m/s，大于 1.5m/s，结合当地气象、环境等情况，取直交流等值盐密比为 2.1。郑州换流站的交流电压下普通支柱绝缘子和普通悬式绝缘子的等值盐密比取 1/2。再根据直交流等值盐密比，可以计算出直流换流站直流电压下支柱绝缘子的表面污秽情况，如表 3 所示。站址直流支柱绝缘子表面污秽的等值盐密取 0.063mg/cm^2，有效盐密取等值盐密。郑州换流站支柱绝缘子表面污秽情况见表 3。

表 3　　郑州换流站支柱绝缘子表面污秽情况

交流悬式盐密（mg/cm^2）	交流支柱盐密（mg/cm^2）	直交流等值盐密比	直流支柱等值盐密（mg/cm^2）	直流支柱有效盐密（mg/cm^2）
0.06	0.03	2.1	0.063	0.063

5 郑州换流站直流场设备的爬电比距

郑州换流站直流支柱的选择按试验（有效）盐密 0.063mg/cm^2 进行。根据以往±500kV 和±800kV 换流站直流场外绝缘设计的经验，大孟站址换流站可选择户外直流场换流站户外场外绝缘设计，直流支柱绝缘子和套管表面灰密一般都取盐密的 6 倍，且上下表面污秽按均匀分布考虑。以前工程对直流设备所需爬电比距的计算主要是针对支柱瓷绝缘子，特别是等径深棱伞型的支柱瓷绝缘子进行，复合绝缘的选择是根据±500kV 换流站的成功运行经验在瓷绝缘基础上打折实现的。郑州换流站污秽预测报告应用支柱复合绝缘子的人工污秽试验结果确定直流设备外绝缘参数。应用郑州换流站所需爬电比距如表 4 所示。

表 4　　郑州换流站所需爬电比距

项　目	各类支柱绝缘子	垂直套管		
平均直径（mm）	250～300	400	500	600
大小伞（C 型）爬电比距（mm/kV）	45	47	49	51

郑州换流站直流场等径深棱型支柱绝缘子和瓷套管爬电比距的设计值为 52～58mm/kV，大小伞型支柱绝缘子和瓷套管爬电比距的设计值为 53～59mm/kV。

6 换流站外绝缘配置

根据国内外制造商所能提供的直流场支柱绝缘子以及国内已运行的特高压直流换流站的实际运行经验，哈密南换流站建议采用户外直流场，选用复合支柱绝缘子或者瓷涂 RTV 方案，直流场复合外绝缘爬电比距不小于 47mm/kV，水平穿墙套管的爬电比距不小于 44mm/kV。郑州换流站建议采用户外直流场，选用复合支柱绝缘子或者瓷涂 RTV 方案，直流场复合外绝缘爬电比距不小于 45mm/kV，水平穿墙套管的爬电比距不小于 44mm/kV。

7 结论

综上所述，哈密南换流站和郑州换流站均建议采用户外直流场，采用复合支柱绝缘子或者瓷涂 RTV 外绝缘方案，哈密南换流站复合支柱绝缘子爬电比距不小于 47mm/kV，郑州换流站复合支柱绝缘子爬电比距不小于 45mm/kV，两站的水平穿墙套管爬电比距不小于 44mm/kV。

两站交流场设备外绝缘设计均按III级污区设计，基于正常运行的最高电压，站内所有的交流绝缘子的爬电比距都取 25mm/kV。

第4节 无功补偿和控制

高压直流换流器在运行中会消耗无功功率，不同的运行方式，如不同的直流功率水平和触发角等，所消耗的无功功率不同。一般情况下，应在换流站安装能提供无功功率的设备来补偿换流器所消耗的无功功率。交流谐波滤波器能够补偿无功功率消耗，同时还能过滤由高压直流换流器产生的谐波。

本节按照输送功率为 8000MW 的工程系统参数、交流系统边界条件、换流站无功功率提供/吸收设备的配置原则等，制订哈郑工程两端换流站无功设备配置的具体方案，以及无功功率的控制策略，保证在各种运行条件下维持换流站无功功率的平衡，满足换流站无功功率补偿和平衡的要求。

1 设计要求

（1）与交流系统无功交换的设计值和实际值之间的偏差，哈密南侧不能超过±215Mvar，郑州侧不能超过±210Mvar。

（2）投切滤波器/并联电容器组所允许的最高稳态电压波动，哈密南侧换流母线电压波动值不超过 0.01p.u.，郑州侧换流母线电压波动值不超过 0.01p.u.。

（3）在直流负荷的一个周期内，任何电容器组或滤波器组最多只能投入和切除一次。

2　无功功率的提供

2.1　设计要求

（1）在稳态交流系统电压范围内，当直流系统输送额定直流功率时，在最不利的整流器或逆变器运行工况下，如果一个最大的滤波器/并联电容组停运，在两端换流站都能实现 100%的无功功率补偿。

（2）采用交流滤波器/并联电容器补偿换流器消耗的无功功率。

（3）哈密南换流站单个滤波器/并联电容器组的最大无功容量不能超过 270Mvar；郑州换流站单个滤波器/并联电容器组的最大无功容量不能超过 290Mvar。

2.2　设计方案

哈密南换流站交流滤波器配置如下：4 组 BP11/13 滤波器，每组容量分别为 230Mvar；4 组 HP24/36 滤波器，每组容量分别为 230Mvar；3 组 HP3 滤波器，每组容量分别为 230Mvar；5 组 SC 并联电容器，每组容量分别为 270Mvar。

郑州换流站交流滤波器配置如下：8 组 HP12/24 滤波器，每组容量分别为 260Mvar；2 组 HP3 滤波器，每组容量分别为 260Mvar；9 组 SC 并联电容器，每组容量分别为 260Mvar。

3　无功功率的吸收

3.1　无功功率计算

整流器（6 脉换流器）所消耗的无功功率可以根据下面的公式计算（对于逆变器，应把 α 换为γ）

$$Q_{\text{conv}} = I_{\text{d}} U_{\text{dio}} \frac{2u + \sin 2\alpha - \sin 2(\alpha + u)}{4\,[\cos\alpha - \cos(\alpha + u)]}$$

$$U_{\text{dio}} = \sqrt{2} \times \frac{3}{\pi} U_{\text{vo}}$$

$$u = \arccos\left(\cos\alpha - 2d_{\text{x}} \frac{I_{\text{d}}}{I_{\text{dN}}} \times \frac{U_{\text{dioN}}}{U_{\text{dio}}}\right) - \alpha$$

无功功率的提供表示：在考虑系统提供无功的能力后，换流站所配置的容性无功补偿装置可以满足换流站无功功率的平衡。

无功功率的吸收表示：在考虑系统吸收无功的能力后，如果换流站无功过剩，可以通过配置的感性无功装置或者增大触发角的措施来吸收过剩的无功。

换流站无功补偿的设计应考虑在稳态交流系统电压范围内，当高压直流联络线输送额定直流功率时，在最不利的整流器或逆变器运行工况下，如果一个最大的滤波器/

并联电容组停运，在两侧换流站实现至少 100%的无功功率补偿。

3.2 设计方案

为满足交流系统自身调压的需要，在哈密南换流站配置 2 组 120Mvar 的感性无功设备，该设备用于换流站小方式无功平衡；在郑州换流站配置 2 组 60Mvar 的感性无功设备，用于换流站小方式无功平衡。换流站还可以利用增大触发角的方式吸收多余的无功。哈郑直流在双极运行时的最小直流功率为 800MW，单极运行时的最小直流功率为 400MW。

4 无功功率控制

4.1 功能

控制系统可以按以下优先级别实现如下功能：

（1）换流器解锁控制；

（2）最高/低电压限制；

（3）最大无功交换限制；

（4）最小滤波控制；

（5）无功控制/电压控制（可切换）。

4.2 投切

无功功率控制是集成在控制系统内的一个功能。为了控制与交流系统的无功功率交换（Q_Control）或控制交流母线电压（U_Control），RPC 会投/切交流滤波器/并联电容组。如果所控制的量超过预先的设定值，那么系统就会开始执行投/切命令。

RPC 提供的“MinFilter”和“AbsMinFilter”功能会同时控制满足谐波滤波的要求。

为了避免过电压，在 RPC 中又实现了另外两个功能：“Q_Maximum”功能和“U_Maximum”功能。这两个功能允许 RPC 切除滤波器和/或并联电容器组，来最大限度地减小过电压保护动作。

RPC 中的不同功能具有不同的优先级，从高到低如下所示：AbsMinFilter（绝对最小滤波器组）；U_Maximum（电压限制）；Q_Maximum（无功限制）；MinFilter（最小滤波器组）；Q_Control/U_Control（无功控制/电压控制）。

5 结论

（1）哈郑工程正向全压运行方式下（8000MW），考虑设备制造公差及系统测量误差等因素，哈密南换流站消耗无功的最大值为 4940Mvar，郑州换流站消耗无功的最大值为 4630Mvar。直流 10%小负荷运行方式下，在正常触发角的条件下，哈密南换流站无功消耗为 248Mvar 左右，郑州换流站无功消耗为 270Mvar 左右；而采取增大触发角/

熄弧角的措施可提高换流站的无功消耗，在不牺牲直流系统性能的前提下，即保持直流电压为 800kV 不变，调节触发角/熄弧角，哈密南换流站无功消耗为 468Mvar 左右，郑州换流站无功消耗为 340Mvar 左右。

（2）按照投切无功小组时换流站交流母线暂态电压波动不超过 1.5%，切除无功大组时换流站交流母线暂态电压波动不超过 5%～6%控制，哈密南换流站无功小组容量可考虑为 230Mvar，大组不超过 1150Mvar；郑州换流站无功小组容量建议不超过 290Mvar，无功大组容量建议不超过 1300Mvar。

具体无功分组容量应在后续的工作中结合换流站无功消耗情况及滤波性能和设备布置等要求进行优化。

（3）考虑系统的无功提供能力后，初步推荐的哈密南换流站容性无功配置为：总配置量为 3880Mvar，分 16 小组，4 大组；初步推荐的郑州换流站容性无功配置为：总配置量为 4940Mvar，分 19 小组（每组容量为 260Mvar），分 4 大组。

（4）为满足小方式下无功平衡要求，哈密南换流站 750kV 联络变压器低压侧各一台低压电抗器用于直流小方式下的无功平衡，共计 2×120Mvar；郑州换流站站用变压器低压侧低压电抗器中各一台用于直流小方式下的无功平衡，共计 2×60Mvar。

（5）为避免无功小组的频繁投切，建议哈密南换流站的不平衡无功控制限值，即实际无功交换与计划交换的偏差值在–215～215Mavr 之间。建议郑州换流站的不平衡无功控制限值，即实际无功交换与计划交换的偏差值在–210～210Mavr 之间。

第 5 节 交流滤波器设计

1 引言

交流滤波器在系统中扮演重要的角色，它滤除换流器产生的各次谐波，控制系统谐波在可接受的范围，并提供换相所需的无功功率。它是交流、直流系统正常运行的保证。

交流滤波器设计和性能研究，主要是基于换流器产生的特征和非特征谐波、交流系统谐波阻抗和其他交流系统数据，在设计滤波器配置方案的基础上，满足系统谐波控制要求。所设计的滤波器配置方案还必须满足换流器和交流系统的无功平衡要求。

2　交流滤波器性能定义

交流谐波滤波器将限制换流站交流母线上的电压畸变并限制流进交流系统的谐波电流。滤波性能用各次谐波电压畸变率（D_n），总的谐波电压畸变率（D_{eff}）和电话谐波波形系数（*THFF*）等术语定义。有关术语定义如下：

各次谐波电压畸变率定义为

$$D_n = \frac{E_n}{E_{ph}} \times 100\%$$

总的谐波电压畸变率定义为

$$D_{eff} = \sqrt{\sum_{n=2}^{n=50} \left(\frac{E_n}{E_{ph}} \right)^2} \times 100\%$$

电话谐波波形系数定义为

$$THFF = \sqrt{\sum_{n=1}^{n=50} \left(\frac{E_n}{E_{ph}} K_n P_n \right)^2} \times 100\%$$

3　交流滤波器性能要求

交流滤波器的设计应保证在直流系统的各种稳态运行工况下将换流站交流母线电压畸变率和电话波形畸变系数限制在表 1 的水平以内。

表 1　　换流站交流母线电压畸变率和电话波形畸变系数限值

性能指标	限值
D_n	3 次、5 次谐波，1.25 % 其他奇次谐波，1.0% 偶次谐波，0.5 %
D_{eff}	1.75 %
THFF	1.0 %

4　交流滤波器配置方案

为了满足直流输送 8000MW 功率时的滤波要求，哈密南换流站交流滤波器配置如表 2 所示：4 组 BP11/13 滤波器，每组容量分别为 230Mvar；4 组 HP24/36 滤波器，每组容量分别为 230Mvar；3 组 HP3 滤波器，每组容量分别为 230Mvar；5 组 SC 并联电容器，每组容量分别为 270Mvar。郑州换流站交流滤波器配置如表 3 所示：8 组 HP12/24 滤波器，每组容量分别为 260Mvar；2 组 HP3 滤波器，每组容量分别为 260Mvar；9 组 SC 并联电容器，每组容量分别为 260Mvar。

表 2　　哈密南换流站交流滤波器配置

元　件	单位	滤波器类型			
		BP11/BP13	HP24/36	HP3	SC
C1	μF	1.303	2.603	2.606	3.059
L1	mH	64.75	3.87	461.55	2.01
C2	μF	1.303	16.87	21.95	
L2	mH	46.65	0.767		
R	Ω	R1 10 000 R2 8000	300	900	
调谐频率	Hz	550/650	1200/1850	165	—
滤波器容量（在 525kV）	Mvar	230	230	230	270
滤波器组数		4	4	3	5

表 3　　郑州换流站交流滤波器配置

元　件	单位	滤波器类型		
		HP12/24	HP3	SC
C1	μF	2.992	3.003	3.003
L1	mH	7.213	421.8	2.01
C2	μF	10.194	24.0212	—
L2	mH	4.418		—
R1	Ω	1000	1060	—
调谐频率	Hz	600/1200	150	—
滤波器容量（在 515kV）	Mvar	260	260	260
滤波器组数		8	2	9

当直流系统在额定（100%）直流电流运行方式下，换流站两侧滤波器性能指标的最大值如表 4 所示。

表 4　　换流站两侧滤波器性能指标最大值　　%

性能指标	哈密南换流站	郑州换流站
单次谐波电压畸变率 D_n	3/1.09	11/0.76
总谐波电压畸变率 D_{eff}	1.36	1.02
电话谐波波形系数 *THFF*	0.52	0.91

第6节　直流滤波器设计

1　引言

高压直流输电换流器在运行时，会在直流输电系统的直流侧产生谐波电压和谐波电流，从而在直流线路邻近的电话线上产生噪声。在直流输电系统的直流侧安装谐波滤波器，可以将这种噪声限制在可接受的水平。

2　直流滤波器性能定义

直流滤波器、中性点电容器或滤波器设计中对滤波性能的考核应以等效干扰电流的计算值为基础。

等效干扰电流的定义如下：线路上所有频率的谐波电流对邻近平行或交叉的通信线路所产生的综合干扰作用与某单个频率的谐波电流所产生的干扰作用相同，这个单频率谐波电流就称作等效干扰电流。

计算等效干扰电流时不仅应考虑直接流过直流极导线和接地极线路的谐波电流，而且还应考虑感应到直流线路和接地极线路地线中的谐波电流。

互阻抗算法中，可以采用删除地线后的线路结构进行计算，但在等效干扰电流的计算中，必须以某种方法考虑地线中的谐波电流。

等效干扰电流是所有谐波频率从 1～50 次（即 50～2500Hz）的噪声加权残余电流，按照下面的公式进行计算

$$I_{\mathrm{eq}}(x)=\sqrt{I_{\mathrm{e}}(x)_{\mathrm{J}}^{2}+I_{\mathrm{e}}(x)_{\mathrm{H}}^{2}}\quad(\mathrm{mA})$$

由哈密南站换流器或郑州站换流器的谐波电压所产生的沿线各点的等效干扰电流可按下式计算

$$I_{\mathrm{e}}(x)=\sqrt{\sum_{n=1}^{n=50}[I_{\mathrm{r}}(n,x)\bullet P(n)\bullet H_{\mathrm{f}}]^{2}}$$

3　直流滤波器性能要求

对于任意输送方向，从最小功率到额定直流功率的任意直流输送功率，所设计的直流滤波器应满足下述性能要求。

在给定的直流线路走廊的任意位置和两端接地极引线走廊的任意点，等效干扰电

流值不得超过表 1 的要求。

表 1　　允许等效干扰电流值

运行方式	允许的最大等效干扰电流（mA）
双极方式	3000
单极金属回线或大地回路方式	6000

对于所有其他实际可能的运行方式，应计算最大等效干扰电流并将计算条件和结果以报告的形式提交。需要考虑的运行方式包括但不限于：

1）双极运行，两站中的一个站单极直流滤波器臂退出运行；

2）单极金属回线运行方式，所有直流滤波器投运；

3）单极金属回线运行方式，任意一端一组滤波器退出运行；

4）单极大地回路运行，输送功率从最小功率到该极的 2h 过负荷功率，该极所有的直流滤波器投运；

5）双极运行，一极降压或双极降压，所有直流滤波器投运；

6）双极全压运行，直到 2h 过负荷能力，所有直流滤波器投运。

4　平波电抗器

每一换流站的平波电抗器位于换流器和直流滤波器间的直流极回路上。除了参与抑制谐波电流外，平波电抗器还是过电压保护的一部分，可以阻止陡峭的闪电涌流进入换流器。它还可以限制由于换流器短路或直流线路电路故障导致的放电电流。而且，从控制的角度看，它也是直流系统的重要部分。

极线平波电抗器的电感值为 3×50mH，中性母线平波电抗器的电感值是 3×50mH。另外哈密南站每极还有一组 50Hz 阻波器，用以抑制交流线路耦合产生的工频电流的影响。阻断滤波器的电抗器和平波电抗器采用一样的参数，电感值为 50mH；阻断滤波器的电容器为 202.65μF。

在研究中假设 12 次谐波下的品质因数为 100。在性能计算中，电感值变化范围在 ±5%以内，保守地包含了直流电流水平到达 1.3p.u.。

5　直流滤波器配置方案

每极的直流滤波器由两组双支路组合滤波器组成：支路 1 为 12/24 滤波器，接在直流极和中性母线之间，高压电容值为 0.35μF；支路 2 为 2/39 滤波器，接在直流极和中性母线之间，高压电容值为 0.8μF。两个换流站的滤波器设计是相同的。直流滤波器的主要元件参数配置如表 2 所示。

表 2　　直流滤波器主要元件参数配置

元　件	单位	组合滤波器	
		支路 1（12/24）	支路 2（2/39）
总滤波器组数		4	4
调谐频率	Hz	600/1200	100/1950
C1	μF	0.35	0.8
L1	mH	89.35	11.99
C2	μF	0.81	1.825
L2	mH	48.86	964.0
R1	Ω	10 000	5700
品质因数（电感）		100	100
电容的 tanδ（50Hz 下）		0.0002	0.0002

所提出的直流滤波器设计方案能满足技术规范书中的直流滤波器性能限制。在这种设计中，极线中的最大计算等效干扰电流 I_{eq} 值如表 3 所示。

表 3　　最大计算 I_{eq} 值

运行方式	直流电压	I_{eq}（mA）			I_{eq}（mA）的限定值
		极　线	哈密南站接地极线	郑州站接地极线	
双　极	正常电压	2416	822	320	3000
	降压运行	2733	1015	377	3000
单极大地回线	正常电压	5470	3076	878	6000
	降压运行	5813	2150	950	6000
单极金属回线	正常电压	3773	—	767	6000
	降压运行	3944	—	812	6000

第 7 节　控制保护成套设计优化

1　±800kV、8000MW 特高压直流输电工程对控制保护设备提出的要求

±800kV、8000MW 特高压直流输电工程采用每极 2 个 12 脉动换流器串联的主回路结构，额定电流为 5000A，具备更大的直流电流和功率输送能力，存在多达 40 多种可能的双极和单极运行方式，对控制保护系统的功能和性能提出了更高的要求。特高

压直流输电控制保护系统的体系结构、功能配置和总体性能应与工程的主回路结构和运行方式相适应，保证特高压直流系统的安全稳定运行。

2 ±800kV、8000MW 特高压直流控制保护系统的设备构成和总体结构

±800kV、8000MW 级特高压直流控制保护系统由核心控制保护和换流站辅助二次设备构成。核心控制保护设备主要包括运行人员控制系统、远动通信系统、交直流站控系统、直流极控系统以及交直流系统保护等。换流站辅助二次设备主要包括站主时钟系统、交直流故障录波设备、保护故障录波信息管理子站、电能量计量系统、直流线路故障定位装置、安全稳定控制装置等。

控制保护以单个 12 脉动换流单元为基本单元进行配置，各 12 脉动换流单元的控制功能的实现和保护配置要保持最大程度的独立，使其能够单独退出单 12 脉动换流单元而不影响其他设备的正常运行。

特高压直流系统保护包括换流器/极/双极保护、换流变压器保护、交流滤波器保护和直流滤波器保护等设备。换流器保护和换流变压器保护以 12 脉动换流单元为基础配置。直流滤波器保护按极配置，保护功能集成到直流极保护设备中。交流滤波器保护以滤波器大组独立配置。换流器/极/双极保护、换流变压器保护和直流滤波器保护按三重化冗余原则配置，采用“三取二”出口逻辑。交流滤波器保护按双重化冗余原则配置，采用“启动+动作”的出口逻辑。

3 控制保护成套设计优化

3.1 控制保护配置的调整优化

双极控制在逻辑上位于极控制之上，但为了提高直流系统的可靠性，对双极控制功能进行了优化，双极控制功能可在极控系统中实现，双极控制不配置独立的硬件设备。双极保护功能也在极保护功能中实现，双极测量装置按极配置，最大程度地避免双极停运。换流变压器保护独立配置装置。

3.2 配置远方监视与对侧监控系统

为了实现远方监视功能，在±800kV、8000MW 特高压直流输电工程中，在运维单位本部、运维管理处分别配置一套远方监视系统，两换流站进行远程监视。直流远程监视系统的监控系统采用站局域网（local area network，LAN）延伸模式，是换流站运行人员控制系统站局域网的网络延伸，与换流站运行人员控制系统具有相同功能。

在整流站配置一套对侧换流站集控系统，采用站局域网延伸模式实现对逆变站的远程监控。

3.3 配置一体化在线监测集中监视系统

在两换流站各配置一套一体化在线监测集中监视系统，实现对全站各个设备在线监测系统分析结果的集中监视功能，达到资源优化的目的，同时有助于全面提升电力设备监测与诊断水平。

一体化在线集中监测系统主要由综合处理单元、在线监测子站以及相关网络设备构成。综合处理单元负责集中采集各种在线监测装置或系统的相关数据及分析结果，通过数据总线传送给在线监测总站，综合处理单元与在线监测装置或系统间的通信建议采用 IEC 61850 标准规约。

3.4 配置一体化智能辅助控制系统

在两换流站各配置一套一体化智能辅助控制系统，该系统实现换流站消防系统、通风系统、空调系统、采暖系统、给排水系统、照明系统以及图像监视系统的集中监视与控制，实现设备的远程实时监测、故障报警及远程控制。

2012

特高压直流输电技术研究成果专辑

第3章 ±800kV、8000MW特高压直流输电工程设备技术规范

第1节 换流变压器

1 引言

换流变压器根据直流输电系统中的最新的应用经验，并参考现已在工业中应用和通过试验的新技术和新工艺进行改进。换流变压器除应满足环境条件和使用条件的相关章节要求外，还应在规定的使用条件下按本章所提出的各项设计要求正常运行。本节结合±800kV、8000MW 哈郑工程，介绍特高压换流变压器的技术方案，同时参考了向上、锦苏已投运特高压直流输电工程的设计建设经验。

2 设备的主要参数

2.1 哈密南换流站

（1）型式：单相，双绕组，有载调压，油浸式。

（2）冷却方式：强迫油循环风冷（OFAF）。

（3）网侧中性点接地方式：直接接地。

（4）调压方式及分接范围：安装在网侧中性点的有载调压开关；调压范围为+23/−5。每级电压为1.25%。

（5）容量：当绕组平均温升小于等于55K时，容量应满足表1的规定。

表1　　哈密南换流站设备容量

名　　称	网侧绕组	阀侧绕组			
		Y1	△1	Y2	△2
额定容量（MVA）	405.2	405.2	405.2	405.2	405.2

（6）电流额定值、应满足表2的规定。

表2　　哈密南换流站电流额定值　　A

名　　称	网侧绕组	阀侧绕组			
		Y1	△1	Y2	△2
额定连续电流（主分接）	1324	4083	2357	4083	2357
1.05p.u.（2h无备用，最负分接）	1527	4356	2514	4356	2514
1.1p.u.（2h有备用）	1611	4596	2653	4596	2653

（7）设备最高稳态电压：应满足表 3 的规定。

表 3　　哈密南换流站设备最高稳态电压　　kV

网侧绕组	阀侧绕组			
	Y1	△1	Y2	△2
317.54	102.60	177.72	102.60	177.72

（8）额定电压：应满足表 4 的规定。

表 4　　哈密南换流站额定电压　　kV

网侧绕组	阀侧绕组			
	Y1	△1	Y2	△2
306.00	99.23	171.88	99.23	171.88

（9）额定频率：50Hz。

（10）网侧与阀侧之间（YNyn0，YNd11）阻抗电压及允许变化范围：在额定分接（主分接），（20.0±0.8）%；在最小分接（−5 分接），（20.0±0.8）%；在最大分接（+23 分接），（20.0±0.8）%；最大相间阻抗偏差，2%。

（11）直流偏磁电流折算到每台变压器网侧，不小于 10A。

（12）绝缘水平和试验电压：应满足表 5 的规定。

表 5　　哈密南换流站绝缘水平和试验电压

名　　称		网侧绕组（kV）	阀侧绕组（kV 或 kV，DC）			
			Y1	△1	Y2	△2
雷电全波 LI	端 1	1550	1800	1550	1300	1175
	端 2	200	1800	1550	1300	1175
雷电截波 LIC（型试）	端 1	1705	1980	1705	1430	1293
	端 2	—	1980	1705	1430	1293
操作波 SI	端 1	1175	—	—	—	—
	端 2	—	—	—	—	—
	端 1+端 2	—	1620	1315	1175	1050
交流短时外施（中性点）	端 1+端 2	95	—	—	—	—
交流短时感应	端 1	680	—	—	—	—
交流长时感应+局部放电	端 1（U1）	550*	178	307	178	307
	端 1（U2）	476**	154	265	154	265
交流长时外施+局部放电	端 1+端 2	—	912	695	479	262

续表

名称		网侧绕组（kV）	阀侧绕组（kV 或 kV，DC）			
			Y1	△1	Y2	△2
直流长时外施+局部放电	端 1+端 2	—	1258	952	646	341
直流极性反转+局部放电	端 1+端 2	—	970	715	460	205

* $U_1=(1.7\times U_m)/\sqrt{3}$，$U_m$ 为设备最高工作电压。

** $U_1=(1.50\times U_m)/\sqrt{3}$，$U_m$ 为设备最高工作电压。

2.2 郑州换流站

（1）型式：单相，双绕组，油浸式。

（2）冷却方式：强迫导向油循环风冷（ODAF）。

（3）网侧中性点接地方式：直接接地。

（4）调压方式及分接范围：安装在网侧中性点的有载调压；调压范围为+25/−5；每级电压为 1.25%。

（5）容量：当绕组平均温升小于等于 55K 时，容量应满足表 6 规定。

表 6　郑州换流站设备容量

名称	网侧绕组	阀侧绕组			
		Y1	△1	Y2	△2
额定容量（MVA）	376.6	376.6	376.6	376.6	376.6

（6）电流额定值：满足表 7 的规定。

表 7　郑州换流站电流额定值　A

名称	网侧绕组	阀侧绕组			
		Y1	△1	Y2	△2
额定连续电流（主分接）	1243	4083	2357	4083	2357
1.05p.u（2h 无备用）	1342	4356	2514	4356	2514
1.1p.u（2h 有备用）	1416	4596	2653	4596	2653

（7）设备最高稳态电压：满足表 8 的规定。

表 8　郑州换流站设备最高稳态电压　kV

网侧绕组	阀侧绕组			
	Y1	△1	Y2	△2
317.54	96.19	166.61	96.19	166.61

（8）额定电压：满足表 9 的规定。

表 9　　郑州换流站额定电压　　kV

网侧绕组	阀侧绕组			
	Y1	△1	Y2	△2
303.11	92.25	159.78	92.25	159.78

（9）额定频率：50Hz。

（10）网侧与阀侧之间（YNyn0，YNd11）阻抗电压及容许变化范围：在额定分接（主分接），（19.0±0.8）%；在最小分接（–6 分接），（19.0±0.8）%；在最大分接（+22 分接），（19.0±0.8）%；最大相间阻抗偏差，2%。

（11）直流偏磁电流折算到每台变压器网侧不小于 10A。

（12）绝缘水平和试验电压：满足表 10 的规定。

表 10　　郑州换流站绝缘水平和试验电压

名　称		网侧绕组（kV）	阀侧绕组（kV 或 kV，DC）			
			Y1	△1	Y2	△2
雷电全波 LI	端 1	1550	1800	1550	1300	1175
	端 2	200	1800	1550	1300	1175
雷电截波 LIC（型试）	端 1	1705	1980	1705	1430	1293
	端 2	—	1980	1705	1430	1293
操作波 SI	端 1	1175	—	—	—	—
	端 2	—	—	—	—	—
	端 1+端 2	—	1620	1315	1175	1050
交流短时外施（中性点）	端 1+端 2	95	—	—	—	—
交流短时感应	端 1	680	—	—	—	—
交流长时感应+局部放电	端 1（U1）	550*	178	307	178	307
	端 1（U2）	476**	154	265	154	265
交流长时外施+局部放电	端 1+端 2	—	912	695	479	262
直流长时外施+局部放电	端 1+端 2	—	1258	952	646	341
直流极性反转+局部放电	端 1+端 2	—	970	715	460	205

*　$U_1 = (1.7 \times U_m) / \sqrt{3}$，$U_m$ 为设备最高工作电压。

**　$U_1 = (1.50 \times U_m) / \sqrt{3}$，$U_m$ 为设备最高工作电压。

3 性能要求

（1）额定容量时的温升限值，应满足表 11 的规定。

表 11　　额定容量时的温升限值

顶部油温升	绕组平均温升	绕组热点温升	油箱、铁芯及结构件温升	短时过负荷绕组热点温度
50K	55K	68K	75K	120℃

注　除要考虑日照、地面和建筑物反射外，还要考虑由于噪声治理的需要而引起的局部环境温度的升高。

供应商应提供在表 11 中规定的温度限值下，投或不投备用冷却器时的长期运行负载能力（以额定电流为基值的标幺值）与环境温度的曲线，以及短时过负载能力与过载时间和环境温度的曲线。

供应商考虑到噪声治理需要若换流变压器采用 box-in 等降噪方案时，box-in 或其他密闭空间内部的温度由厂家自行规定。第 3 节中所提供的环境温度数据指换流站的环境温度。

（2）过励磁能力。在系统最高电压为 550kV 和第 3 节规定的频率下，且阀侧为最高稳态电压时，换流变压器应能正常运行。

换流变压器空载时在 110%的额定电压下应能连续运行。

供应商应提供 100%、105%、110%情况下励磁电流的各次谐波分量，并按 50%～115%额定电压下空载电流测试结果提供励磁特性曲线。同时，还应提供额定电压下设计磁密。

（3）套管。

1）套管型式，见表 12。

表 12　　换流变套管型式

网侧绕组	阀侧绕组			
	Y1	△1	Y2	△2
油纸套管	干式或充 SF_6 式	干式或充 SF_6 式	干式或充 SF_6 式	干式或充 SF_6 式

网侧套管使用瓷质、油浸式套管，加装油位计；阀侧套管使用干式或充 SF_6 的套管，若为充 SF_6 的套管，应加装压力表。同时，抽压分头及接地末屏应由小套管引出。

2）电流额定值。哈密南换流站用换流变压器的电流额定值见本节 2.1 第（6）条；郑州换流站用换流变压器的电流额定值见本节 2.2 第（6）条。

3）测量电压（kV）。两端换流站的测量电压如表 13、表 14 所示。

表 13　　哈密换流站侧测量电压

测量条件	网侧绕组（kV）	阀侧绕组（kV）			
		Y1	△1	Y2	△2
$0.5U_r/\sqrt{3}$	159	307	235	162	90
$1.05U_r/\sqrt{3}$	333	644	492	341	189
$1.5U_r/\sqrt{3}$	476	919	703	486	270

注　U_r为设备最高电压，U_r=550kV。

表 14　　郑州换流站侧测量电压

测量条件	网侧绕组（kV）	阀侧绕组（kV）			
		Y1	△1	Y2	△2
$0.5U_r/\sqrt{3}$	159	307	235	162	90
$1.05U_r/\sqrt{3}$	334	644	492	341	189
$1.5U_r/\sqrt{3}$	477	919	703	486	270

注　U_r为设备最高电压，U_r=550kV。

4）试验电压：套管的试验电压分为网侧套管绝缘水平和阀侧套管绝缘水平。网侧套管绝缘水平如表 15 所示。

表 15　　换流变压器网侧套管绝缘水平

名　称		网侧绕组（kV）
电冲击耐受	线端套管全波	1675
	线端套管截波（型试）	1705
	中性点套管全波	250
操作冲击耐受	线端套管	1175
工频 1min 短时耐受	线端套管	740
	中性点套管	95
套管电容抽头交流 1min 耐受		2.0

换流变压器阀侧套管绝缘水平比换流变绕组绝缘水平均提高不等的系数（中性点套管除外），其中：直流电压，1.15；直流极性反转，1.15；外施交流电压，1.10；雷电冲击，1.05；操作冲击，1.05。

换流变压器阀侧套管不开展工频 1min 短时耐受试验，使用外施交流长时耐受试验代替。阀侧绕组的套管电容抽头交流 1min 耐受试验电压均为 2.0kV。

5）套管最小爬电比距：网侧侧（按设备最高运行电压计算），25.0mm/kV；阀厅侧（按最高直流运行电压计算），14.0mm/kV。

6）爬电系数、外形系数、直径系数以及表示伞裙形状的参数，均应符合 IEC 60815 之规定。

7）套管的试验和其他的性能要求应符合 IEC 60137 规定。

8）网侧套管 500kV 出线端子应按防电晕要求进行设计。

（4）有载调压开关。

1）电流额定值：哈密南换流站，见 2.1 第（6）条，并满足 GB 1094《电力变压器》对负载的要求；郑州换流站，见 2.2 第（6）条，并满足 GB 1094 对负载的要求。

2）调节范围：哈密南换流站，见 2.1 第（4）条；郑州换流站，见 2.2 第（4）条。

3）电流变化率（A/ms）如表 16、表 17 所示。

表 16　　哈密南换流站电流变化率

α（°）	10	15	17	20	30	40	50	60	70	80	85	90
dI/dt	1462	1579	1631	1717	2039	2370	2672	2918	3092	3180	3189	3174

表 17　　郑州换流站电流变化率

α（°）	10	15	17	20	30	40	50	60	70	80	85	90
dI/dt	1447	1560	1613	1700	2025	2359	2663	2912	3087	3176	3186	3173

4）寿命要求：机械寿命，＞80 万次；电气寿命，＞20 万次；检修/换油周期，＞10 万次。

5）有载分接开关触头。分接开关长期载流的触头，在 1.2 倍额定电流下，对换流变压器油的稳定温升不超过 20K。有载分接开关长期载流的触头，应能够承受换流变压器外部短路电流，持续 2s，且触头不熔焊、烧伤、无机械变形，保证可继续运行。

6）有载分接开关应符合国标的有关规定。

（5）套管电流互感器，如表 18、表 19 所示。

表 18　　哈密南换流站换流变压器套管电流互感器

<table>
<tr><td rowspan="2">装设位置</td><td rowspan="2">网侧套管</td><td rowspan="2">中性点套管</td><td colspan="8">阀侧套管</td></tr>
<tr><td colspan="2">Y1 套管</td><td colspan="2">△1 套管</td><td colspan="2">Y2 套管</td><td colspan="2">△2 套管</td></tr>
<tr><td>数量（组）</td><td>1</td><td>1</td><td colspan="2">1</td><td colspan="2">1</td><td colspan="2">1</td><td colspan="2">1</td></tr>
<tr><td rowspan="2">二次线圈数量（个）</td><td></td><td></td><td>与阀相连套管</td><td>连中性点套管</td><td>首端套管</td><td>尾端套管</td><td>与阀相连套管</td><td>连中性点套管</td><td>首端套管</td><td>尾端套管</td></tr>
<tr><td>5</td><td>4</td><td>5</td><td>5</td><td>5</td><td>5</td><td>5</td><td>5</td><td>5</td><td>5</td></tr>
</table>

续表

装设位置	网侧套管	中性点套管	阀侧套管							
			Y1 套管		△1 套管		Y2 套管		△2 套管	
准确级	从变压器看向中性点分别为:									
	TPY×5	TPY×4	TPY×5	0.2×2/TPY×3	TPY×5	0.2×2/TPY×3	TPY×5	0.2×2/TPY×3	TPY×5	0.2×2/TPY×2
电流比	2000/1	3000/1	5000/1		3000/1		5000/1		3000/1	
二次容量（VA）	10	10	10		10		10		10	

表 19　郑州换流站换流变压器套管电流互感器

装设位置	网侧套管	中性点套管	阀侧套管							
			Y1 套管		△1 套管		Y2 套管		△2 套管	
数量（组）	1	1	1		1		1		1	
线圈数量（个）			与阀相连套管	连中性点套管	首端套管	尾端套管	与阀相连套管	连中性点套管	首端套管	尾端套管
	5	4	5	5	5	5	5	5	5	5
准确级	从变压器看向中性点分别为:									
	TPY×5	TPY×4	TPY×5	0.2×2/TPY×3	TPY×5	0.2×2/TPY×3	TPY×5	0.2×2/TPY×3	TPY×5	0.2×2/TPY×3
电流比	2000/1	3000/1	5000/1		3000/1		5000/1		3000/1	
二次容量（VA）	10	10	10		10		10		10	

对 TPY 型电流互感器：最大峰值瞬时误差不应超过 10%；假定 100%的直流分量偏移；剩磁不应超过 10%的拐点电压对应的磁密。

套管电流互感器应符合 GB 1208《电流互感器》、GB 16847《保护用电流互感器暂态特性技术要求》现行标准的规定。

（6）阀侧套管分压器，如表 20、表 21 所示。

表 20　哈密南换流站换流变压器阀侧套管末屏电压分压器

装设位置	阀侧 Y1 套管	阀侧△1 套管	阀侧 Y2 套管	阀侧△2 套管
数量	1	1	1	1
准确级	3	3	3	3
分压比	171.9kV/110V	171.9kV/110V	171.9kV/110V	171.9kV/110V
二次容量	5VA	5VA	5VA	5VA

表 21　　郑州换流站换流变压器阀侧套管末屏电压分压器

装设位置	阀侧 Y1 套管	阀侧△1 套管	阀侧 Y2 套管	阀侧△2 套管
数量	1	1	1	1
准确级	3	3	3	3
分压比	159.8kV/110V	159.8kV/110V	159.8kV/110V	159.8kV/110V
二次容量	5VA	5VA	5VA	5VA

（7）就地控制（控制箱）系统。就地控制系统与换流变压器配套供货，功能包括：换流变压器冷却器就地自动控制、变压器有载开关分接头就地（三相同步）控制、换流变压器就地控制与远方控制的接口及用于变压器和变压器本体保护的监视测量信号的输出。换流变压器本体保护中，用于跳闸的保护均应至少提供 3 个输出接点。

换流变压器就地控制系统输入输出信号包括但不限于表 22 的内容。

表 22　　换流变压器就地控制系统的输入输出信号

<table>
<tr><th colspan="3">换流变压器就地控制系统的输入输出信号</th></tr>
<tr><td rowspan="21">输出信号</td><td rowspan="15">开关量</td><td>绕组温度高跳闸</td></tr>
<tr><td>油温高跳闸</td></tr>
<tr><td>换流变压器重瓦斯</td></tr>
<tr><td>调压开关重瓦斯</td></tr>
<tr><td>压力释放</td></tr>
<tr><td>冷却器全停</td></tr>
<tr><td>绕组温度高报警</td></tr>
<tr><td>油温高报警</td></tr>
<tr><td>换流变压器轻瓦斯</td></tr>
<tr><td>调压开关轻瓦斯</td></tr>
<tr><td>冷却器故障</td></tr>
<tr><td>电源故障</td></tr>
<tr><td>油位高报警</td></tr>
<tr><td>油位低报警</td></tr>
<tr><td>就地控制回路其他报警</td></tr>
<tr><td rowspan="6">模拟量</td><td>换流变压器绕组温度</td></tr>
<tr><td>换流变压器油箱底层油温</td></tr>
<tr><td>换流变压器油箱顶层油温</td></tr>
<tr><td>变压器油气体监测</td></tr>
<tr><td>换流变压器网侧套管 TA 电流</td></tr>
<tr><td>阀侧 Y 套管 TA 电流</td></tr>
</table>

续表

<table>
<tr><th colspan="3">换流变压器就地控制系统的输入输出信号</th></tr>
<tr><td rowspan="6">输出信号</td><td rowspan="2">模拟量</td><td>阀侧△套管 TA 电流</td></tr>
<tr><td>中性点套管 TA 电流</td></tr>
<tr><td rowspan="4">分接头位置</td><td>调压开关分接头状态信号（形式为开关量或模拟量或 ASII 码或串口）</td></tr>
<tr><td>分接头已调到最高位置</td></tr>
<tr><td>分接头已调到最低位置</td></tr>
<tr><td>分接头调节中</td></tr>
<tr><td rowspan="4">输入信号</td><td rowspan="2">分接头</td><td>分接头上调</td></tr>
<tr><td>分接头下调</td></tr>
<tr><td rowspan="2">冷却器</td><td>投冷却器（按组）</td></tr>
<tr><td>切冷却器（按组）</td></tr>
</table>

换流变压器就地控制系统，开关量应采用无源接点，模拟量采用 4～20mA 模拟量形式。

换流变压器就地控制系统应包括如下功能：

1）应满足上述信号要求。对表 22 中所列的信号，应能可靠地送出或接收。需要说明的是，除特殊规定，所有开关量、模拟量输出信号均应双套配置，以满足控制保护系统要求。包括配置相应的温度传感器、瓦斯继电器、压力释放装置等，包括但不限于如下设备：

a）温度检测器：应为电阻型。提供油温、油温高报警、油温高跳闸信号。

b）绕组温度指示器：用来指示绕组热点温度同时也用于冷却装置控制。提供绕组温度、绕组温度高报警、绕组温度高跳闸信号。

c） 油位指示器：观察油位的指示器，指示器应具有最低油位和最高油位报警接点。

d）压力释放装置：在油箱压力释放装置上应供给指示释放的触点，当触点闭合将传送释放信号。

e）气体继电器：能够在变压器运行中以轻重瓦斯的报警和跳闸信号反应变压器内部故障。

f）分接头调压开关气体继电器：能够在变压器运行中以轻重瓦斯的报警和跳闸信号反应变压器调压开关内部故障。

2）冷却器的控制，包括但不限于如下功能：可手动启动，包括就地控制及与远方控制的接口；也可自动启动，利用绕组温度指示装置的触点来启动控制装置，使风扇电动机运转和停止；每台风扇电动机均应由各自的热过负荷装置保护以防止过负荷和单相运行；油泵和风扇电动机的任何故障均应提供故障指示；用于每组冷却器电源引线的两台主回路开关应有热过电流跳闸元件，提供过电流和过负荷保护并且还具有反相和断相故障检测能力。

3）换流变压器分接头的就地控制及与远方控制的接口，包括与极控自动调节和站控的手动调节之间的接口，并应提供就地/远方控制选择开关或相应的功能。

（8）冷却装置。

1）换流变压器投入或退出运行时，工作冷却器均可通过控制开关投入与停止运行。

2）换流变压器满载运行时，当全部冷却器退出运行后，允许继续运行时间至少20min。当油面温度不超过 75℃时，换流变压器允许继续运行 1h。

3）供应商应提供在不同环境温度下，投入不同数量的冷却器时，换流变压器允许满负载运行时间及持续运行的负载系数。冷却器应根据运行中的换流变压器顶层油温或绕组热点温度情况自动投入或切除，一般应有一台冷却器为备用，当工作中或冷却器故障时，备用冷却器能自动投入运行。

在换流变压器运行中，冷却器的投切应能实现“先进先出”的功能，即冷却器能逐台轮流自动投切。

4）供应商应提供冷却器台数（包括备用）、布置方式。

5）供应商应提供冷却装置的电源总功率。

6）当冷却系统电源发生故障或电压降低时，应自动投入备用电源。

7）当需要时，备用冷却装置也可投入运行，即全部冷却装置（包括备用）投入运行。

8）冷却器应挂于换流变压器本体之上，或采用独立的冷却器组（采用换流变压器 box-in 等降噪方案时）。

9）供应商应考虑在台风、地震等恶劣的气象条件时冷却器的机械强度。

（9）噪声水平：工频额定电压下不大于 75dB（A）（工厂试验）。

供应商应提供额定功率换流运行时（含谐波）噪声水平［dB（A）］与加上直流偏磁时噪声水平［dB（A）］。谐波数据由其他报告给出。

供应商还应配合买方作降噪设计，并考虑降噪措施对换流变压器温升的影响。

负载噪声测量应作为型式试验进行（参照 IEC 60076-10）。

（10）变压器承受短路能力。当换流变压器任意端发生出口短路时，能保持动、热稳定而无损坏。供应商应提供短路时绕组动、热稳定的计算结果，热稳定的短路持续时间不得少于 2s。

（11）换流变损耗的保证值。供应商应在投标文件中分别针对有载调压分接开关的主分接和极端分接，向买方提出换流变压器损耗的保证值。

变压器总损耗的保证值应包括额定电压下的空载损耗和折算到参考温度为 80℃时的总负载损耗。同时，供应商应提供一份报告来说明由直流偏磁产生的附加损耗。

（12）换流变压器的寿命。换流变压器在规定的使用条件和负载条件下运行，并按使用说明书进行安装和维护，预期寿命应不少于 30 年。

（13）换流变压器油。换流变压器油应符合 GB 2536《电工流体 变压器和开关用的未使用过的矿物绝缘油》或 IEC 60296 的规定。

供应商应提供与厂内试验用油相同并经过滤合格的新油，其击穿电压大于等于 70kV，tanδ（90℃）小于等于 0.5%，含水量小于等于 10mg/l，大于 5μm 的颗粒不多于 2000 个/100mL，且不应含有 PCB 成分，油量除供应铭牌数量外，再加 1%的备用油。

同一换流站内的换流变压器应采用牌号和规格相同的变压器油。

（14）互换性。所有相同设计、相同额定值的换流变压器的电气性能应完全相同，具有互换性，且可以并列运行。供应商应按工程要求，提供安装质量和安装尺寸。

（15）消防。供应商提供的产品（包含冷却器风扇电机、潜油泵、控制箱及端子箱等）应满足水喷雾灭火的要求。

（16）抗地震能力。供应商应提供抗地震能力的论证报告。

4 结构要求

（1）铁芯和绕组。

1）铁芯应采用高质量、低损耗的晶粒取向冷轧硅钢片，用先进方法叠装和紧固，使换流变压器铁芯不至因运输和运行的振动而松动。

2）全部绕组应用铜导线优先采用半硬铜导线；绕组绝缘应良好，使用场强应严格控制，确保绕组在运行中不发生局部放电，有良好的冲击电压波分布；应对绕组漏磁通进行控制，避免在绕组和其他金属构件上产生局部过热，绕组内部应有较均匀的油流分布，油路通畅，避免绕组局部过热。

3）绕组应适度加固，引线应充分紧固，器身形成坚固的整体，使其具有足够耐受短路的强度。在运输时和在运行中不发生相对位移。

4）换流变压器应能承受运输中的冲撞，当冲撞加速度不大于 3g 时，应无任何松动、变形和损坏。

（2）有载分接开关。

1）有载分接开关应是高速转换电阻式，且应有机械的和电的限位装置。

2）有载分接开关的切换装置应装于与换流变压器主油箱分开的独立的油箱里。其中的切换开关可单独吊出检修。

3）有载分接开关油箱应有单独的储油柜、呼吸器、压力释放装置和压力继电器等。

4）有载分接开关的驱动电动机及其附件应装于耐全天候的柜内。

5）有载分接开关应能远距离操作，也可在换流变压器旁就地手动操作。应备有累计切换次数的动作记录器和分接位置指示器。控制电路应有计算机接口。有载调压分接开关控制的计算机接口不需换流变压器承包商提供，由控制保护承包商提供。

6）有载分接开关的油箱应能经受 0.05MPa 压力的油压试验，历时 1h 无渗漏现象。

7）有载调压分接开关的切换开关油箱，应装有带电滤油装置以及进油阀和放油阀，以便在换流变压器运行中进行在线油处理。

（3）储油柜。

1）储油柜应具有与大气隔离的油室。油室中的油量可由构成气室的胶囊的膨胀或收缩来调节。气室通过吸湿型呼吸器与大气相通。

2）储油柜与换流变压器油箱之间的联管应畅通。套管升高座等处积集气体应通过带坡度的集气总管引向气体继电器，同时，气体继电器应优化设计，以保证正确动作。

3）储油柜应有放气塞、排气管、排污管和进油管及吊攀。

4）储油柜容积应保证在最高环境温度允许过载状态下油不溢出，在最低环境温度未投入运行时观察油位计，应有油位指示。油位指示应方便运行人员观察。

（4）油箱。

1）换流变压器油箱的顶部不应形成积水，油箱内部不应有窝气死角。

2）换流变压器应能在其主轴线或短轴线方向在平面上滑动或在管子上滚动，油箱上应有用于拖动的构件。换流变压器底座与基础的固定方法，应经买方认可。

3）所有法兰的密封面应平整，密封垫应有合适的限位，杜绝渗漏。

4）油箱上应设有温度计座、接地板、吊攀和千斤顶支架等。

5）油箱上应装有梯子，梯子下部有一个可以锁住踏板的挡板，梯子位置应便于在换流变压器带电时从气体继电器中采集气样。

6）换流变压器油箱应装有下列阀门：进油阀与排油阀（在油箱上部和下部应成对角线布置）；油样阀（油样阀的结构和位置应便于取样）。

油箱的下部箱壁上应装有油样阀门。油箱上部装滤油阀门，底部应装有能将油排尽的排油装置。

7）换流变压器应装有带报警接点的压力释放装置，每台换流变压器至少 3 个，直接安装在油箱两端。

8）油温测量装置。

a）应装有供玻璃温度计用的管座，所有设置在油箱顶盖的管座应伸入油内不少于110mm。

b）换流变压器需装设户外式信号温度计，温度计引线应用支架固定，信号温度计的安装位置应便于观察。

c）换流变压器应装有远距离测温用的测温元件，并应有送出该信号的功能。

d）当换流变压器采用集中冷却结构时，应在靠油箱进出油口总管路处，安装测量油温用的玻璃温度计管座。

9）变压器油箱的机械强度应承受真空 13.3Pa 和正压 0.05MPa 的机械强度试验，油箱不得有损伤和永久变形。冷却装置的机械强度不可小于油箱强度。

10）密封要求：整台变压器应能承受储油柜的油面上施加 0.03MPa 静压力，至少持续 24h，应无渗漏及损伤。

（5）冷却装置。

1）冷却系统电动机的电源电压采用三相交流 380/220V，控制电源电压为直流220V。

2）冷却装置应采用低噪声的风扇和低转速的油泵，运行中油泵发生故障时应接通报警接点报警。

3）冷却装置进出油管应装有蝶阀（对 ODAF 冷却方式的换流变压器），应在靠近油泵的管路上装设油流继电器。

4）风扇电动机和油泵电动机三相均应装有过载、短路和断相保护。

5）换流变压器的冷却装置应按负载和顶层油温情况，自动逐台投切相应数量的整机和风扇，且该装置可在换流变压器旁就地手动操作，也可在控制室中遥控。当切除故障冷却装置时，备用冷却装置应自动投入运行。

6）冷却装置应有使两组相互备用的供电电源彼此切换的装置。当冷却装置电源发生故障或电压降低时，应自动投入备用电源。

7）当投入备用电源、备用冷却装置，切除冷却器和损坏电动机时，均应发出信号，并提供接口。

8）供应商应优化换流变压器冷却器的位置，以进一步提高冷却效率。

9）供应商设计换流变压器时，应设置备用冷却器，当运行温度超规定值时，备用冷却装置也可投入运行，即全部冷却装置（包括备用）投入运行。

10）供应商应合理考虑油流速度，以免油流静电影响内部绝缘结构，产生放电。

11）当冷却电动机大于 5%时，换流变压器承包商负责更换全部冷却器的电动机。

（6）套管。

1）电容式套管应有末屏，阀侧套管应具有电压抽头装置。

2）套管设计应保证插入阀厅的结构，并提供相应的封堵材料。阀厅墙壁上的开口应按保证承受3h火灾的要求进行密封。

3）套管应不漏渗，对油浸式套管应有易于从地面检查油位的油位指示器，取油阀应安装在便于采取油样的位置。

4）如果阀侧套管伸入阀厅，应采用干式或充SF_6套管，如采用充SF_6套管，则应装设压力表，压力表的报警信号应用硬接点方式上传，压力值应能方便就地检查。

5）套管颜色：瓷的为棕色，非瓷的为灰色。

6）每个套管应有一个可变换方向的平板式接线端子，以便于安装与电网的联结线。端子板应能承受表23中对应的受力要求，端子板的接触面应镀锡。

表23　　套管应力要求　　N

部位	水平纵向	水平横向	垂直方向
网侧	3000	2000	2000
阀侧	3000	3000	2000
中性点	2000	2000	1500

7）静态安全系数不小于2.5，动态安全系数不小于1.67，至少承受扭矩400N•m。

（7）套管电流互感器。

1）所有的电流互感器的变比应在换流变压器铭牌中列出。

2）电流互感器的二次引线应经金属屏蔽管道引到换流变压器控制柜的端子板上，引线应采用截面不小于6mm²的耐油、耐热的软线。

（8）换流变压器套管、储油柜、油箱和冷却器等布置应符合买方的要求。

（9）铁芯、夹件、接线装置应与油箱绝缘，通过装在油箱顶部的套管引出，并在油箱下部与油箱连接接地。油箱应有2个接地处，应有明显接地符号。接地极板应满足接地热稳定电流要求，并配有与接地线连接用的接地螺钉，螺钉的直径不小于12mm。

（10）控制柜和端子箱。

1）控制柜和端子箱应设计合理，防护等级为IP55。

2）控制柜和端子箱的安装高度应便于在地面上进行就地操作和维护。

3）控制箱内的端子排应为阻燃、防潮型，控制柜应有足够的接线端子以便连接控制、保护、报警信号和电流互感器引线等的内部引线，并应留有15%的备用端子。所有外部接线端子包括备用端子均应为线夹式。控制跳闸的接线端子之间及与其他端子间均应留有一个空端子，或采用其他隔离措施，以免因短接而引起误跳闸。

4）控制柜内应有可开闭的照明设施，并应有适当容量的交流220V的加热器，以防止柜内发生水气凝结。控制柜外可有防雨电源插座（单相，10A，220V，AC）。

5）冷却系统控制箱应随换流变压器成套供货，控制箱应为户外式。控制箱应采用双回路电源供电。

6）换流变压器本体到控制箱之间的电缆由供货商提供。

（11）每个换流站至少提供一个安装变压器用的带滚轮车架，换流站如果采用面对面布置，应考虑使换流变压器转换方向且提供专用工具。

（12）压力释放阀、气体继电器，油位指示计、油温表等表面应有防雨罩，应考虑对顶部接线盒密封盖的设计，采用防进水措施，防止内部接点受潮故障。

（13）应配备气体在线监测装置，该装置的监测值应能在主控室内看到，当出现异常时能给出报警信号。

（14）供应商还应为每一换流站提供一套完整的变压器油过滤设备，油循环速度不小于 10 000L/h。该设备应具有良好的性能，满足买方的要求。

（15）供应商应对每一台换流变压器提供升高座，升高座的长度及高度需要和阀厅/防火墙的厚度相配合，详细设计时由设计院向换流变厂就阀厅/防火墙的厚度提资，换流变厂应保证其升高座的长度及高度满足阀厅总体设计要求。

（16）供应商负责为变压器本体上的电缆提供不锈钢槽盒。

（17）换流变压器辅助电源接口：买方为每组换流变提供两套辅助电源，换流变压器厂家负责电源引接及分配。

（18）换流变压器噪声抑制。

1）为满足换流站对噪声的要求，供应商应根据有关研究提交换流变压器降噪的最优方案，供买方确定。

2）与换流变压器降噪方案有关的材料均由买方提供，降噪结构在换流变压器上的支撑、固定连接件均由供应商提供，降噪结构的具体位置应由买方、供应商、相关设计院在设计联络会阶段确定。

3）采用 box-in 等降噪方案时，供应商应合理调整换流变的继电器、表计、冷却器等附件的结构、位置，应符合买方有关“性能特点、方便检查、方便检修”的要求，以有利于工作人员的安装、检修、维护工作。例如，将继电器、表计置于换流变侧面，冷却器布置于换流变端部、尾部；优化冷却器等附件与油箱的联结方式、联结点的机械强度、冷却器与周围屏障的距离等。

5　换流变压器附件

除常规附件外，供应商还应提供如下附件：

（1）哈密南换流站：有载调压开关在线滤油机，24+4 台套；换流变压器气体在线绝缘监测装置，24+4 台套。

（2）郑州换流站：有载调压开关在线滤油机，24+4 台套；换流变压器气体在线绝缘监测装置，24+4 台套。

6 铭牌

铭牌应包括以下内容：换流变压器种类，标准代号，制造厂名，出厂序号，制造年份，相数，额定容量（kVA 或 MVA），额定频率，各绕组额定电压和分接范围，各绕组额定电流，接线原理图，以百分数表示的短路阻抗实测值，冷却方式，总重，绝缘油重，运输重，器身重，负载损耗，空载损耗，空载电流，套管电流互感器。

7 结论

本节针对哈郑工程提出了换流变压器的技术要求，并给出了相应的设计方案的技术参数，为换流变压器的设计提供参考。

换流变压器的主要技术参数如表 24 和表 25 所示。

表 24　　哈密南换流站换流变压器技术参数

项号	参数名称	参 数 规 范
1	产品型号	ZZDFPZ-405200/500-200、ZZDFPZ-405200/500-400 ZZDFPZ-405200/500-600、ZZDFPZ-405200/500-800
2	额定容量	405 200kVA
3	额定电压	（$530/\sqrt{3}$ +23/-5×1.25%）/ 171.9kV （$530/\sqrt{3}$ +23/-5×1.25%）/ $171.9/\sqrt{3}$ kV
4	额定频率	50Hz
5	联结组别	Ii0
6	冷却方式	OFAF
7	短路阻抗	最小分接：Z_k=20%，裕度±0.8% 额定分接：Z_k=20%，裕度±0.8% 最大分接：Z_k=20%，裕度±0.8%
8	局部放电水平	网侧、阀侧 ACSD，ACLD，局部放电量小于等于 100pC 阀侧外施局部放电量小于等于 100pC
9	温升限值	405.2MVA（无备用冷却器） 顶部油温升≤50K；绕组平均温升≤55K 绕组热点温升≤68K；油箱表面温升≤75K
10	声级水平	目标值 75dB（A），确保小于等于 77dB（A）

表 25　郑州换流站换流变压器技术参数

项号	参数名称	参 数 规 范
1	产品型号	ZZDFPZ-376600/500-200、ZZDFPZ-376600/500-400 ZZDFPZ-376600/500-600、ZZDFPZ-376600/500-800
2	额定容量	376 600kVA
3	额定电压	（$525/\sqrt{3}$ +25/-5×1.25%）/ 159.8kV （$525/\sqrt{3}$ +25/-5×1.25%）/ $159.8/\sqrt{3}$ kV
4	额定频率	50Hz
5	联结组别	Ii0
6	冷却方式	ODAF
7	短路阻抗	最小分接：Z_k =19%，裕度±0.8% 额定分接：Z_k =19%，裕度±0.8% 最大分接：Z_k =19%，裕度±0.8%
8	局部放电水平	网侧、阀侧 ACSD，ACLD，局部放电量小于等于 100pC 阀侧外施局部放电量小于等于 100pC
9	温升限值	405.2MVA（无备用冷却器） 顶部油温升≤50K；绕组平均温升≤55K 绕组热点温升≤68K；油箱表面温升≤75K
10	声级水平	目标值 75dB（A），确保小于等于 77dB（A）

第 2 节　晶闸管及换流阀

1　引言

设备厂家所提供的换流阀应为空气绝缘、水冷却的户内式二重晶闸管换流阀，外绝缘爬电比距不小于 14mm/kV（按对地最高直流电压计算）。换流阀必须结构合理、运行可靠、维修方便。换流阀应满足环境条件和使用条件的相关章节要求。

换流阀不仅应具有承受正常运行电压和电流的能力，而且还应具有承受由于阀的触发系统误动或站内各部分故障或交流系统故障造成的冲击电压和电流的能力。

换流阀必须设计成故障容许型。在两次计划检修之间的运行周期内，阀元部件的故障或损坏不会造成更多晶闸管级的损坏，阀仍具有令人满意的运行能力。

换流阀应采用低噪声元件，以降低阀在运行时的噪声水平。

2 晶闸管元件

换流阀采用 6in 晶闸管元件。

换流阀所采用的晶闸管元件应是商业产品或即将投入商业运行的产品，其各种特性应已得到完全证实。设备厂家与晶闸管元件设备厂家在投标时应提供详细的供货时间表，并有多种采购渠道供备选。

每只晶闸管元件都应具有独立承担额定电流、过负荷电流及各种暂态冲击电流的能力。主回路中不能采用晶闸管元件并联的设计。

主回路中的每一个晶闸管元件都必须单独试验并编号，设备厂家应提供合理的手段以分辨阀中各个已编号的晶闸管元件。

3 冗余度

每个阀中必须按规定增加一些晶闸管级，作为两次计划检修之间 12 个月的运行周期中损坏元件的备用。晶闸管级的损坏是指阀中晶闸管元件或相关元件的损坏导致该晶闸管级短路，在功能上减少了阀中晶闸管级的有效数量。

冗余度的确定应保证：

（1）在两次计划检修之间的 12 个月运行周期内，如果在此运行周期开始时没有损坏的晶闸管元件，并且在运行期间内不进行任何晶闸管元件更换，冗余晶闸管级全部损坏的阀不超过 1 个。

（2）各阀中的冗余晶闸管级数应不小于 12 个月运行周期内损坏的晶闸管级数的期望值的 2.5 倍，也不应少于每阀晶闸管级总数的 3%。

晶闸管损坏级数的期望值应在晶闸管元件和相关部件的损坏率估计值的基础上，按独立随机损坏模型进行计算。晶闸管元件及相关元部件的损坏率估计值应根据同类应用条件下同类设备的运行经验选取。

4 机械性能

换流阀的机械结构必须合理、简单、坚固、便于检修。

换流阀应采用悬吊式结构。应采用组件式设计，部件要可以更换。触发系统如果采用光纤，其布置应便于光纤的开断和更换，同时还应避免安装时对光纤造成的机械损伤。

换流阀应能够承受规定的烈度地震的应力，检修人员到阀体上工作时所产生的应力，以及由于各种故障或控制/保护系统动作或误动作产生的电动力。

阀塔应能承受在接线端子上水平横向和纵向 3000N、垂直方向 5000N 的拉力要求，并且应能至少承受 50N·m 扭矩，静态安全系数不小于 2.5，动态安全系数不小于 1.67。

各种塑料构件应避免因电晕放电而导致的老化。应尽可能使用抗电晕放电的材料。在容易受电晕放电的影响而产生老化的各种塑料构件附近，设备厂家必须保证不会有此类电晕放电发生。

换流阀的结构应能保证泄漏出的冷却液体自动沿沟槽流出，离开带电部件，流至一个检测器并报警，而不会造成任何元部件的损坏。

5 电气性能

5.1 电压耐受能力

换流阀应能承受正常运行电压以及各种过电压。可以采用晶闸管串联的方式使换流阀获得足够的电压承受能力。

设计中应充分考虑操作冲击条件下沿晶闸管串的电压不均匀分布。设计还应考虑过电压保护水平的分散性以及阀内其他非线性因素对阀的耐压能力的影响。

在所有冗余晶闸管级数都损坏的条件下，单阀和多重阀的绝缘应具有以下安全系数：

（1）对于操作冲击电压，超过避雷器保护水平的 10%；

（2）对于雷电冲击电压，超过避雷器保护水平的 10%；

（3）对于陡波头冲击电压，超过避雷器保护水平的 15%。

在最大设计结温条件下，当逆变侧换流阀处在换相后的恢复期时，晶闸管应能耐受相当于保护触发电压水平的正向暂态电压峰值。

5.2 电流耐受能力

换流阀应具有承担额定电流、过负荷电流及各种暂态冲击电流的能力。主回路中不能采用晶闸管元件并联的设计。

对于由故障引起的暂态过电流，换流阀应具有如下的承受能力：

（1）带后续闭锁的短路电流承受能力。对于运行中的任何故障所造成的最大短路电流，换流阀应具备承受一个完全偏置的不对称电流波的能力，并在此之后立即出现的最大工频过电压作用下，换流阀应保持完全的闭锁能力，以避免换流阀的损坏或其特性的永久改变。

计算过电压所采用的交流系统短路水平与计算过电流时所采用的交流系统短路水平相同。故障前应假定所有的冗余晶闸管级都已损坏，并且晶闸管结温为最大设计值。

（2）不带后续闭锁的短路电流承受能力。对于运行中的任何故障所造成的最大短路电流，若在过电流之后不要求换流阀闭锁任何正向电压，或闭锁失败，则换流阀应具有承受数 3 个完全不对称的电流波的能力。故障前换流阀的状态与（1）中所规定的相同。

换流阀应能承受两次短路电流冲击之间出现的反向交流恢复电压，其幅值与最大短路电流同时出现的最大暂时工频过电压相同。

（3）附加短路电流的承受能力。当一个单阀中所有晶闸管元件全部短路时，其他两个单阀将向故障阀注入故障电流，在最恶劣的组合下，故障阀中流过的电流可能大于（1）中所描述的最大单波过电流水平。此时该故障阀内的电抗器和引线应能承受这种过电流产生的电动力。

5.3 交流系统故障下的运行能力

在交流系统故障使得在换流站交流母线所测量到的三相平均整流电压值大于正常电压的 30%，但小于极端最低连续运行电压并持续长达 1s 的时段，直流系统应能连续稳定运行，在这种条件下所能运行的最大直流电流由交流电压条件和晶闸管阀的热应力极限决定。设备厂家应给出直流电压分别降至 40%、60%和 80%时所能达到的最大直流电流，并向业主提供详细的计算分析报告。

在发生严重的交流系统故障，使得换流站交流母线三相平均整流电压测量值为正常值的 30%或低于 30%时，如果可能，应通过继续触发阀组维持直流电流以某一幅值运行，从而改善高压直流系统的恢复性能。如果为了保护高压直流设备而必须闭锁阀组并投旁通对，则阀组应能在换流站交流母线三相整流电压恢复到正常值的 40%之后的 20ms 内解锁。

6 触发系统

换流阀可采用光电转换式触发系统。高、低压电路间采用光隔离。在一次系统正常或故障条件下，触发系统都应能正确触发晶闸管。

无论以整流模式还是以逆变模式运行，当交流系统故障引起换流站交流母线电压降低到下列幅值并持续对应时段，紧接着这类故障的清除及换相电压的恢复时，所有晶闸管级触发电路中的储能装置应具有足够的能量持续向晶闸管元件提供触发脉冲，使得换流阀可以安全导通。不允许因储能电路需要充电而造成恢复的任何延缓。

（1）交流系统单相对地故障，故障相电压降至 0，持续时间至少为 0.7s。

（2）交流系统三相对地短路故障，电压降至正常电压的 30%，持续时间至少为 0.7s。

（3）当交流系统三相对地金属短路故障，电压降至 0，持续时间至少为 0.2s。

设备厂家应给出其储能系统在上述条件下所能持续的时间，并向业主提供详细的设计报告。

7 控制、监视及保护

换流阀的控制、监视及保护必须满足直流控制保护系统的要求，必须功能正确、完备，可靠性高。

7.1　控制系统

换流阀的控制系统应保证换流阀在一次系统正常或故障条件下正确工作。在任何情况下都不能因为控制系统的工作不当而造换流阀的损坏。控制系统应完全双重化，并应具有完善的自检功能。

在交流系统故障期间，换流阀的控制系统应能维持换流阀的触发，或在故障清除瞬间保证直流系统的恢复，并在所规定的时间内恢复直流系统的输送功率，以降低交流系统的恢复过电压并改善系统稳定性。

当直流通信系统（如果有）完全停运时，控制系统也应能对换流阀实施有效的控制，不能因为控制不当而对直流系统在上述交流系统故障期间的性能和故障后的恢复特性产生任何影响。

7.2　晶闸管监视系统

设备厂家应提供晶闸管监视系统，在换流站控制室内进行远方监视，以便确认每一晶闸管级的状态，并正确指示任何晶闸管或其他相关电子设备的异常或损坏。在所有的冗余晶闸管级全部损坏后，监视设备应发出警报。如果有更多的晶闸管级损坏，从而导致运行中的晶闸管换流阀面临更严重的损坏时，应向监视系统或其他保护系统发出信息使换流器闭锁。

7.3　保护系统

阀内每一晶闸管级都应具有保护触发系统，对晶闸管级进行过电压保护触发。设计中应允许晶闸管级在保护触发连续动作的条件下运行。在最大甩负荷工频过电压，例如交流系统故障后的甩负荷工频过电压下，阀的保护触发不能因逆变换相暂态过冲而动作，且不能影响此后直流系统的恢复。此外，在正常控制过程中的触发角快速变化不应引起保护触发动作。

如果必要，设备厂家还应为每级晶闸管配备其他保护系统，保证晶闸管在各种运行工况下，特别在电流过零后的恢复期内不受损坏。

8　避雷器

避雷器是换流阀中过电压的主要保护装置。

设备厂家应正确选择避雷器。换流阀的各种运行工况不会导致避雷器的加速老化或其他损伤，同时避雷器应在各种过电压条件下有效保护换流阀。设备厂家应优化避雷器参数，使换流阀的技术、经济综合指标最佳。

避雷器应带有用于记录避雷器冲击放电次数的计数器。计数器的动作信号应通过光纤传至事件顺序记录器。

9 防火

晶闸管阀在设计、制造、安装上应能消除任何原因导致的火灾，以及火在阀内蔓延的可能性。

阀内的非金属材料应是阻燃的，并具有自熄灭性能，垂直件的材料应符合 UL94 V-O 材料标准，水平件的材料应符合 UL94 HB 材料标准。所有的塑料中应添加足够分量的阻燃剂，如三氢化铝（ATH），但不应降低材料的其他必备的物理特性，如机械强度和电气绝缘特性。由于卤化溴燃烧后产生的物质具有高度的腐蚀性和毒性，不允许采用这种物质作为填充物。

设备厂家应提供阀内所有塑料部件（如阀元件支持件、冷却介质管、导线、光导纤维铠装、光导纤维管道、维护平台）的完整的可燃性清单。这一清单中应包括材料的质量，热特性（燃点和明火燃点温度）、燃烧特性和按照美国材料和试验协会（ASTM）的 E135-90 标准进行的圆锥热量器试验方法或其他等效方法进行的各种材料燃烧特性试验的结果。试品应与实际的换流阀部件相同，试品的摆向（水平 / 垂直）必须反映部件在换流阀内的实际摆向，而用于试验的热量应与极大火灾，如由多重阀单元（MVU）闪络的巨大能量导致的火灾等效。试验结果应包含点燃时间、比热值、特定的熄灭区域和燃烧有效发热。

换流阀内应采用无油化设计。

晶闸管电子设备单元设计要合理，不存在产生过热和电弧的隐患。应使用安全可靠的、难燃的元部件，元件参数的选择要保留充分的裕度。各元器件之间的连接要牢固、可靠，以防产生过热和电弧。电子设备单元中不允许有高压部件。

载流回路的设计要考虑足够的安全系数。每个电气连接应牢固、可靠，避免产生过热和电弧。

在相邻的材料之间和光纤通道的节间应设置阻燃的防火板，或采用其他措施，阻止火灾在相邻塑料材料之间以及光纤通道的节间横向或纵向蔓延。阀内所采用的防火隔板布置要合理，避免由于隔板设置不当导致阀内元件过热。

冷却系统应安全可靠，避免因漏水、冷却水中含杂质以及冷却系统腐蚀等原因导致的电弧和火灾。

10 检修要求

如果需要换流阀停运更换其元件或组件，从停运到重新启动，全部检修工作应能在 2h 内完成，其中不包括倒闸操作，但包括确认故障元件或组件以及更换完成后元件或组件检测所必需的时间。

设备厂家应为换流阀提供一套完整的检修工具。设备厂家还应为换流站提供一套完整的换流阀功能测试设备，在现场对换流阀进行功能性试验。为清扫、更换元件或组件而停电检修的周期至少应为 12 个月。设备厂家必须按当地的安全标准为两端换流站提供具有自行驶能力的用于换流阀检修的升降机。

11　铭牌

铭牌应包括以下内容：标准代号，制造厂名，出厂序号，制造年份，额定频率，额定电流，电压等级，总重，损耗，晶闸管元件个数，晶闸管元件的主要参数。

12　800kV、8000MW 换流阀技术参数表（以哈郑工程参数为基础配置）

（1）环境条件，如表 1 所示。

表 1　　哈郑工程环境条件

阀厅温、湿度	哈密南站侧	郑州站侧
最高气温	+55℃	+55℃
最低气温	+5℃	+5℃
最大湿度	60%	60%

（2）技术参数。

1）电流额定值，如表 2 所示。

表 2　　电流额定值

参　　数	单位	哈密南站侧	郑州站侧
额定直流电流（I_{dN}）	A	5000	5000
最小持续运行直流电流	A	431	431
额定功率时最大持续运行直流电流	A	5046	5046

2）电压额定值，如表 3 所示。

表 3　　电压额定值

<table>
<tr><th colspan="2">参　　数</th><th>单位</th><th>哈密南站侧</th><th>郑州站侧</th></tr>
<tr><td colspan="2">额定直流电压，极对中性点（U_{dRN}）</td><td>kV</td><td>800</td><td>800</td></tr>
<tr><td colspan="2">最大持续直流电压</td><td>kV</td><td>816</td><td>816</td></tr>
<tr><td colspan="2">中性母线上最大持续直流电压</td><td>kV</td><td>95</td><td>10</td></tr>
<tr><td rowspan="3">空载直流电压</td><td>额定空载直流电压（U_{dioN}）</td><td>kV</td><td>232.1</td><td>215.8</td></tr>
<tr><td>最大空载直流电压（$U_{dioabsmax}$）</td><td>kV</td><td>240</td><td>226</td></tr>
<tr><td>最小空载直流电压（U_{diomin}）</td><td>kV</td><td>210</td><td>194</td></tr>
<tr><td colspan="2">暂时过电压甩负荷系数</td><td>p.u.</td><td>1.4，阀闭锁；
1.3，小于 3 周波；
1.2，3 周波以上</td><td>1.4，阀闭锁；
1.3，小于 3 周波；
1.2，3 周波以上</td></tr>
</table>

（3）控制角，如表 4 所示。

表 4 控制角

参数		单位	哈密南站侧	郑州站侧
整流运行时的触发角 α	额定值（α_N）	（°）	15	
	额定功率时的最小值	（°）	12.5-0.5	
	额定功率时的最大值	（°）	17.5+0.5	
	最小值	（°）	5	
逆变运行时的熄弧角 γ	额定值（γ_N）	（°）		17
	额定功率时的最小值	（°）		17–1
	额定功率时的最大值	（°）		17+1
	最小值	（°）		16

常规运行方式下功率输送方向为：哈密南侧（整流运行）到郑州侧（逆变运行）。

（4）电感压降 d_x，如表 5 所示。

表 5 电感压降 d_x

参数	单位	哈密南站侧	郑州站侧
正常状态时	%	10	9.5
最小值（–10%）	%	9	8.6
最大值（+5%）	%	10.5	10

（5）晶闸管阀的暂态电流，如表 6 所示。

表 6 晶闸管阀的暂态电流

参数		单位	哈密南站侧	郑州站侧
			最大值	最大值
短路容量		MVA	60 014	60 014
阀短路电流峰值（$\alpha_{min}=5°$，$f=49.8$Hz）	单个短路电流峰值，带后续闭锁	kA	48	48
	三周报短路电流峰值，不带后续闭锁	kA	50	50
带后续闭锁的恢复时间		ms	2	1.8
带后续闭锁的断态电压峰值		kV	300	283

（6）避雷器限值，如表 7 所示。

表 7　　避雷器限值

参　　数	单位	哈密南站侧	郑州站侧
PCOV	kV	V11，291.3 V12，291.3 V2，298.6 V3，298.6	281
CCOV	kV	251.3	235.6
Uref	kV（方均根值）	V11，208.7 V12，208.7 V2，211.6 V3，211.6	200
LIPL	kV	V11，376/1 V12，384/1 V2、V3，394/1	V1，364/1 V2、V3，371/1
SIPL	kV	V11，391/4 V12，399/3 （368/0.2） V2，V3，410/3	V1，380/4 V2，388/3 （354/0.2） V3，388/3
避雷器能量	MJ	V11，10.5 V12，5.4 V2，V3，5.6	V1，7.9 V2、V3，3.9
爬电比距计算电压	kV（方均根值）	178	167

（7）绝缘水平，如表 8 所示。

表 8　　绝 缘 水 平

参　　数		单位	哈密南站侧	郑州站侧
跨阀	SIWL	kV（峰值）	451	427
	LIWL	kV（峰值）	434	410
	FWWL	kV（峰值）	492	470
上 12 脉桥直流母线对地绝缘水平	SIWL	kV（峰值）	1620	1600
	LIWL	kV（峰值）	1800	1800
上 12 脉桥阀与换流变压器二次侧 Y 绕组相连的高压端对地绝缘水平	SIWL	kV（峰值）	1620	1600
	LIWL	kV（峰值）	1800	1800
上 12 脉桥阀中点母线对地绝缘水平	SIWL	kV（峰值）	1194	1170
	LIWL	kV（峰值）	1307	1280
下 12 脉桥直流母线对地绝缘水平	SIWL	kV（峰值）	835	794
	LIWL	kV（峰值）	914	869
下 12 脉桥阀中点母线对地绝缘水平	SIWL	kV（峰值）	564	562
	LIWL	kV（峰值）	602	598
中性母线对地绝缘水平	SIWL	kV（峰值）	503	503
	LIWL	kV（峰值）	550	550

（8）过负荷能力表。功率正送时，完整双极过负荷时，含误差的最大直流电流如表9所示。

表9　　过负荷能力表

最高环境温度	过负荷时间	不投备用冷却设备			投入备用冷却设备		
		功率（p.u.）	功率（MW）	电流（A）	功率（p.u.）	功率（MW）	电流（A）
户外干球/阀厅：41.9/50℃	3s	1.2	9600	6231	1.2	9600	6231
	2h	1.05	8400	5335	1.05	8400	5335
	长期	1.0	8000	5046	1.0	8000	5046

（9）避雷器配置图，如图1所示。

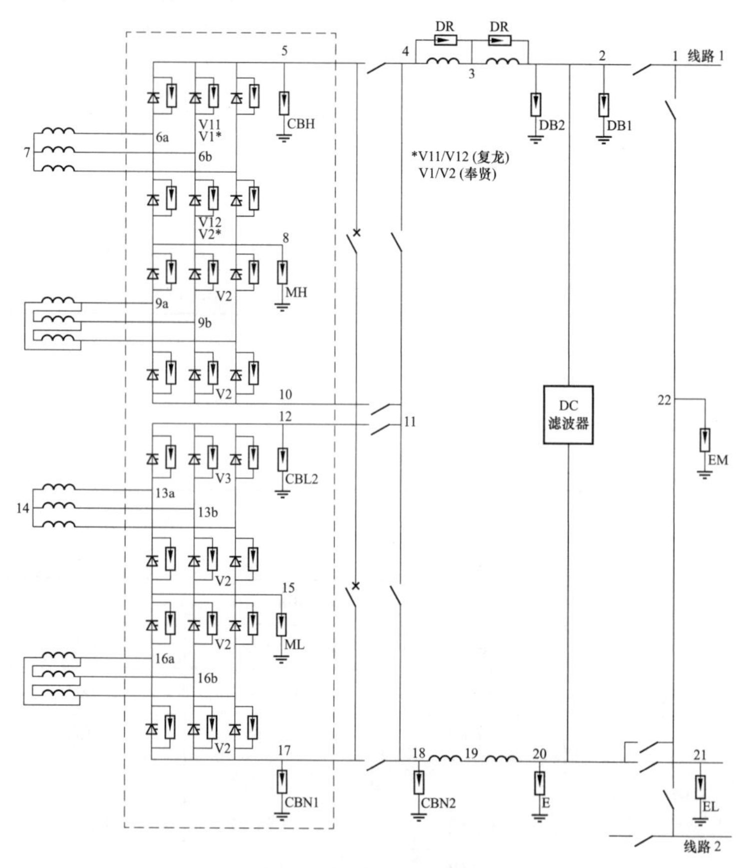

图1　避雷器配置图

（10）换流阀大角度运行参数，如表10所示。

表10　　换流阀大角度运行参数表

哈密南换流站（整流器）		70%降压
I_d（A）	U_{dioR}（kV）	α（°）
714	187.1	39.8

续表

哈密南换流站（整流器）		70%降压
5000	187.1	28.6
郑州换流站（逆变器）		
I_d（kA）	U_{dioI}（kV）	γ（°）
714	172.2	36.8
5000	172.2	42.7
哈密南换流站（整流器）		70%降压
I_d（A）	U_{dioR}（kV）	α（°）
714	164.4	29.3
3571	164.4	19
哈密南换流站（逆变器）		
I_d（A）	U_{dioI}（kV）	γ（°）
714	180.3	39.5
3571	180.3	40.6

注　70%降压是指直流电压为 70%额定直流电压时的参数。

第 3 节　平波电抗器

1　引言

平波电抗器是直流输电工程中的重要设备之一。平波电抗器能防止由直流线路或者滞留开关站所产生的陡波冲击波进入阀厅，从而使换流阀免于遭受过电压应力而损坏；平波电抗器能平滑直流电流中的纹波，能避免在低直流功率传输时电流的断续。平波电抗器通过限制由快速电压变化所引起的电流变化率来降低换相失败率。

哈郑工程是双极直流系统，在极线和中性线上对称布置额定电感为 150mH 的平波电抗器，3 台线圈串联。每端换流站共 13 个线圈（含一个备用线圈）。根据特高压直流工程成套设计的研究成果，提出了平波电抗器的主要参数、性能要求、结构要求和试验要求等技术规范。

2　设备的主要参数

干式平波电抗器由多线圈串联组成时，各项试验均应以单个线圈为单位进行。对串联后线圈适用的参数，将特别注明。

干式平波电抗器的型式为空芯户外型，采用自然冷却的方法。哈郑工程采用 50mH，误差范围为0～5%。电流和电压额定值如表1和表2所示。其中暂态故障电流波形见图1。

表1　电流额定值（最高环境温度时）

名　　称	数值
理想条件下输送额定功率时的直流电流 I_{dN}（A）	5000
最大连续直流电流 I_{mcc}（A）	5000
2h 过负荷电流 I（A）	5300
暂态故障电流（kA，峰值）	40

表2　电压额定值

名　　称	位置	数值
额定直流电压，对地 U_{dN}（kV）	极线	800
	中性线	120
最高连续直流电压，对地 U_{dmax}（kV）	极线	816
	中性线	123

平波电抗器要分别对每个线圈进行试验。由于是独立线圈，其进行操作冲击耐受试验时无法施加给定的电压，因此操作冲击耐受水平只作为设计值来考虑，不进行试验考核。哈郑工程和原来的特高压直流工程相比，只有额定电流的差别，绝缘水平和额定电压是一致的，表3给出了每组平波电抗器的绝缘水平和试验电压。

表3　绝缘水平和试验电压（对2台平波电抗器线圈串联后适用）

项　　目		绝缘水平	
		极线	中性线
操作冲击耐受水平（kV，峰值）（用于设计）	端子间	1675	1675
	端对地	1600	550
雷电冲击耐受水平（kV，峰值）	端子间	2100	2100
	端对地	1950	550
雷电冲击截波耐受水平（kV，峰值，端子间）		2310	2310
直流耐受（kV，120min，对地）		1236	185

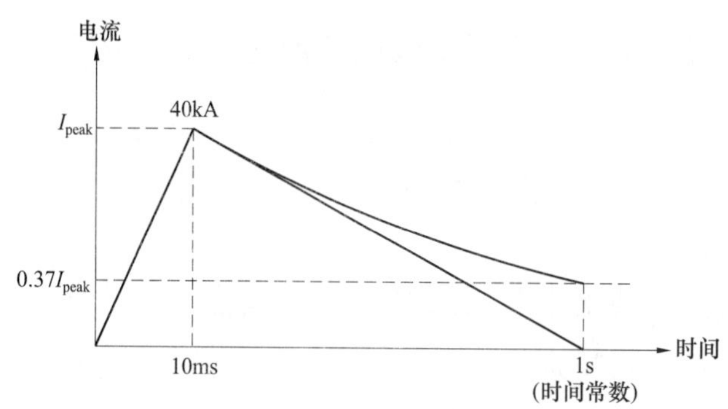

图1　暂态故障电流

3　性能要求

（1）当户外使用时，在最大连续电流（5000A）并加上谐波等效电流后的热点温升要求：热点温升不超过 101K，平均温升不超过 76K（长期运行电流 5000A 并加上等效谐波电流）。投标人提供长期运行电流（2h、5300A，长期运行电流 5000A）并加上等效谐波电流后，哈密南站和郑州站平波电抗器的最高温升和平均温升。

除考虑日照、地面和建筑物反射外，还要考虑由于噪声治理的需要而引起的局部环境温度的升高。

（2）噪声水平要求：平波电抗器投运后，在垂直投影 5m 远，距地面 2m 高的地方进行噪声测量，测量的噪声（声压级）水平应不大于 75dB（A）。

（3）平波电抗器的寿命要求：在规定的使用条件和负载条件下运行，并按使用说明书进行安装和维护，预期寿命应不少于 35 年。

（4）绝缘的耐热等级要求：股间绝缘的耐热等级最低应为 H 级，匝绝缘的耐热等级最低为 F 级。

（5）干式平波电抗器线圈不同封包的电流密度应尽可能均匀分布。

4　结构要求

（1）一般结构要求。所有金属部件材料应经处理，以避免由于大气条件的影响而造成生锈、腐蚀和损伤，铁件应经防腐处理。

（2）线圈。全部线圈应用铝导线，绕组应有良好的冲击电压波分布；应严格控制使用场强，确保绕组内不发生局部放电；线圈应适度加固，引线应充分紧固，器身形成坚固整体，使其具有足够耐受短路的强度。高压端和低压端的线圈应采用相同结构，并可以互换。

（3）布置。电抗器的串联安装应确保两个电抗器之间无相互影响。平抗避雷器的安装应确保磁场和温升不影响避雷器的性能。

（4）户外绝缘防护能力。由于线圈布置在户外，线圈表面的绝缘材料应耐气候性、抗紫外线、耐电蚀老化并具有憎水性。绝缘表面的爬电距离应保证在最大盐密值下表面无放电。支架的设计应能防止漏电流集中而导致的漏电起痕。

（5）接线端子的要求。连接母线和支撑绝缘结构用的全部紧固件（螺栓和螺母等）、端子应有可靠的防锈镀层，并采用防磁材料。

在规定的最高环境温度下，平波电抗器绕组端子的温度不应超过 IEC 60943 的有关规定。

（6）运输尺寸限制。平波电抗器线圈的尺寸要满足于运输要求：长度，≤13.0m；宽度，≤5.0m；高度，≤4.5m；运输质量，≤400t。

（7）特殊结构要求。除了以上要求外，还有一些特殊要求，包括：

1）所有的金属件、法兰、螺母和螺栓应采用防磁材料；

2）应尽量降低电抗器金属支架的温度，并提供金属件的温升值；

3）高压母线侧干式平波电抗器的单个线圈均应并联避雷器运行。

5 结论

本产品额定电感 50mH，额定直流电流 5000A，最大连续运行直流电流 5046A，允许 5335A 直流下 2h 过载，可承受 40kA 短时电流峰值。端子间耐受雷电全波冲击水平 1050kV、操作冲击水平 950kV。高压侧端对地雷电冲击水平 1950kV，操作冲击水平 1600kV；低压侧端对地雷电冲击水平 550kV，操作冲击水平 550kV。正常运行下，该平波电抗器额定直流损耗为 230kW，谐波损耗为 29kW，总损耗为 259kW。最大连续直流电流下产品平均温升不超过 70K，热点温升不超过 95K。噪声水平（声压级）不超过 75dB（A）（距离表面 3m 远处声压级）。详细技术参数表见表 4。

表 4　　哈郑工程特高压干式平波电抗器技术参数

序号	项　目　名　称		技术参数
1	平波电抗器型号		PKK-800-5000-50
2	额定值：		
	（1）额定电感值（mH）		50
	（2）电流额定值：		
	1）额定功率时的电流（A）		5000
	绕组平均温升（K）		69
	绕组热点温升（K）		94
	2）2h 过负荷电流（A）		5335
	绕组平均温升（K）		73
	绕组热点温升（K）		99
	3）最大连续直流电流 I_{mcc}（A）		5046
	绕组平均温升限值（K）		70
	绕组热点温升限值（K）		95
	（3）电压额定值：		
	1）额定直流电压，对地 U_{dN}（kV）	极母线	800
		中性线	120
	2）最高连续直流电压，对地 U_{dmax}（kV）	极母线	816
		中性线	123

续表

序号	项 目 名 称	技术参数
3	冲击绝缘水平和试验电压（对单台平波电抗器）：	
	（1）雷电冲击全波（kV，峰值）：	
	端子间	1050
	端对地	1950
	（2）操作冲击电压（kV，峰值）：	
	端子间	950
	端对地	1600
	（3）雷电冲击截波（kV，峰值）：	
	端子间	1155
4	80℃时绕组端子间的直流电阻（Ω）	0.009 207
5	额定电流时的绕组电流密度（A/mm^2）	0.68
6	损耗：	
	（1）额定直流电流下的负载损耗（kW，80℃）	230
	（2）额定功率下的谐波附加损耗（kW，80℃）	29
	（3）额定功率下的总损耗（kW，80℃）	259
7	过负荷电流：	
	（1）1.05 倍过负荷直流连续电流（A）	5250A（长期）
	（2）1.1 倍过负荷直流连续电流（A）	5500A（长期）
	（3）1.25 倍过负荷直流连续电流（A）	6250A（98.5min）
8	可承受的 2s 短路电流（kA）	40
9	可听噪声（声压级）水平 dB（A）：	
	（1）在额定直流电流和规定谐波时	≤75dB（A）
	（2）最小连续直流电流时	—
	（3）直流降压运行，最大直流电流	—
	（4）直流降压运行，最小直流电流	—
10	（1）耐地震能力：	
	水平加速度（*g*）	0.2
	垂直加速度（*g*）	0.13
	（2）安全系数	高压侧绝缘子：5.7 低压侧绝缘子：3.2
11	绕组端间杂散电容（pF）	500
12	无线电干扰水平（μV）	≤1000
13	（1）质量和尺寸：	
	1）总质量（kg）	68 000
	2）运输质量（kg）	70 000

续表

序号	项　目　名　称	技术参数
13	3）设计总尺寸（长×宽×高），包括附件（mm）：	高压侧： 9764×9764×20 887； 低压侧： 6373×6373×12 656
	4）运输尺寸长×宽×高（mm）：	5100×5100×3950
	（2）重心高度（mm）	高压侧：9200 低压侧：6880
14	端子承受拉力：	
	水平纵向（kN）	31.2
	水平横向（kN）	18.6
	垂直方向（kN）	18.1
15	金属支架温升（K）	70

第 4 章

±800kV、8000MW 特高压直流输电工程换流站和线路工程设计

第 1 节　哈密南换流站设计方案

1　引言

哈郑工程起点为新疆维吾尔自治区哈密市哈密南±800kV 换流站（简称哈密南换流站），落点为河南省郑州市中牟县大孟镇的郑州±800kV 换流站，直流工程额定容量 8000MW，直流额定电流 5000A，送电距离约为 2210.2km。

哈密南换流站为哈郑工程送端换流站，站址位于新疆维吾尔自治区哈密市西南 25km 的南湖乡。

2　建设规模

哈密南换流站建设规模如表 1 所示。

表 1　　哈密南换流站建设规模

项目名称	本期	远期
405.2MVA 换流变压器	24 台+4 台	24 台+4 台
2100MVA、750/500kV 联络变压器	2 组	2 组
16MVA、66/10kV 站用变压器	2 组	2 组
16MVA、35/10kV 站用变压器	1 组	1 组
50mH 干式平波电抗器	12 台+1 台	12 台+1 台
50Hz 阻尼滤波器	2 组	2 组
直流滤波器组（每极隔离开关合用）	2 组	2 组
±800kV 直流出线	1 回	1 回
地极线出线	1 回	1 回
交流 750kV 出线回路数	4 回	6 回
交流 500kV 出线回路数	6 回	6 回
HP 3 交流滤波器	3 组（230Mvar/组）	2 组（230Mvar/组）
HP 24/36 交流滤波器	4 组（230Mvar/组）	4 组（230Mvar/组）
BP 11/BP13 交流滤波器	4 组（230Mvar/组）	4 组（230Mvar/组）
并联电容器（有阻尼电抗器）	4 组（270Mvar/组）	4 组（270Mvar/组）
并联电容器（无阻尼电抗器）	1 组（270Mvar/组）	1 组（270Mvar/组）
66kV、120Mvar 电抗器	4 组	8 组
66kV、120Mvar 电容器	6 组	8 组

3 电气主接线

换流站的电气主接线应根据换流站的接入系统要求及建设规模确定。

3.1 阀组和换流变压器接线

哈密南换流站阀组采用双极带接地极接线，每极 2 个 12 脉动换流阀组串联，2 个 12 脉动阀组串联电压按（400+400）kV 分配的换流器接线方式，每个 12 脉动换流阀组直流侧按装设旁路开关。换流变压器采用单相双绕组变压器，每组三相分别采用 Y/Y 及 Y/△接线。

3.2 直流侧接线

针对换流器接线的特点，直流开关场主接线运行方式要求更加灵活、可靠，在故障状态下，应尽量减少输送容量的损失并降低对系统的冲击，以满足系统运行方式灵活的需要。

本工程直流场接线与特高压±800kV 向上、锦苏工程基本相同，换流站直流侧按极对称装设有平波电抗器、直流滤波器、直流电压测量装置、直流电流测量装置、直流隔离开关、高速转换开关、中性点设备及过电压保护设备等。

本工程结合平波电抗器的制造和运输能力，在极线和中性线首次采用 3 台平波电抗器串联的方式。

为抑制直流侧的 50Hz 谐振，在哈密南换流站直流侧中性线安装 50Hz 阻尼滤波器。

因本工程线路穿越重冰区较少，且积冰厚度小，故直流场接线未设融冰接线。

3.3 交流侧接线

哈密南换流站交流侧通过 750kV 接入系统，通过 500kV 接入电源。交流 750kV 和交流 500kV 之间设 2 台 750/500kV 联络变压器，每台联络变压器容量为 2100MVA，采用单相、自耦、油浸式、有载调压变压器。750、500kV 交流配电装置均采用 3/2 断路器接线；66kV 交流配电装置采用单母线单元制接线。

哈密南换流站 750kV 交流配电装置接线：远景 6 回 750kV 出线、2 回联络变压器进线，共 8 个元件组成 4 个完整串；750kV 交流配电装置本期 4 回 750kV 出线、2 回联络变压器进线、1 回母线高压电抗器进线，共 7 个元件组成 3 个完整串、1 个不完整串。远景在每回至吐鲁番 750kV 出线侧预留 1×420Mvar 750kV 高压并联电抗器位置；本期在换流站母线配置 1×420Mvar 750kV 高压并联电抗器，远期改接至吐鲁番 750kV 线路侧。

哈密南换流站 500kV 交流配电装置接线：远景 6 回 500kV 出线、2 回联络变压器进线、4 回换流变压器进线、4 回大组交流滤波器（简称 ACF）进线，共 16 个元件组成 8 个完整串（不堵死远景扩建 2 回出线的可能性）；500kV 交流配电装置本期一次建成。

哈密南换流站 66kV 交流配电装置接线：远景在每台联络变压器低压侧预留 4 组 66kV 低压电抗器、4 组 66kV 低压电容器和 1 组 66kV 站用变压器位置；本期在每台联络变低压侧装设 2 组 120Mvar 66kV 低压电抗器、3 组 120Mvar 66kV 低压电容器和 1 组 16MVA 66kV 站用变压器。

3.4 交流滤波器接线

哈密南换流站 500kV 交流滤波器配电装置接线：交流滤波器（含并联电容器）为 4 个大组、共 4 个元件，分别与 2 回 500kV 出线、2 回换流变压器进线组成 4 个完整串。4 个大组分为 16 个小组，其中，5 小组为并联电容器、11 小组为滤波器，电容器每小组容量 270Mvar，滤波器每小组容量 230Mvar，总容量为 3880Mvar。

哈密南换流站交流滤波器和高压并联电容器无功总容量为 3880Mvar，分为 4 大组 16 小组，交流滤波器配置为：4×230Mvar（BP11/BP13）+4×230Mvar（HP24/36）+3×230Mvar（HP3）+5×270（SC）。

4 主要设备选择及主要导体选择

哈密南换流站主要设备选择结果如表 2 所示。

表 2　　哈密南换流站主要设备选择

序号	设备名称	送端换流站
1	换流阀	额定电压：±800kV； 额定电流：5000A； 空气绝缘悬吊式 2 重阀结构； 阀片选用直径为 6in 的阀片； 触发方式采用电触发； 冷却方式采用水冷却
2	800kV 换流变压器	换流变压器：Y-Y1（800kV 端） 电压比：$\frac{530}{\sqrt{3}}\Big/\frac{171.9}{\sqrt{3}}$kV 容量：405.2MVA 有载调压分接范围：+23/−5×1.25% U_k=20%
3	600kV 换流变压器	换流变压器：Y-△1（600kV 端） 电压比：$\frac{530}{\sqrt{3}}\Big/171.9$kV 容量：405.2MVA 有载调压分接范围：+23/−5×1.25% U_k=20%

续表

序号	设备名称	送端换流站
4	400kV 换流变压器	换流变压器：Y-Y1（400kV 端） 电压比：$\frac{530}{\sqrt{3}}\Big/\frac{171.9}{\sqrt{3}}$kV 容量：405.2MVA 有载调压分接范围：+23/−5×1.25% U_k=20%
5	200kV 换流变压器	换流变压器：Y-△1（200kV 端） 电压比：$\frac{530}{\sqrt{3}}\Big/171.9$kV 容量：405.2MVA 有载调压分接范围：+23/−5×1.25% U_k=20%
6	平波电抗器	干式空芯； 额定电压：±800kV； 额定电流：5000A； 冷却方式：自然风冷； 额定电感量：6×50mH/极
7	直流滤波器	每极 2 组无源双调谐滤波器 （合用 1 组隔离开关）
8	直流主回路设备	常规敞开式，额定电流满足系统过负荷要求
9	无功补偿及交流滤波器	换流站交流滤波器和高压并联电容器无功总容量暂按 3880Mvar(额定电压 530kV）设计，暂分为 4 大组 16 小组，其中 11 小组为单组容量 230Mvar 的交流滤波器，另 5 小组为单组容量 270Mvar 的并联电容器
10	750kV 交流开关设备	罐式断路器，3/2 断路器接线方式，800kV，断路器 5000A，63kA/2s，160kA
11	750/500kV 联络变压器	750/500kV 联络变压器采用户外、芯式、单相、自耦、三绕组、有载调压、设外置式补偿调压变压器，单台容量 2100MVA
12	500kV 交流开关设备	采用户内 GIS 设备，3/2 断路器接线方式，550kV，母线 6300A，断路器 5000A（交流线路出线及其同串回路）/4000A（换流变压器进线与交流滤波器同串回路，以及 500kV 站用变回路），63kA/2s，160kA
13	66/10kV 变压器	16MVA，油浸式三相双绕组，有载调压，U_k=11%，无励磁调压，YNd11/Yd11
14	35/10kV 站用变压器	16MVA，油浸式三相双绕组，U_k=8%，有载调压，YNd11

5　配电装置及总平面布置

配电装置设计的重点在于：结合过电压与绝缘配合研究成果、设备选型结论和总平面布置需要，通过对配电装置选型的对比分析和计算，确定配电装置的间隔宽度、纵向尺寸、配电装置道路尺寸等，推荐安全可靠、经济合理、满足工艺要求的配电装置布置型式，进而确定合理的电气总平面布置型式。

5.1 阀厅和换流变压器区域布置

本工程换流阀接线采用每极两个 12 脉动换流阀组串联的接线型式和（400+400）kV 电压分配方案，换流阀塔布置采用悬吊式双重阀，每个 12 脉动换流阀组安装在 1 个阀厅内，每极设高、低端 2 个阀厅，每站共设置 4 个阀厅，每个阀厅内悬吊 6 个阀塔。

不同相换流阀塔间的布置间距除应满足电气安全距离要求外，主要受换流变压器布置和换流变压器防火墙间距影响，由换流变压器风扇和油箱宽度决定。根据设备型式选择结论，哈密南换流站换流变压器采用移动式（box-in）型，冷却器均布置在外侧。根据换流变压器外形特点和布置方位的不同，换流变压器防火墙间距取值为 10.5m 和 11m。

换流变压器间防火墙间距取值如表 3 所示。

表 3 哈密南换流站换流变压器防火墙间距

序号	位置	阀厅侧（m）
1	哈密南换流站	10.5、11.0

根据换流变压器外形尺寸、绝缘配合和阀厅内空气间隙计算结果，阀厅尺寸如表 4 所示。

表 4 哈密南换流站阀厅尺寸汇总表

序号	位置		阀厅（长×宽×高，$L \times W \times H$）（m）
1	哈密南换流站	高端阀厅	86.2×33.25×26
		低端阀厅	76.5×23.1×16.0

注 其中长、宽为阀厅建筑轴线尺寸，高为阀塔挂点高度。

换流变压器组装场地指换流变压器的安装和运输场地。该尺寸需要综合考虑换流变的运输、卸货、组装等场地需要。结合换流站总平面布置特点，哈密南换流站换流变压器组装场地宽度按 81.75m 设计，可满足换流变组装、检修、更换时的场地需要。哈密南换流站阀厅及换流变压器区域的总体布置如图 1 所示。

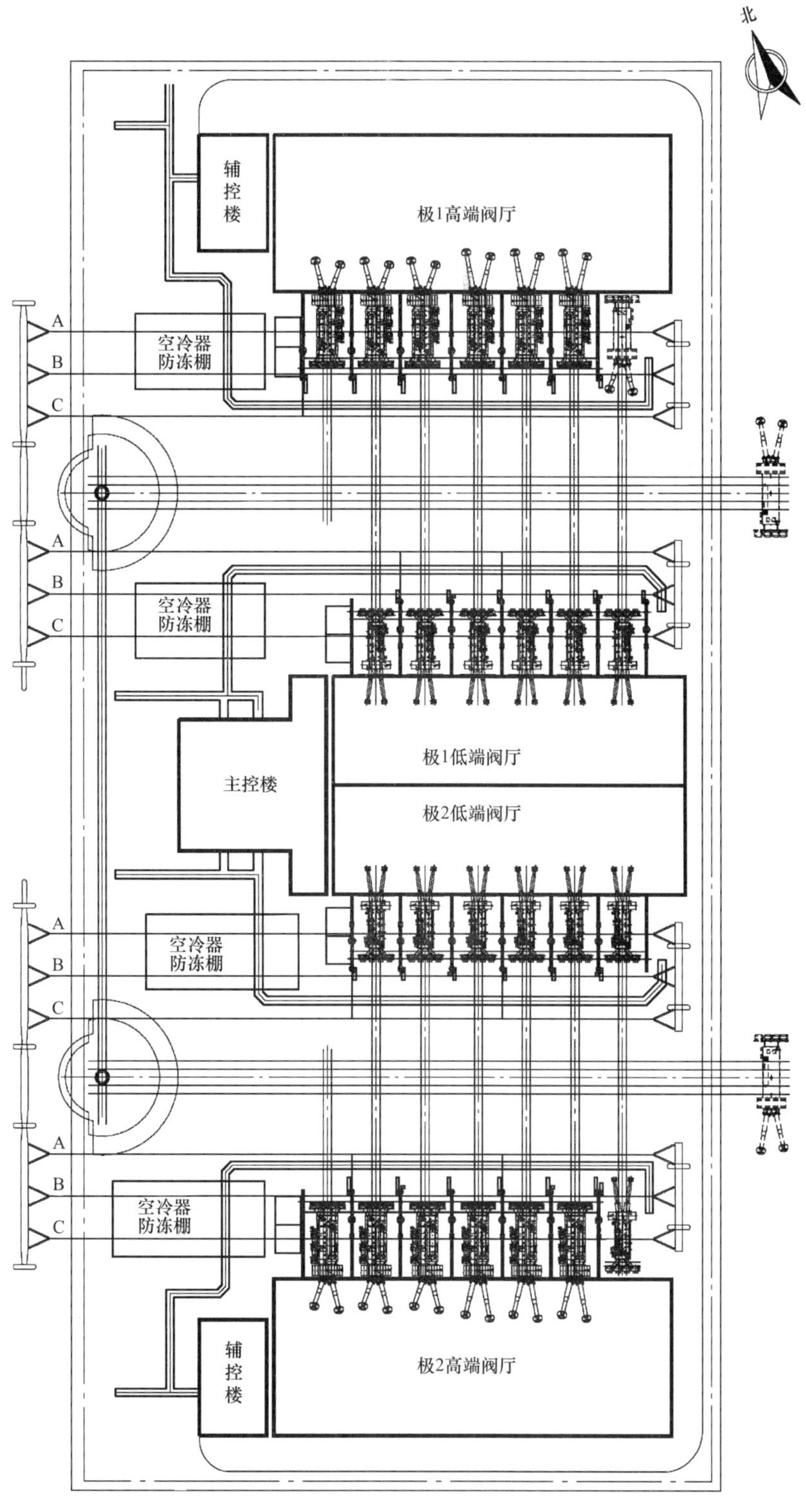

图 1　哈密南换流站阀厅和换流变压器区域总体布置示意图

5.2　直流配电装置布置

工程采用户外直流场方案，直流场布置按极分开基本上对称布。在每极两个阀厅之间布置 800kV 设备，包括直流旁路开关回路设备、800kV 干式平波电抗器、直流极线高压设备，直流滤波器、±800kV直流PLC电容器等，每组12脉动阀组的1台旁路断路器、3台旁路隔离开关在布置上形成“回”字型，放在平波电抗器和阀厅之间，紧靠阀厅安装，通过穿墙套管与阀厅设备连接。

平波电抗器采用干式电抗器，在极母线和中性母线上分别串接3台干式平波电抗器，采用“品”字型布置，极线平波电抗器采用低式布置，支柱绝缘子落地安装，四周安装安全围栏，中性母线3台平波电抗器采用高式布置，平抗安装在支架上，不需要安装围栏。

每极装设2组双调谐直流滤波器，两组直流滤波器高低压侧均共用隔离开关。直流滤波器组的高压电容器采用三塔并联，支持式安装方式，三塔组成“品”字型，滤波器四周安装安全围栏。

直流配电装置电气设备按单层布置，母线采用支持式管母，设备间连线主要采用管母线，局部采用软导线跳接。哈密南换流站按±800kV管母高度为17.0m，±400kV管母高度为12.0m考虑，中性母线管母高度为7m，局部穿道路位置中性母线管母高度为8m或8.5m，高压极线出线构架高度为35.5m，接地极线出线构架高度为20m。

哈密换流站直流场区域占地约为299.75m×130m。

5.3 交流配电装置布置

根据站址周围环境特点，为减少滤波器电抗器产生的噪声对站内运行人员和站外居民的影响，哈密换流站交流滤波器相对集中布置在换流站的南部。

哈密南换流站交流配电装置布置包括750、500、66kV和750kV联络变压器布置。

哈密南换流站750kV交流配电装置布置：采用AIS罐式断路器三列式户外布置方案，母线采用软母线，布置在站区北侧。750kV母线构架高度27m，宽度41.5m；对于联络变750kV侧进线，采用低架横穿进线方式，每台联络变进线构架高度均31m；750kV配电装置母线上层架空导线的构架高度41.5m，出线间隔宽度42.5m。750kV交流配电装置内设环形道路。

哈密南换流站500kV交流配电装置布置：采用GIS设备“一”字型户内布置方案，布置在站区西侧。500kV GIS 室为南北长方向布置，尺寸为长×宽=216.3m×15m。500kV出线构架间隔宽度26m，向西出线，出线间隔从北向南依次排列，共6回。500kV GIS室及构架均考虑不堵死远景扩建2回出线的可能性。500kV GIS室东侧布置换流变汇流母线进线构架，联络变压器、交流滤波器大组和换流变压器引线均通过GIL管道从GIS室引接。500kV交流配电装置内设环形道路。

哈密南换流站66kV交流配电装置布置：采用AIS瓷柱式断路器单列式户外布置方案，布置在750kV联络变南侧，从北向南依次平行布置66kV汇流母线、66kV主母线、66kV低压无功补偿装置及站用变压器。低压并联电抗器采用高位布置不设围栅，低压并联电容器组采用组架式布置设围栅并在两围栅间设有组间巡视通道。66kV 母线采用支持式管形母线，母线相间距为 2.0m，汇流母线构架高度为 8.1m，66kV 主母线构架高度为 5.0m。

哈密南换流站 750kV 联络变压器布置：750kV 联络变压器与 750kV 交流配电装置、500kV 交流配电装置以及 66kV 交流配电装置密切联系，布置在 750kV 交流配电装置与 66kV 交流配电装置之间。联络变压器各单相之间设置防火墙，防火墙间距取 20m。每组联络变压器进线采用 3 个连续的 20m 宽门型构架，各相间防火墙和联络变门型构架的人字柱合并布置。

5.4　交流滤波器区域布置

交流配电装置的布置应结合进、出线条件和设备选择综合考虑。换流站交流滤波器场地与交流配电装置及直流开关场之间经环行道路分隔，以实现分区。滤波器小组围栏前后设置检修、搬运及巡视道路，在相邻的滤波器小组间设置了一条巡视小道，哈密侧巡视小道宽 2m。

哈密南换流站交流滤波器及并联电容器共分为 4 大组 16 小组，按“田”字型集中布置。大组滤波器进线采用单层架空进线，4 大组分支管母线 GIL 分别伸入交流滤波器区域相应引上位置，架空进线垂直引下至小组进线配电装置。小组进线配电装置区设置相间道路。大组母线避雷器、电压互感器布置在构架下方。滤波器小组采用罐式断路器及双柱式隔离开关。交流滤波器小组间隔宽度均为 30m，其中相间 7.5m，相对地 7.5m；上层跨线相间距离 6.5m，相对地距离 5.5m。交流滤波器采用低式布置，高压电容器塔采用支持式双塔串联结构，每小组滤波器四周安装安全围栏。HP3 交流滤波器围栏内尺寸为 28m×45m（宽×长），BP11/BP13 交流滤波器围栏内尺寸为 30m×45m，HP24/36 交流滤波器围栏内尺寸为 28m×36.5m，并联电容器组围栏内尺寸为 28m×24m（带电抗器）/ 28m×21m（不带电抗器）。

5.5　电气总平面布置

依据电气主接线、各级电压线路出线方向、主变压器及配电装置型式和进站道路等综合条件，确定电气总平面布置方案。

哈密南换流站总体布局按照“750kV 交流开关场—750/500kV 联络变压器及低压无功补偿装置—500kV GIS 配电装置（西）、阀厅及换流变压器广场（中）、直流开关场（东）—交流滤波器”的工艺流向由北向南布置，750kV 交流线路向东和西出线，±800kV 直流线路向东出线。750kV 交流配电装置采用户外 AIS，布置在站区北侧，本期及远景向东和西出线；500kV 交流配电装置采用户内 GIS，布置在站区西侧，本期及远景向西出线；换流变压器和阀厅、控制楼布置在站区中部；直流场布置在站区东侧，向东出线后再折向南；4 大组交流滤波器采用“田”字型集中布置在换流变压器广场区域的南侧；备班楼、综合消防泵房、车库等布置于站前区；进站道路从站区西面进站，备班楼南北布置，便于通风，并尽量远离交流滤波器组噪声源为备班楼创造良好的工作环境。进站道路从站区西侧中部进站，与哈罗公路连接。

全站布置方正、紧凑，呈正方形布置，换流站内分区明确，布局合理。围墙内占地约 24.4hm^2。哈密南换流站电气总平面布置如图 2 所示。

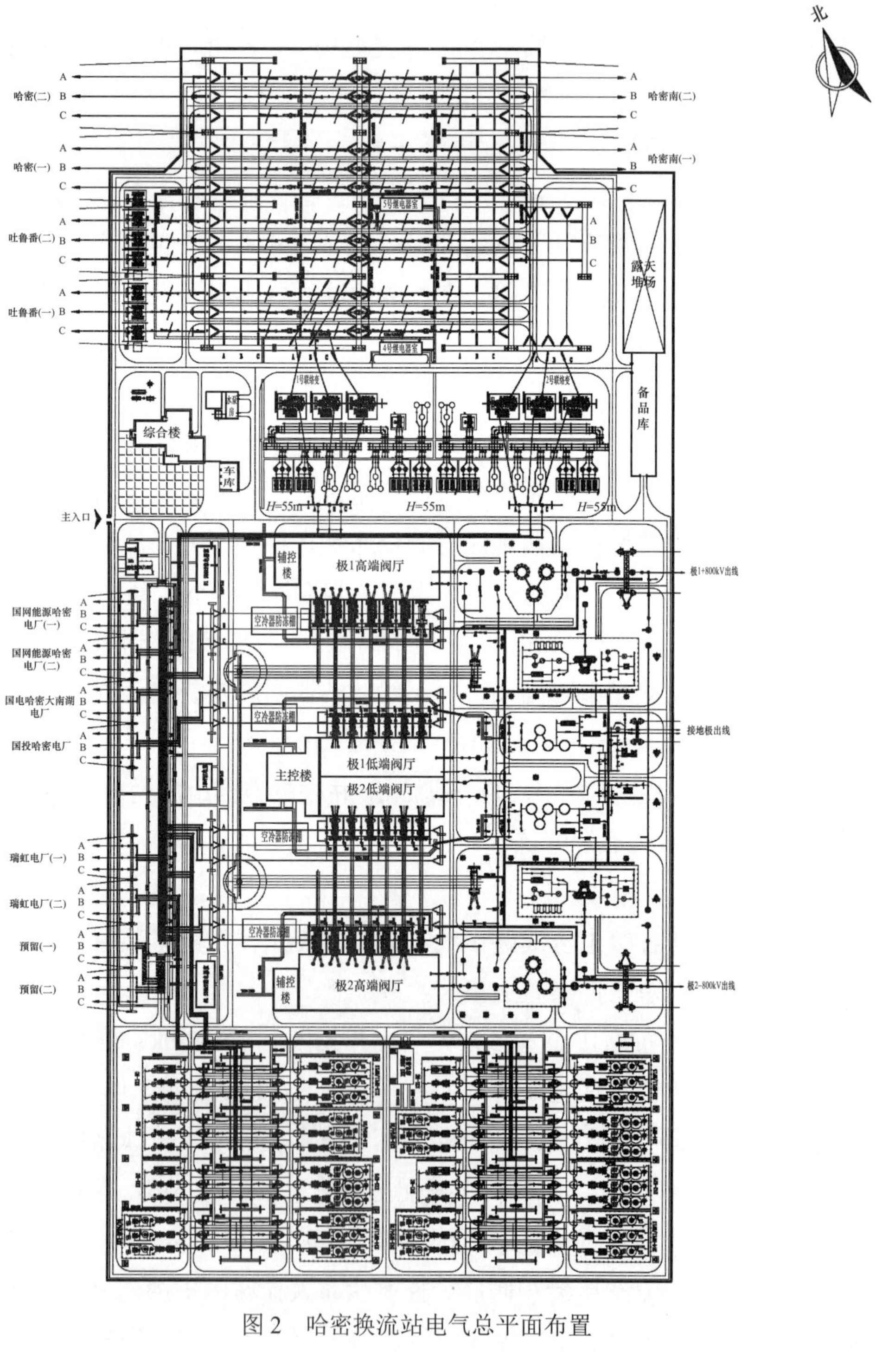

图 2　哈密换流站电气总平面布置

6　控制保护

换流站按有人值班设计，交、直流系统合建一个统一平台的计算机监控系统。高压直流控制保护系统既能适用整流运行，也能适用逆变运行。

计算机监控系统采用站控层、控制层和就地层三层结构，控制层和就地层设备完全双重化配置。站控层与控制层设备之间通过非实时双光纤以太网（station LAN）连接；控制层内交流系统控制层和双极控制层之间、双极控制层和极控制层之间以及极控制层和换流单元控制层之间通过专用实时控制网（control LAN）连接，控制层和就地层设备之间通过高速现场总线连接。接入专用实时控制网的各节点均采用实时操作系统（RTOS）。运行人员控制层工作站接入到双重化的 SCADA LAN 上；双重化的站控层设备分别接入双重化的 SCADA LAN，站控层的控制主机之间通过 LAN、MFI（multi function interface）、TDM 等总线交换信息，每个控制主机所属区域内信息采集通过单独的现场总线 Profibus 实现；站控层设备与本区域的就地控制层设备之间通过双套现场总线 Profibus（冗余的光纤环网）连接；同区域的就地控制层设备和就地设备控制层设备之间通过双套现场总线 Profibus 连接。

高压直流控制系统采用分层分布式结构，双重化配置。按功能分为双极控制层、极控制层、换流单元控制层。在功能和组屏上两个极的控制系统完全独立，每个极两个换流单元的控制系统也完全独立。

高压直流保护三重化配置，每套独立的保护均为性能完善的保护，使用独立的数据采集单元、通道和电源，分别和高压直流控制系统共同组屏安装。在功能和组屏上两个极的保护系统完全独立，每个极两个换流单元的保护系统也完全独立。

7　总图设计

阀厅及换流变压器区域布置在站区中部，直流场布置在站区东部，辅助生产区布置在站区中部西侧，500kV 交流配电装置区布置在站区中部西侧，阀厅及换流变区域的西侧，交流滤波器场地布置在站区南侧，布置紧凑，功能区域划分明确。换流站围墙内用地面积为 24.387 8hm^2。

竖向布置采用平坡式布置方案，并根据地形设置场地坡度，减少了土方工程量及边坡高度。

站区内道路均为郊区型，路面采用沥青混凝土路面。

电缆沟采用混凝土及钢筋混凝土结构，电缆沟采用埋入地下形式，电缆沟盖板采用包钢筋混凝土盖板，为检修方便每 6m 设置一升上地面的活动检修口；过道路处采用埋管；换流变压器广场处电缆沟为钢箱型钢筋混凝土结构。

围墙采用 3.0m 高 240mm 厚的实体砌筑围墙，部分地段围墙与隔声屏障综合考虑，采用 5.0（3.0）m 高钢筋混凝土框架+填充墙结构，并在围墙上设置隔声屏障。哈密南换流站主要技术经济指标如表 5 所示。

表 5　　哈密南换流站主要技术经济指标

<table>
<tr><th>编号</th><th colspan="2">项目</th><th>单位</th><th>指标</th><th>备注</th></tr>
<tr><td rowspan="6">1</td><td colspan="2">换流站总用地面积</td><td>hm^2</td><td>29.137 8</td><td></td></tr>
<tr><td colspan="2">围墙内占地面积</td><td>hm^2</td><td>24.387 8</td><td></td></tr>
<tr><td colspan="2">进站道路占地面积</td><td>hm^2</td><td>3.98</td><td></td></tr>
<tr><td colspan="2">站外供水设施用地面积</td><td>hm^2</td><td>0.001 1</td><td>站外供水阀门井</td></tr>
<tr><td colspan="2">站外排水设施用地面积</td><td>hm^2</td><td>0.007 7</td><td>站外排水检查井</td></tr>
<tr><td colspan="2">其他占地面积</td><td>hm^2</td><td>0.761 2</td><td></td></tr>
<tr><td>2</td><td colspan="2">进站道路长度（新建）</td><td>m</td><td>3034</td><td></td></tr>
<tr><td>3</td><td colspan="2">电缆沟长度</td><td>m</td><td>6146</td><td>全站 600×600 以上电缆沟（隧道）</td></tr>
<tr><td>4</td><td colspan="2">道路广场面积</td><td>m^2</td><td>52 388</td><td>含换流变压器广场</td></tr>
<tr><td>5</td><td colspan="2">站区围墙长度</td><td>m</td><td>2118.70</td><td></td></tr>
<tr><td>6</td><td colspan="2">进站道路护坡面积</td><td>m^2</td><td>8500</td><td>土质护坡</td></tr>
<tr><td>7</td><td colspan="2">站内外挡土墙工程量</td><td>m^3</td><td>4754</td><td>站区挡墙兼围墙基础，其中 2025 为钢筋混凝土隔声屏障挡土墙部分</td></tr>
<tr><td>8</td><td colspan="2">搬运轨道长度</td><td>m</td><td></td><td>双轨</td></tr>
<tr><td rowspan="2">9</td><td rowspan="2">站区土方工程量</td><td>挖方</td><td>m^3</td><td>78 389.89</td><td rowspan="2">另填方区表层土粉土量 59 085m^3，外购碎石改量土方 16 740m^3</td></tr>
<tr><td>填方</td><td>m^3</td><td>71 889.64</td></tr>
<tr><td rowspan="2">10</td><td rowspan="2">进站道路土方工程量</td><td>挖方</td><td>m^3</td><td>10 438</td><td>其中 4600m^3 为清除沙丘</td></tr>
<tr><td>填方</td><td>m^3</td><td>12 608</td><td>全部外购用于道路路基</td></tr>
<tr><td>11</td><td colspan="2">站内给水管线长度</td><td>m</td><td>2000</td><td>不含消防管路</td></tr>
<tr><td>12</td><td colspan="2">站内排水管线长度</td><td>m</td><td>4000</td><td></td></tr>
<tr><td>13</td><td colspan="2">站外供水管线长度</td><td>km</td><td>500</td><td></td></tr>
<tr><td>14</td><td colspan="2">站外排水管线长度</td><td>m</td><td>2140</td><td></td></tr>
<tr><td>15</td><td colspan="2">站区总建筑面积</td><td>m^2</td><td></td><td>应与建筑统一</td></tr>
</table>

8　结构设计

8.1　设计条件

基本风压：W_0=0.60kN/m^2（50 年一遇）；W_0=0.70kN/m^2（100 年一遇）。

抗震设防烈度：7 度，设计基本地震加速度值为 0.10g，反应谱特征周期值为 0.40s，设计地震分组为第二组。建筑场地土类别：II 类。

8.2　结构型式

8.2.1　建筑物结构型式

高、低端阀厅均为单层工业厂房，高端阀厅钢与钢筋混凝土混合结构，低端阀厅采用钢-钢筋混凝土剪力墙混合结构，防火墙采用钢筋混凝土剪力墙结构。

主控楼、辅控楼、综合楼、750/500kV 继电器室、站用 10kV 配电室、公用 380/220V 交流配电室及 35kV 配电室、车库均采用钢筋混凝土框架结构，现浇钢筋混凝土楼（屋）面及楼梯。

500kV GIS 配电装置室、空冷器保温室为单层厂房，采用门型刚架结构。

检修备品库为钢筋混凝土框排架结构，屋面板采用现浇钢筋混凝土结构。

警卫传达室采用砌体结构，屋面板采用现浇钢筋混凝土结构。

备用平波电抗器室采用全钢结构。

8.2.2　主要设备基础

高、低端换流变压器基础与防火墙基础联合采用整板基础。500kV GIS 基础采用钢筋混凝土整板基础。交流滤波器组基础采用整板基础或条形基础。

8.2.3　构筑物结构型式

750kV 配电装置构架采用多组分片联合构架：北侧出线构架、中央构架与母线构架分片联合，为 3 组 2 跨门型构架，南侧出线构架与母线构架及联络变压器进线架分片联合，为 2 组 2 跨门型构架，中央构架为 2 组 2 跨构架组成的联合框架。所有出线构架跨度为 42.0m，构架梁挂线点高度为 41.5m，出线构架上地线柱标高为 56.0m，母线构架跨度为 41.0m，构架梁挂线点高度为 27m；主变压器为低架横穿进线，构架跨度为 42.0m，构架梁挂线点高度为 31.0m。出线构架及母线构架均采用矩形变断面热轧圆钢管格构弦杆、热轧圆钢管腹杆、螺栓连接的格构式柱；矩形等断面热轧圆钢管弦杆、热轧圆钢管腹杆、螺栓连接的格构式梁；梁、柱主材采用柔性法兰连接。梁、柱主材（圆钢管）通过节点板，用普通螺栓与腹杆钢管铰接连接。梁、柱采用刚性连接，柱、梁钢管主材拼接采用法兰连接。柱脚可采用杯口插入式连接或地脚螺栓连接。

联络变压器构架采用人字柱钢结构，构架柱采用 A 型直缝焊接圆形钢管柱，构架横梁为单杆式直缝焊接圆形钢管梁，钢管的拼接接头采用法兰连接，梁与柱连接采用刚性连接。

500kV GIS 区换流变压器进线架为 2 组 3 孔连续门型架；换流变压器进线构架采用“Π”型人字柱钢结构构架，构架柱采用 A 型直缝焊接圆形钢管柱，构架横梁采用两端悬挑的矩形断面格构式钢梁，柱、钢梁弦杆接头采用法兰连接，钢梁腹杆采用螺栓连接，梁与柱连接采用铰接。构架柱与混凝土基础的连接方式采用杯口插入式，杯口配置构造钢筋，杯口二次灌浆采用 C45 细石混凝土，构架柱脚处设六边形混凝土保护帽。

极线直流出线构架、接地极中性线出线构架均采用人字柱钢结构，构架柱采用 A 型直缝焊接圆钢管，构架横梁采用三角形变断面格构式钢梁，柱、钢梁弦杆接头采用法兰连接，钢梁腹杆采用螺栓连接，梁与柱连接采用铰接。构架柱与混凝土基础的连接方式采用杯口插入式，杯口配置构造钢筋，杯口二次灌浆采用 C45 细石混凝土，构架柱脚处设六边形混凝土保护帽。

直流场避雷线塔采用三边形格构式钢管塔，钢管连接采用螺栓连接。

全站所有设备支架均采用直缝焊接钢管柱。

8.2.4 水工建构筑物

主要水工建（构）筑物有泡沫消防间、综合水泵房、消防及生活蓄水池、地埋式生活污水处理装置、事故油池等。

综合水泵房为单层框架结构，室内地下局部设泵坑，地下泵坑采用钢筋混凝土箱型结构；埋地式污水处理装置基础采用混凝土基础；事故油池为钢筋混凝土箱型结构；污水调节池采用钢筋混凝土箱型结构；泡沫消防间采用砌体结构，现浇钢筋混凝土屋面。

8.2.5 降噪设施结构设计

本工程降噪方案为：换流变采用移动式 box-in，局部围墙上设置声屏障方案。

8.3 钢结构防腐

高、低端阀厅主体钢结构均采用涂料防腐体系，水性无机富锌底漆两道（每道 40μm）+环氧云母中间漆两道（每道 70μm）+可覆涂聚氨酯面漆两道（每道 40μm）。

500kV GIS 室、备用平波电抗器室均采用热浸镀锌防腐+聚氨酯改性面漆一道（出厂前）+聚氨酯改性面漆两道（围护结构安装完毕后）。

全站构、支架钢结构均采用热浸镀锌防腐+919 封闭漆喷涂一遍（安装前）+919 封闭漆喷涂一遍（安装后）。现场焊接的局部部位及镀锌层破坏处采用现场喷锌或涂环氧富锌底漆+云铁环氧中间漆+脂肪族聚氨酯面漆防腐。

8.4 建（构）筑物抗震

本工程抗震设防烈度为 7 度，建筑场地类别为 II 类。各建（构）筑物抗震设计按 7 度动峰值加速度 0.10g 进行地震作用计算并采取相应抗震措施。根据 GB 50011—2010《建筑抗震设计规范》和 DL/T 5457—2012《变电站建筑结构设计技术规程》规定，哈密南换流站建（构）筑物抗震构造措施设防烈度调整见表 6。

表 6　　哈密南换流站建（构）筑物抗震构造措施设防烈度

序号	建（构）筑物	所在地区的抗震设防烈度	确定建（构）筑物抗震措施抗震等级的烈度
1	主控制楼	7	8
2	辅助控制楼	7	8
3	高/低端阀厅	7	8
4	750/500kV 交流继电器室	7	8
5	站用 10kV 配电室、公用 380/220V 交流配电室、35kV 配电室	7	8
6	500kV GIS 室	7	8
7	综合楼、检修备品库	7	7
8	屋外交直流配电装置构（支）架	7	7
9	交直流滤波器场构（支）架	7	7
10	其他建（构）筑物	7	7

地基处理：换流站地基为Ⅰ级溶陷性盐渍土场地，溶陷性土层厚度不等，地基处理根据建构筑物的重要性、荷重、对沉降的敏感程度分别采用深埋基础（即天然地基）和基底换填方案，基底换填方案依据换填厚度采用非盐渍化沙砾石料分层碾压换填。

场地土对混凝土结构具强腐蚀性，对钢筋混凝土结构中的钢筋具强腐蚀性，对钢结构具有微腐蚀性。采用 C40 强度防腐蚀混凝土作为基础内防腐材料，该混凝土以 42.5 强度等级普通水泥+混凝土防腐剂作为主要胶凝材料。基础垫层：采用 100mm 厚沥青混凝土。基础表面防护：基础外表面刷环氧沥青涂层，厚度大于等于 500μm，基础梁表面刷环氧沥青贴玻璃布，厚度大于等于 1mm。

9　建筑设计

哈密南换流站建筑物包括主控制楼、极 1/极 2 辅助控制楼、极 1/极 2 低端阀厅、极 1/极 2 高端阀厅、极 1/极 2 高低端空冷器保温室、极 1/极 2 高低端泡沫消防间及阀外冷设备间、RB1/ RB2 500kV 继电器室、RB3 交流滤波器组继电器小室、RB4/ RB5 750kV 继电器室、10KV 配电室、35kV 及 380/220V 站用配电室、检修备品库、500kV GIS 室、综合消防水泵房、综合楼、车库、警卫传达室及大门等。

哈密南换流站建筑物一览表见表 7。

表 7　　哈密南换流站建筑物一览表

序号	建筑物名称	火灾危险性分类	耐火等级	层数	单座建筑面积（m^2）	数量（幢）
1	主控制楼	戊	二级	4 层	3600	1
2	极 1 辅助控制楼	戊	二级	3 层	1050	1
3	极 2 辅助控制楼	戊	二级	3 层	1050	1
4	极 1/极 2 低端阀厅	丁	二级	单层	3608	1
5	极 1 高端阀厅	丁	二级	单层	2915	1
6	极 2 高端阀厅	丁	二级	单层	2915	1
7	极 1 高端空冷器保温室	戊	二级	单层	467	1
8	极 2 高端空冷器保温室	戊	二级	单层	548	1
9	极 1 低端空冷器保温室	戊	二级	单层	461	1
10	极 2 低端空冷器保温室	戊	二级	单层	548	1
11	极 1/极 2 高低端泡沫消防间及阀外冷设备间	戊	二级	单层	68	4
12	RB1/ RB2 500kV 继电器室	戊	二级	单层	324	2
13	RB3 交流滤波器组继电器小室	戊	二级	单层	224	1
14	RB4/ RB5 750kV 继电器室	戊	二级	单层	215	2
15	10KV 配电室	戊	二级	单层	160	1
16	35kV 及 380/220V 站用配电室	戊	二级	单层	162	1
17	综合消防水泵房	戊	二级	单层	126	1
18	检修备品库	丁	二级	单层	1188	1
19	500kV GIS 室	丁	二级	单层	3391	1
20	综合楼	戊	二级	单层	1667	1
21	汽车库	丁	二级	单层	179	1
22	警传室及大门	戊	二级	单层	49	1
合计					25 658	27

10　水工设计

10.1　水源

哈密南换流站采用一路独立供水水源，由站址西侧约 500m 的大南湖矿区国投新水输水管线接入。

10.2　原水处理

哈密南换流站水源符合饮用水标准，故在二次升压供水时生活用水仅采取消毒措施，阀外冷补充水采用反渗透进行处理。

10.3　站区给水

哈密南换流站给水设计包括生活、生产、消防系统，各给水系统独立设置。

生活给水系统由一座生活蓄水池（50m^3）、变频恒压供水机组、生活水消毒设备及给水管网组成。站外来水进入生活蓄水池后，由变频恒压供水机组向全站生活、绿化、空调补充水等用水点供水。

生产给水系统由站外自来水管分别供给 4 座阀外冷却水池（每极一座，每座容积约 300m^3）。

消防水系统包括换流站建筑物室内及室外消火栓用水，消防水系统有独立的消防环形管网。站内设消防蓄水池 1 座，容积为 300m^3。2 台电动消防泵（一用一备）设于综合水泵房内，另设一套消防稳压泵组，该稳压泵组出水管与消火栓系统管网相连，在平时用以维持消防管网供水压力。

10.4　站区排水

哈密南换流站站区排水均采取分流制排水系统，包括雨水排水系统、生活污水处理及回用系统和事故排油系统。

站区雨水由分布在场地内的雨水口收集，汇入地下雨水排水管道，通过雨水排水管道排至站外。哈密南换流站雨水为自流排放；郑州换流站雨水为升压排放，即排入雨水泵站集水池，通过设置在集水池内的排水泵将雨水抽排至站外的水溃沟内。

哈密南换流站的生活污水通过管道收集至埋地污水调节池内，再经埋地式一体化污水处理设备进行生化处理，经处理达到国家一级排放标准后的出水贮存在废水池内，回用于站区绿化。设备处理能力为 3.0m^3/h。

哈密南换流站换流变压器及联络变压器设备事故排油经各自下部集油坑收集后，分别通过各自的排油管道汇集到其附近的地下事故油池内，每座事故油池均具有油水分离的功能，分离后的事故油贮存在事故油池内，由专业部门进行回收处理。

10.5　消防设计

哈密南换流站的消火栓灭火系统用于扑救建筑物的火灾，并作为变压器消防的辅助灭火措施。

建构筑物内灭火器按 GB 50140—2005《建筑灭火器配置设计规范》的有关规定配置，同时换流变压器附近配置推车式干粉灭火器。

站内配置同一灭火介质的干粉灭火器，根据不同场所的火灾类别和火灾危险等级配置不同级别灭火器，分别布置在站区各建筑物内和变压器附近，用于扑救电气设备及建筑物的火灾。

哈密南换流站换流变压器及联络变压器消防采用合成型泡沫喷雾灭火系统。

10.6 阀冷却系统设计

换流阀冷却系统分为内冷及外冷两部分，内冷水系统包括主循环水泵、膨胀罐（高位水箱）、除氧器、精密过滤器、分流阀和连接管道等。内冷水系统主要设备布置在主控楼及辅控楼一层的阀冷却设备间。

外冷却系统根据哈密地区气候特点，采用空气冷却辅助水冷的方式，即每极换流阀阀内冷水通过空气冷却器及密闭式蒸发冷却塔联合运行的阀外冷冷却系统达到降温的目的。其基本运行方式为：在非极端气象条件下，阀外冷仅靠空冷器单独运行即可满足进阀温度；在夏季极端气象条件时，需密闭式蒸发冷却塔同时运行进行喷淋降温，即空冷与水冷系统联合运行，使内冷水降至允许的进阀温度。

阀外冷主要设备为空气冷却器、密闭式蒸发冷却塔、喷淋水池及喷淋水泵等组成。空气冷却器、密闭式蒸发冷却塔布置在室外地面，喷淋水池及喷淋水泵布置在空冷器下，阀外冷水处理装置布置在室内。

为了防止换流阀冬季停运时室外空气冷却器及管道内的水结冰，在循环水管路上设置了电加热装置，配合循环水泵的运行，在冬季阀冷系统启动运行时，可保证室外设备及管道内的水保持在换流阀所要求的温度以上。

11 暖通设计

11.1 采暖、通风及空调设计

（1）本工程4个阀厅空调系统相同，采用风冷螺杆式冷水机组+组合式空气处理机组+送回风管的系统形式。阀厅空调系统全年运行，设有自动为主、手动为辅的控制系统。阀厅温度按10～50℃设计，为了满足冬季阀塔停运检修时阀厅温度不低于10℃，阀厅设置电热采暖。

（2）控制楼/辅助控制楼采用多联空调系统，根据各房间对温湿度需要不同，空调系统按相同要求配置，控制楼共设置11套空调系统，单极辅助控制楼共设置6套空调系统，空调室外机布置在屋面，蓄电池室空调室内机选用防爆型。阀组辅助设备室等电气工艺房间分别设置相互独立的机械排烟系统。

（3）综合楼采多联机空调系统，继电器室、配电室采用风冷分体空调。

（4）GIS室设置自然进风、机械排风系统，在GIS室的地面上距地200mm处设排风口，通过设在墙边的玻璃钢排风管道（防腐）由玻璃钢轴流风机（防腐）将空气排出室外。

（5）全站建筑物设置电热采暖，需要通风的房间设置降温通风兼做事故通风。

（6）全站采暖、通风和空调设备均与消防系统联锁，当发生火灾时，暖通设备将联锁关闭以防止火灾蔓延，并反馈信号至消防控制系统。

11.2　暖通创优

（1）控制楼/辅助控制楼多联机空调根据温湿度要求相同的房间配置同一套室外机，相比以往工程空调总容量不变，室外多联机个数增加，优点是温度调节方便，控制精确，节约运行耗电量。

（2）全站建筑物所有通风风口设置双层电动型防沙百叶窗，这种百叶窗密闭严实，关闭时防风沙进入室内，每个房间的电动百叶窗与轴流风机联锁，当轴流风机开启时百叶窗先开启，当轴流风机停运时百叶窗可开启或关闭。

第 2 节　双龙换流站设计方案

1　引言

溪浙工程起点为四川省宜宾地区的双龙±800kV 换流站（简称双龙换流站），落点为浙江省金华地区的武义±800kV 换流站，直流工程额定容量 8000MW，直流额定电流 5000A，送电距离约为 1677.9km。

双龙换流站为溪浙工程送端换流站，站址位于四川省宜宾市宜宾县西南的双龙镇，东北距宜宾县约 30km，东南距双龙镇约 1km。

2　建设规模

双龙换流站建设规模如表 1 所示。

表 1　　双龙换流站建设规模

项目名称	本期	远期
404MVA 换流变压器	24 台+4 台	24 台+4 台
240MVA、500/35kV 站用变压器	2	2
10MVA、35/10kV 站用变压器	3	3
50mH 干式平波电抗器	12 台+1 台	12 台+1 台
50Hz 阻尼滤波器	2 组	2 组
直流滤波器组（每极隔离开关合用）	2 组	2 组
±800kV 直流出线	1 回	1 回
地极线出线	1 回	1 回

续表

项目名称	本期	远期
交流 500kV 出线回路数	7 回	8 回
HP 3 交流滤波器	2 组（235Mvar/组）	2 组（235Mvar/组）
HP 24/36 交流滤波器	4 组（235Mvar/组）	4 组（235Mvar/组）
BP 11/BP13 交流滤波器	4 组（235Mvar/组）	4 组（235Mvar/组）
并联电容器（有阻尼电抗器）	8 组（285Mvar/组）	8 组（285Mvar/组）
并联电容器（无阻尼电抗器）	2 组（285Mvar/组）	2 组（285Mvar/组）
35kV、60Mvar 电抗器	6 组	6 组

3　电气主接线

3.1　直流侧接线

±800kV 直流系统采用双极、每极 2 个 12 脉动换流器串联接线，换流器的电压配置按“400kV+400kV”考虑。

±800kV 直流开关场采用双极接线，每 12 脉动换流器装设旁路断路器及隔离开关回路。每极装设 1 组 2/39 双调谐无源直流滤波器和 1 组 12/24 双调谐无源直流滤波器。直流侧接线考虑了融冰运行方式：双极低端 12 脉动换流器通过旁路开关退出运行，将双极高端 12 脉动换流器并联运行，直流线路上可通过 2 倍的 12 脉动换流器电流用于融冰。

3.2　交流侧接线

双龙换流站 500kV 交流侧采用 GIS 设备，3/2 断路器接线方式，交流 500kV 线路单侧出线。

本工程远景 8 回 500kV 交流线路出线（3 回至溪洛渡左，2 回至叙府，2 回至复龙，1 回备用）、4 回换流变压器进线、4 大组交流滤波器，共 16 个电气元件接入串中，组成 8 个完整串。本期 7 回交流线路出线（3 回至溪洛渡左，2 回至叙府，2 回至复龙）、4 回换流变压器进线、4 大组交流滤波器，共 15 个电气元件接入串中，组成 7 个完整串和 1 个不完整串。2 台 500/35kV 变压器分别接入 GIS 两条母线。

500kV 交流场各回路组串如表 2 所示。

表 2　　500kV 交流场各回路组串

串编号	1M 侧回路	2M 侧回路
第 1 串	复龙 1	备用
第 2 串	极 1 高端换流变压器	复龙 2

续表

串编号	1M 侧回路	2M 侧回路
第 3 串	叙府 1	ACF1
第 4 串	溪洛渡左 1	极 1 低端换流变压器
第 5 串	极 2 低端换流变压器	叙府 2
第 6 串	溪洛渡左 2	ACF2
第 7 串	ACF3	极 2 高端换流变压器
第 8 串	ACF4	溪洛渡左 3

4　主要设备选择及主要导体选择

双龙换流站主要设备选择结果如表 3 所示。

表 3　　双龙换流站主要设备选择

序号	设备名称	送端换流站
1	换流阀	额定电压：±800kV； 额定电流：5000A； 空气绝缘悬吊式 2 重阀结构； 阀片选用直径为 6in 的阀片； 触发方式采用电触发； 冷却方式采用水冷却
2	800kV 换流变压器	电压比：$\frac{530}{\sqrt{3}}\Big/\frac{171.4}{\sqrt{3}}$kV 容量：404MVA 有载调压分接范围：+23/−5×1.25% U_k=19.5%
3	600kV 换流变压器	电压比：$\frac{530}{\sqrt{3}}\Big/171.4$kV 容量：404MVA 有载调压分接范围：+23/−5×1.25% U_k=19.5%
4	400kV 换流变压器	电压比：$\frac{530}{\sqrt{3}}\Big/\frac{171.4}{\sqrt{3}}$kV 容量：404MVA 有载调压分接范围：+23/−5×1.25% U_k=19.5%

续表

序号	设备名称	送端换流站
5	200kV 换流变压器	电压比：$\frac{530}{\sqrt{3}}\Big/171.4\text{kV}$ 容量：404MVA 有载调压分接范围：+23/–5×1.25% U_k=19.5%
6	平波电抗器	干式空芯； 额定电压：±800kV； 额定电流：5000A； 冷却方式：自然风冷； 额定电感量：6×50mH/极
7	直流滤波器	每极 2 组无源双调谐滤波器 （合用 1 组隔离开关）
8	直流主回路设备	常规敞开式，额定电流满足系统过负荷要求
9	无功补偿及交流滤波器	换流站交流滤波器和高压并联电容器无功总容量暂按5300Mvar（额定电压 535kV）设计，暂分为 4 大组 20 小组，其中 10 小组为单组容量 239Mvar 的交流滤波器，另 10 小组为单组容量 290Mvar 的并联电容器
10	500kV 交流开关设备	采用户内 GIS 设备，3/2 断路器接线方式，550kV，母线 6300A，断路器 5000A（交流线路出线及其同串回路）/4000A（换流变压器进线与交流滤波器同串回路，以及 500kV 站用变回路），63kA/2s，160kA
11	500/35kV 变压器	240MVA，油浸式三相双绕组，带平衡绕组，U_k=12%，无励磁调压，YnY0/d11 接线
12	35/10kV 站用变压器	10MVA，油浸式三相双绕组，U_k=7.5%，有载调压，YNd11

5 配电装置及总平面布置

5.1 阀厅和换流变压器区域布置

阀厅和换流变压器区域采用每极 2 个阀厅面对面布置，换流变压器紧靠阀厅的布置方式，总体布置如图 1 所示。

根据绝缘配合要求和阀厅空气间隙计算结果，考虑设备的配置和外形，并结合阀厅建筑和结构的设计要求，换流站阀厅的尺寸如表 4 所示。

表 4　双龙换流站阀厅尺寸（建筑轴线尺寸）

序号	名称	长（m）	宽（m）	高（梁底标高）（m）
1	双龙换流站高端阀厅	86.2	33.25	26
2	双龙换流站低端阀厅	76.5	23.1	16

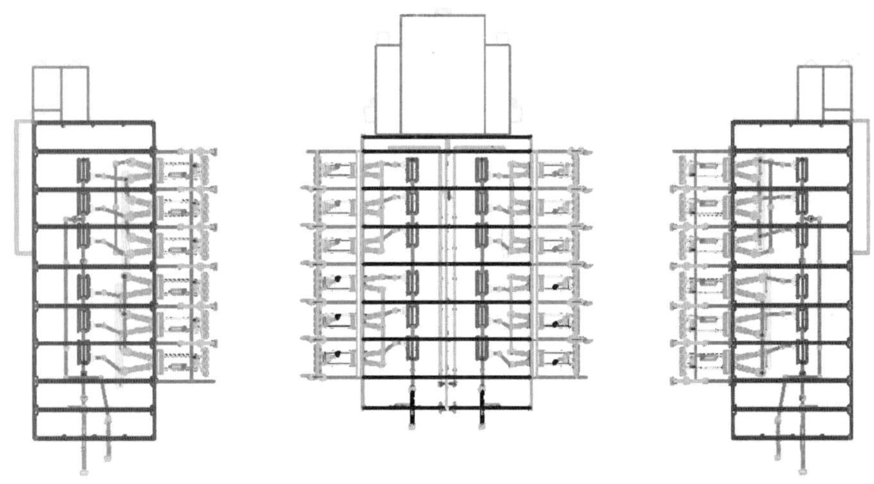

图 1　双龙换流站阀厅和换流变压器区域总体布置示意图

5.2　直流配电装置布置

直流配电装置采用户外型、按极分开对称布置，阀厅与户外直流场的连接采用穿墙套管。直流配电装置电气设备按单层布置，母线采用支持式管母，设备间连线主要采用管母线，局部采用软导线跳接。

5.3　500kV 交流配电装置布置

500kV 交流配电装置采用户外 GIS 布置方式，交流滤波器大组和换流变引线均通过 GIS 管道（即 GIL）在适当位置引接。换流变压器网侧不装设交流 PLC 设备，且不预留其安装位置。

5.4　500kV 交流滤波器区域布置

500kV 交流滤波器采用集中布置方式。500kV 交流滤波器大组和小组均采用改进型“田”字型布置，以减少交流滤波器区域的占地。交流滤波器小组布置采用如下尺寸：HP3 交流滤波器小组，32m×43m；BP11/BP13 交流滤波器小组，29m×43m；HP24/36 交流滤波器小组，28m×43m；并联电容器小组，28m×23m（带电抗器），28m×20m（不带电抗器）。

5.5　电气总平面布置

换流站总平面布置基本呈现“交流配电装置—换流变压器、阀厅和控制楼—直流配电装置”的布局。全站布置规正、紧凑，占地较小，换流站内分区明确，布局合理。双龙换流站围墙内占地约 15.9hm^2。

6　控制保护

换流站按有人值班设计，交、直流系统合建一个统一平台的计算机监控系统。高压直流控制保护系统既能适用整流运行，也能适用逆变运行。

计算机监控系统可采用两种实现方式。① 第一种方式，计算机监控系统采用站控层、控制层和就地层三层结构，控制层和就地层设备完全双重化配置。站控层与控制层设备之间通过非实时双光纤以太网（station LAN）连接；控制层内交流系统控制层和双极控制层之间、双极控制层和极控制层之间以及极控制层和换流单元控制层之间通过专用实时控制网（control LAN）连接，控制层和就地层设备之间通过高速现场总线连接。接入专用实时控制网的各节点均采用实时操作系统（RTOS）。② 第二种方式，计算机监控系统根据操作位置，将全站分成运行人员控制层、站控层、就地控制层和就地设备控制层四层，这四个控制层通过 SCADA LAN、控制 LAN 和现场总线（Profibus）共同组成一个分层分布式控制系统。运行人员控制层工作站接入到双重化的 SCADA LAN 上；双重化的站控层设备分别接入双重化的 SCADA LAN，站控层的控制主机之间通过 LAN、MFI（multi function interface）、TDM 等总线交换信息，每个控制主机所属区域内信息采集通过单独的现场总线 Profibus 实现；站控层设备与本区域的就地控制层设备之间通过双套现场总线 Profibus（冗余的光纤环网）连接；同区域的就地控制层设备和就地设备控制层设备之间通过双套现场总线 Profibus 连接。

高压直流控制系统采用分层分布式结构，双重化配置。按功能分为双极控制层、极控制层、换流单元控制层。在功能和组屏上两个极的控制系统完全独立，每个极两个换流单元的控制系统也完全独立。

高压直流保护双重化或多重化配置，每套独立的保护均为性能完善的保护，使用独立的数据采集单元、通道和电源，分别和高压直流控制系统共同组屏安装。在功能和组屏上两个极的保护系统完全独立，每个极两个换流单元的保护系统也完全独立。

7 总图设计

阀厅及换流变压器区域布置在站区中部，直流场布置在站区东部，辅助生产区布置在站区北侧，500kV 交流配电装置区布置在站区西侧，交流滤波器场地布置在站区南侧，布置紧凑，功能区域划分明确。换流站围墙内用地面积为 15.896hm^2。

竖向布置采用平坡式布置方案并应根据地形适当设置场地坡度以减少土方工程量及边坡高度。

站区内道路均为郊区型，路面采用水泥混凝土路面。

电缆沟采用混凝土结构，过道路处及换流变广场处电缆沟为钢筋混凝土结构的暗沟，电缆沟盖板采用包角钢钢筋混凝土盖板。

围墙采用 2.5m 高 240mm 厚的实体砌筑围墙，部分地段围墙与隔声屏障综合考虑，采用 5.0m 高钢筋混凝土框架+填充墙结构，并在围墙上设置隔声屏障。

配电装置场地处理采用简单绿化方式。

双龙换流站主要技术经济指标如表 5 所示。

表 5　　双龙换流站主要技术经济指标

编号	项　　目		单位	指标	备　注
1	换流站总用地面积		hm^2	19.747	
	围墙内占地面积		hm^2	15.896	
	进站道路占地面积		hm^2	0.569	
	其他占地面积		hm^2	3.282	边坡及排水沟等
2	进站道路长度（新建）		m	222.5	
3	进站道路长度（改建）		m	11 500	
4	电缆沟长度		m	6200	500mm 及以上
5	道路广场面积		m^2	44 500	含换流变压器广场
6	站区围墙长度		m	1700	
7	挖方边坡喷锚护坡面积		m^2	14 200	
8	填方加筋土边坡面积		m^2	8600	
9	搬运轨道长度		m	2000	双轨
10	站区土方工程量	挖方	m^3	856 977	土石比 1:9
		填方	m^3	860 498	
11	进站道路土方工程量	挖方	m^3	11 525	不含改建道路
		填方	m^3	3132	不含改建道路
12	站外排水沟长度		m	780	
13	站内给水管线长度		m	2300	不含消防管路
14	站内排水管线长度		m	9750	
15	站外供水管线长度		km	22.6	
16	站外排水管线长度		m	150	
17	站区总建筑面积		m^2	23 773.8	

8　结构设计

8.1　设计条件

基本风压：W_0=0.38kN/m^2（50 年一遇）；W_0=0.46kN/m^2（100 年一遇）。

抗震设防烈度：7 度，设计基本地震加速度值为 0.1g，反应谱特征周期值为 0.40s，设计地震分组为第二组。建筑场地土类别：挖方区为 I，填方区为 II 类。

8.2 结构型式

8.2.1 建筑物结构型式

高、低端阀厅均为单层工业厂房，高端阀厅采用全钢结构，低端阀厅采用钢-钢筋混凝土剪力墙混合结构，防火墙采用钢筋混凝土剪力墙结构。

主控楼，辅控楼，综合楼，500kV 第一、二、三继电器小室，阀冷设备间，特种材料库，车库及警卫传达室均采用钢筋混凝土框架结构，现浇钢筋混凝土楼（屋）面及楼梯。

500kV GIS 配电装置室为单层厂房，采用门型刚架结构。

备品备件库为钢筋混凝土柱与梯形钢屋架组成单层排架结构。

备用平波电抗器室采用全钢结构。

8.2.2 主要设备基础

高、低端换流变压器基础与防火墙基础联合采用整板基础。500kV GIS 基础采用钢筋混凝土整板基础。交流滤波器组基础采用整板基础或条形基础。

8.2.3 构筑物结构型式

直流场极母线出线架为 2 组出线挂线点高度为 35.5m 的塔架。塔架采用矩形变截面格构式柱结构。

直流场地极出线构架为单孔门型架；交流出线构架为 2 组 4 孔连续门型架；交流滤波器构架为 2 组纵向 2 孔连续和横向 5 孔连续门型架联合形成的联合构架；500kV GIS 区换流变压器进线架为 2 组 3 孔连续门型架；换流区换流变压器进线架采用矩形变截面全钢管格构式塔架型式，横担采用矩形等截面全钢管格构式梁，梁柱刚接。所有门型架柱子采用直缝焊接圆钢管组成的“A”字型柱、梁采用三角形变截面格构式钢梁，梁柱铰接。

独立避雷线塔采用钢结构塔架型式。塔架采用三角形变截面格构式柱。

全站所有设备支架均采用直缝焊接钢管柱。

8.2.4 水工建构筑物

主要水工建（构）筑物有半地下式综合水泵房、半地下式生产消防水池、埋地式污水处理装置基础及污水调节池、埋地式事故集油池、消防小室等。

半地下式综合水泵房为单层框架结构，室内地下局部设泵坑，地下泵坑采用钢筋混凝土箱型结构；半地下式生产消防水池与综合水泵房联合布置，水池采用钢筋混凝土箱型结构；埋地式污水处理装置基础采用混凝土基础；事故集油池为钢筋混凝土箱型结构；污水调节池采用钢筋混凝土箱型结构；单体消防小室采用砌体结构，采用现浇钢筋混凝土屋面。

8.2.5 降噪设施结构设计

本工程降噪方案为：换流变采用移动式 box-in，局部围墙上设置声屏障方案。

8.3　钢结构防腐

高、低端阀厅、500kV GIS 配电装置室、备品备件库及备用平波电抗器室钢结构采用水性无机富锌防腐底漆+聚氨酯面漆防腐体系。全站构（支）架、避雷线塔采用热镀锌防腐。

8.4　建（构）筑物抗震

本工程抗震设防烈度为 7 度，建筑场地类别为 I 或 II 类。各建（构）筑物抗震设计按 7 度动峰值加速度 0.10g 进行地震作用计算并采取相应抗震措施。根据 GB 50011—2010 和 DL/T 5457—2012 规定，双龙换流站建（构）筑物抗震构造措施设防烈度调整见表 6。

表 6　　双龙换流站建（构）筑物抗震构造措施设防烈度

序号	建筑（构）物名称	抗震设防烈度	抗震构造措施设防烈度
1	主、辅控楼	7	8
2	高、低端阀厅	7	8
3	500kV GIS 配电装置室，500kV 第一、二、三继电器小室	7	8
4	屋外交流配电装置（构）支架	7	7
5	其他建（构）筑物	7	7

8.5　地基处理

本工程建（构）筑物的地基处理方案为：强夯+桩基方案。

9　建筑设计

站内建筑物包括极 1 高端阀厅 1 幢、极 2 高端阀厅 1 幢、极 1 低端阀厅 1 幢、极 2 低端阀厅 1 幢、极 1 辅控楼 1 幢、极 2 辅控楼 1 幢、主控楼 1 幢、阀外冷设备间 4 幢、500kV GIS 配电装置室 1 幢、500kV 继电器小室 3 幢（分别为 500kV 第一、二、三继电器小室）、10kV 开关柜室（与 500kV 第一继电器小室联合建造）、备用平波电抗器室 1 幢、综合楼 1 幢、检修备品库 1 幢、车库 1 幢、特种材料库 1 幢、综合水泵房及站公用配电室 1 幢、消防小室 9 座、警卫传达室及大门 1 个。总建筑面积为 23 773.8m^2。双龙换流站建筑物一览表如表 7 所示。

表 7　　双龙换流站建筑物一览表

序号	建筑物名称	火灾危险性分类	耐火等级	层数	建筑面积（m^2）	数量（幢/座）	备注
1	极 1 高端阀厅	丁	二级	单层	2934.6	1	

续表

序号	建筑物名称	火灾危险性分类	耐火等级	层数	建筑面积（m^2）	数量（幢/座）	备注
2	极 2 高端阀厅	丁	二级	单层	2934.6	1	
3	极 1 低端阀厅	丁	二级	单层	1784.2	1	
4	极 2 低端阀厅	丁	二级	单层	1784.2	1	
5	主控制楼	戊	二级	4 层	3501	1	
6	极 1 辅控楼	戊	二级	3 层	1022.2	1	
7	极 2 辅控楼	戊	二级	3 层	1022.2	1	
8	高端阀外冷设备间	戊	二级	单层	192.7	2	
9	低端阀外冷设备间	戊	二级	单层	184.8	2	
10	500kV GIS 配电装置室	戊	二级	单层	3199	1	
11	500kV 第一继电器小室及 10kV 开关柜室	戊	二级	单层	391	1	
12	500kV 第二继电器小室	戊	二级	单层	302.5	1	
13	500kV 第三继电器小室	戊	二级	单层	167.5	1	
14	备用平波电抗器室	戊	二级	单层	70.6	1	
15	综合楼	戊	二级	3 层	1523	1	
16	检修备品库	戊	二级	单层	1118	1	
17	车库	丁	二级	2 层	527	1	
18	综合水泵房及站公用配电室	丁	二级	单层	662.2	1	
19	特种材料库	丁	二级	单层	31	1	
20	消防小室	戊	二级	单层	-	9	
21	警卫传达室	戊	二级	单层	44	1	
总建筑面积		23 773.8m^2					
建筑物总数量		31 幢（座）					

第 3 节　哈密南—郑州±800kV 直流输电工程一般线路设计

1　概述

哈郑工程起点为哈密南换流站，终点为郑州换流站，线路途经新疆、甘肃、宁夏、陕西、山西、河南等 6 个省、区。全线路径总长度 2191.54km（包括黄河大跨越 3.9km）。航空直线约 1982km，曲折系数 1.106。线路沿线地形比例为：高山大岭 5.6%，一般山地 29.8%，丘陵 27.1%，平地 39.3%，泥沼河网 1.2%，沙丘及沙漠地形为 2.0%。线路经过地区最高海拔 2300m。输送容量 8000MW。

设计风速取值为离地 10m 高、100 年一遇、10min 平均最大风速，即设计基准风速取 27、29、30、31、32m/s 和 33m/s 共 6 种。设计覆冰有 5、10mm 轻冰，15mm 中冰，20mm 重冰等冰区。

5、10mm 冰区的平丘地形采用 JL/G3A-1000/45 型钢芯铝绞线，5、10mm 冰区一般山地、高山大岭以及 15、20mm 冰区采用 JL/G2A-1000/80 型钢芯铝绞线。地线一根采用 LBGJ-150-20AC 铝包钢绞线；另一根为 LBGJ-150-20AC 铝包钢绞线和 OPGW-150 的组合。OPGW 自金昌以东起至郑州大孟换流站止。哈郑工程导、地线特性参数如表 1 所示。

表 1　　哈郑工程导、地线特性参数

项目 \ 导、地线型号	JL/G3A-1000/45	JL/G2A-1000/80	LBGJ-150-20AC	OPGW-17-150-1
截面积（mm^2）	1045.38	1080.0	148.07	≤150
绞线直径（mm）	42.08	42.79	15.75	≤16.6
弹性模量 （MPa）	60 600	65 200	147 200	147 200
热膨胀系数（$\times10^{-6}$，1/℃）	21.5	20.5	13	13
计算质量（kg/km）	3100	3411	989.4	≤1055
额定拉断力（kN）	221.14	255.33	178.57	≥182
20℃时直流电阻（Ω/km）	0.028 6	0.028 76	0.580 7	≤0.6

2 过电压和绝缘设计

2.1 过电压和空气间隙

哈郑工程操作过电压按 1.6p.u.进行设计。

哈郑工程±800kV 线路直线塔采用“V”型绝缘子串，工作电压及雷电过电压对塔头空气间隙不起控制作用，而操作过电压及带电作业工况直接影响塔头规划设计。各工况不同海拔条件下的空气间隙值见表 2。

表 2　　各工况不同海拔下的空气间隙值

海拔 H（m）	500	1000	2000	2300
工作电压间隙值 S（m）	2.1	2.3	2.5	2.6

续表

操作过电压间隙值 S（m）	4.9（5.3）	5.3（5.7）	5.9（6.4）	6.1（6.6）
带电作业间隙值 S（m）	6.6	6.9	7.5	7.7

注 1. 带电作业工况还应考虑人体活动范围 0.5m。
2. 通过带电作业方式调整，带电作业间隙不作为塔头控制条件。
3. 对于操作过电压间隙，（）内数据为规程数据。

2.2 绝缘设计

在对沿线污秽情况充分调查的基础上，将全线污区划为轻、中、重三个污区。绝缘子盐密、灰密及其上下表面积污率比如表 3 所示。

表 3　　盐密设计值（北方气候）

污区划分	盐密设计值（mg/cm^2）	灰密设计值（mg/cm^2）	上下表面积污率比
轻污区	0.05	0.30	0.6
中污区	0.08	0.48	0.4
重污区	0.15	0.90	0.2

2.3 绝缘子型式选择

2.3.1 绝缘子型式

轻、中冰区悬垂和跳线选用棒式复合绝缘子，耐张串主要采用盘型绝缘子。

直线塔悬垂 V 串采用 300、400、550kN 级绝缘子。JL/G3A-1000/45 导线耐张串采用 3×550kN 绝缘子，JL/G2A-1000/80 导线耐张串采用 4×550kN 绝缘子，2×760kN 绝缘子串在地势平坦地区试挂，为后续工程积累经验；在地形平缓、交通条件较好的重污秽段，采用经济性较好的耐张复合绝缘子串。

2.3.2 持续大风区串型研究

哈郑工程经过哈密、瓜州、玉门、酒泉、武威等大风区，大风持续时间很长。由于复合绝缘子串较长，V 串迎风肢受持续受横向大风作用，将长时间承受较大弯矩，影响绝缘子使用寿命。对持续大风区使用串型进行研究，从力学、电气、经济性等方面对 I、V、Y 型悬垂串进行比较分析，在持续大风区使用 Y 串，较全 V 串可缩短 V 串长度，改善 V 串受压特性，提高运行寿命。

为便于铁塔规划设计，考虑 Y、V 串共用挂点。通过适当选取 V 部夹角，合理分配 I、V 部串长，I、Y 串能适用在同一系列铁塔上。

为积累 Y 串运行经验，哈郑工程悬垂串在酒泉段 33m/s 大风区的第一系列的 5 种直线塔上少量采用。

2.4 绝缘子片数选择

2.4.1 轻、中冰区绝缘子选择

轻、中冰区复合绝缘子选择见表 4。

表 4 轻、中冰区复合绝缘子选择

污区 / 海拔（m）	轻污区（0.05mg/cm^2）	中污区（0.08mg/cm^2）	重污区（0.15mg/cm^2）
	复合绝缘子串长度（m）/爬电比距（m）		
1000	9.6/36.96	9.6/36.96	10.6/40.81
1500	9.6/36.96	10.6/40.81	11.0/45.43
2000	10.6/40.81	10.6/40.81	11.8/45.43
2500	10.6/40.81	10.6/40.81	11.8/45.43

考虑北方气候特征及污湿特性对绝缘子片数进行修正，轻、中冰区耐张串绝缘子片数选择见表 5。

表 5 轻、中冰区耐张绝缘子串片数

每串片数（片） 海拔（m） 污秽等级		1000	1500	2000	2500
轻污区（0.05mg/cm^2）	550kN（钟罩）（CA-785EZ）	60/56	62/58	64/59	66/61
	550kN（三伞）（CA-779EY）	44/41	44/42	45/43	46/44
	760kN（钟罩）（CA-791EZ）	54/48	55/51	57/52	59/53
中污区（0.08mg/cm^2）	550kN（钟罩）（CA-785EZ）	74/67	76/70	79/72	81/74
	550kN（三伞）（CA-779EY）	55/51	56/51	57/53	59/54
	760kN（钟罩）（CA-791EZ）	64/61	66/65	68/65	71/67
重污区（0.15mg/cm^2）	550kN（钟罩）（CA-785EZ）	88/74	91/77	94/79	97/82
	550kN（三伞）（CA-779EY）	76/64	77/65	79/67	81/68
	760kN（钟罩）（CA-791EZ）	75/70	77/75	80/75	82/77

注 1. 为方便比较南北气候特征的差异，“/”左侧为考虑北方气候特征修正后的片数，右侧为溪浙线（南方气候特征）选用的片数。

2. 760kN 盘式绝缘子在平地段试挂。

2.4.2 重冰区绝缘子选择

重冰区悬垂串和跳线串均采用外伞型盘式绝缘子，其片数选择和绝缘长度见表 6～表 8。

表 6　　重冰区 300kN（CA-776EZ）外伞型悬垂 V 型绝缘子串片数配置

污区分级	等值盐密（mg/cm²）	海拔（m）					
		1000		1500		2000	
		片数（片）	绝缘长度（m）	片数（片）	绝缘长度（m）	片数（片）	绝缘长度（m）
轻污区	0.05	70	13.65	72	14.04	74	14.43
中污区	0.08	74	14.43	76	14.82	78	15.21

表 7　　重冰区 400kN（CA-778EY）外伞型悬垂 V 型绝缘子串片数配置

污区分级	等值盐密（mg/cm²）	海拔（m）					
		1000		1500		2000	
		片数（片）	绝缘长度（m）	片数（片）	绝缘长度（m）	片数（片）	绝缘长度（m）
轻污区	0.05	67	13.735	69	14.145	71	14.555
中污区	0.08	70	14.35	72	14.76	74	15.17

表 8　　重冰区 550kN（CA-779EY）外伞型悬垂 V 型绝缘子串片数配置

污区分级	等值盐密（mg/cm²）	海拔（m）					
		1000		1500		2000	
		片数（片）	绝缘长度（m）	片数（片）	绝缘长度（m）	片数（片）	绝缘长度（m）
轻污区	0.05	57	13.68	59	14.16	60	14.4
中污区	0.08	60	14.40	62	14.88	64	15.36

重冰区耐张串采用 550kN 钟罩或外伞型盘式绝缘子，绝缘子片数选择如表 9 所示。

表 9　　重冰区耐张绝缘子串片数配置

污秽等级 \ 每串片数（片） \ 海拔（m）		1000	1500	2000
轻污区（0.05mg/cm²）	550kN（钟罩）（CA-785EZ）	60	62	64
	550kN（三伞）（CA-779EY）	57	59	60
	210kN（三伞）跳线串	81	83	85
中污区（0.08mg/cm²）	550kN（钟罩）（CA-785EZ）	74	76	79
	550kN（三伞）（CA-779EY）	60	62	64
	210kN（三伞）跳线串	85	88	90

3　极间距离、对地距离及交叉跨越距离

3.1　极间距离

直线塔极间距离主要由电磁环境限值、最小空气间隙和绝缘子串长及 V 串夹角控制。耐张塔极间距离主要由电磁环境限值控制，重冰区还要考虑脱冰跳跃及地形高差情况下耐张串出现最大下倾时，耐张串与跳线串有足够的距离，防止绝缘子相碰，还应考虑小档距时对相邻直线塔摇摆角的影响。极间距离设计原则如下：

（1）轻中冰区悬垂塔最小极间距离取 20m，耐张塔最小极间距离取 18m。

（2）重冰区悬垂塔海拔 1000m 的最小极间距离取 22.6m，耐张塔最小极间距取 21m。

（3）极间距离、对地距离及交叉跨越距离：轻、中冰区悬垂塔最小极间距离 20m，耐张塔最小极间距离 18m；重冰区悬垂塔 1000m 海拔的最小极间距离 22.6m，耐张塔最小极间距离 21m。

3.2　对地距离

直流输电线路导线对地面的距离除要考虑正常的绝缘水平外，还要考虑静电场强、合成场强、离子流密度等因素的影响。线路设计中采用的各种对地及交叉跨越距离值，按其取值原则，可分为三大类：① 由电场强度决定的距离；② 由电气绝缘强度决定的距离；③ 由其他因素决定的距离。

哈郑工程位于北方，最高海拔 2300m，需要对居民区、非居民区的导线对地距离进行海拔修正和环境气候修正，人烟稀少的非农业耕作区只进行海拔修正，其他情况则按照 GB 50790—2013《±800kV 直流架空输电线路设计规范》取值。海拔 1000m 下，居民区、非居民区和非农业耕作区最小对地距离如表 10 所示。

表 10　　居民区、非居民区和非农业耕作区最小对地距离

海拔（m）	对地距离（m）		
	居民区	非居民区	人烟稀少的非农业耕作区
1000	23.0	20.5	16.0

3.3　交叉跨越距离

导线对各种交叉跨越距离由电场强度、电气绝缘间隙和其他因素决定，按照 GB 50790—2013 设计。

4　防雷和接地

参照中国电力科学研究院计算成果及±800kV 向上线、锦苏线防雷设计成果及实

际运行情况，哈郑工程主要采取如下防雷接地措施：

（1）全线采用双地线，平地丘陵地区的铁塔地线对外侧导线的保护角不大于 0°，山地地区铁塔地线对外侧导线的保护角不大于–10°。

（2）杆塔上两根地线之间的距离，不超过地线与导线间垂直距离 5 倍。

（3）+15℃，无风时，在档距中央，导线与避雷线间距离按 GB 50790—2013 的公式计算

$$S \geqslant 0.015L + U_m/500 + 2$$

式中 S——导线与地线在档距中央的距离，m；

L——实际档距，m；

U_m——系统最高电压，kV。

（4）在雷季干燥季节，每基杆塔不连地线的工频电阻值不超过表 11 所列数值。对土壤电阻率超过 2000Ω·m，接地电阻很难降到 30Ω时，可采用降阻模块等综合降阻措施。

表 11　　工频接地电阻要求

土壤电阻率（Ω·m）	100 及以下	100～500	500～1000	1000～2000	2000 以上
工频接地电阻（Ω）	10	15	20	25	30

（5）为使接地装置有较良好的散流作用，接地体及接地引下线采用热镀锌 ϕ12mm 圆钢，采用四点引下线形式，接地体采用 ϕ12mm 圆钢。

（6）在一般地区，接地体埋深不小于 0.5m，对耕种土地要达到 0.8m，在高土壤电阻率地区（如岩石地区）的埋设深度原则上不小于 0.5m，如受地质条件限制确实难以做到，埋设深度不小于 0.3m。

（7）开展哈郑工程中的西北地区线路杆塔取消人工水平接地体的研究，在合适的地段试用。

5 绝缘子和金具

5.1 轻冰区绝缘子串组装形式

5.1.1 导线悬垂串

对于 27m/s 风区，推荐夹角取为 85°；30m/s 风区，V 串夹角取值 90°；33m/s 风区，最小 V 串夹角取 95°～105°。

轻、中冰区导线悬垂 V 型复合绝缘子串采用每肢 300、400、550kN 单双联型串及 210kN 双联串。

L 型串用于直线小转角塔，采用双 400kN 型式，挂点采用双挂点方式。

5.1.2 导线耐张串

6×JL/G3A-1000/45 导线耐张串采用 3×550kN，试用 2×760kN；6×JL/G2A-1000/80 导线耐张串采用 4×550kN。

三联耐张串采用每联单独挂点方式，四联耐张串采用双挂点方式。耐张串采用水平排列。

5.1.3 联间距

哈郑工程轻冰区导线绝缘子串联间距如表 12 所示。

表 12　　轻冰区导线绝缘子串联间距

冰区	悬垂串	耐张串
轻冰区	650mm	650mm

5.2 重冰区绝缘子串组装形式

5.2.1 导线悬垂串

重冰区导线绝缘子串采用 V 型串，最小夹角为 75°。

20mm 重冰区导线悬垂 V 串采用单联 300、400、550kN 和双联 300、400、550kN 绝缘子串组合，重冰区双联 V 形串均采用单挂点方式。

5.2.2 导线耐张串

20mm 冰区采用 6×JL/G2A-1000/80 导线，其耐张绝缘子串采用 4×550kN 级绝缘子。

5.2.3 联间距

为防止脱冰跳跃时绝缘子发生联间碰撞，重冰区比轻冰区适当加大了联间距，如表 13 所示。

表 13　　重冰区导线绝缘子串联间距

冰区	悬垂串	耐张串
重冰区	800mm	1000mm

跳线采用双 V 串笼式硬跳线，轻冰区跳线串采用 160kN 绝缘子组装成双 V 串，重冰区跳线串采用 210kN 绝缘子组装成双 V 串。地线金具串采用双 100kN 组装成串。耐张金具采用 210kN 组装成串。悬垂串挂点金具采用耳轴挂板，耐张串挂点金具采用 GD 挂板。六分裂悬垂联板采用整体式和组合联板，悬垂线夹采用防晕提包型线夹。整体式橡胶阻尼间隔棒按不等距安装。对重冰区采用预绞丝式间隔棒。悬垂串仅安装均

压环，不再安装屏蔽环，耐张串安装屏蔽环和均压环。在运行环境最低温度–35℃时，锻造类连接金具材料采用 35CrMo，调质处理。

6 杆塔

（1）一般段杆塔共规划了 12 套杆塔系列，共 121 种塔型（含平腿、高低腿塔），其中悬垂塔 84 种，耐张塔 37 种；特殊杆塔系列分 5 个系列，共 12 种塔型。全线合计 133 种塔型。

（2）平丘系列塔型，当呼高大于等于 48m 时，需增加–1.0、–2.0、–3.0m 的长短腿布置；当呼高小于 48m 时，需增加–1.0、–2.0m 的长短腿布置。

（3）丘陵地形起伏的塔位宜首先采用长短腿配合高低基础，调整高差；高差较大者，可采用 JL/G2A-1000/80 导线的高低腿塔型。

（4）直线塔在规划荷载时不考虑转角度数，带角度时可缩档使用；转角塔按满足角度规划荷载。

（5）根据工程实际情况，规划了冰区分界塔、不同导线型号分界塔及加强型直线塔等塔型。

（6）哈郑工程理想平地情况下的经济塔高为 51m，经济档距为 510m。

7 基础

7.1 基础型式

因地制宜采用掏挖基础、岩石基础、人工挖孔桩基础、板柱基础及灌注桩、复合锚杆基础、中空混凝土复合板基础等基础。

对于硬塑黏性土地区的塔位优先采用原状土基础，

对于完整性较好的岩石地基，采用岩石锚杆基础；其他岩石地基，采用岩石嵌固基础、掏挖类基础。

对于地表有黏土层覆盖，地下为各类岩层的塔基，采用掏挖-锚桩复合型基础。

在软塑土地区，可优先采用斜柱插入式基础，但在条件受限的鱼塘或河流漫滩等地区优先采用灌注桩基础。

对于风积砂地区采用大开挖基础，并适当加大基础埋深；对于戈壁滩的碎石土地区，优先采用掏挖类基础。

7.2 铁塔与基础连接

铁塔与基础采用地脚螺栓及插入式角钢两种连接方式。塔脚板连接方式应有水平塔脚板和与塔腿主材垂直的塔脚板两种。

当基础主柱为斜柱时，优先采用斜顶地脚螺栓或插入角钢连接。

中、重覆冰区、采空区和湿陷性黄土地区（Ⅲ级及以上）铁塔不宜采用插入角钢连接，优先采用斜柱斜顶地脚螺栓或直柱偏心地脚螺栓连接。

第 4 节 溪洛渡左岸—浙江金华±800kV 直流输电工程一般线路设计

1 概述

溪浙工程起点为溪洛渡双龙换流站，终点为浙西换流站，总路径长度为 1668.6km，航空直线距离为 1504km，曲折系数为 1.11。其中一般线路 1663.4km，两个大跨越（湘江大跨越和赣江大跨越）长度共 5.164km，途经四川、贵州、湖南、江西、浙江 5 个省级行政区。

10mm 冰区的平丘和一般山地地形采用 6×JL/G3A-900/40 钢芯铝绞线；10mm 冰区的高山地形和 15、20mm 冰区采用 6×JL/G2A-900/75 钢芯铝绞线；30、40mm 冰区导线采用 6×JLHA1/G1A-800/55 型钢芯铝合金绞线。10、15、20mm 冰区地线采用 LBGJ-150-20AC 铝包钢绞线。30、40mm 冰区地线采用 LBGJ-240-20AC 铝包钢绞线。

设计风速取值为 10m 高、100 年一遇、10min 平均最大风速，即设计基准风速取 27、28、29、30m/s 共 4 种。设计覆冰有 10mm 轻冰，15mm 中冰，20、30mm 和 40mm 重冰等冰区。

2 路径

溪浙工程线路自西向东，西起四川省宜宾市溪洛渡换流站，途经四川省泸州市，贵州省遵义市、铜仁地区，湖南省湘西土家族自治州、怀化市、常德市、益阳市、长沙市，江西省宜春市、南昌市、抚州市、鹰潭市、上饶市，浙江省衢州市，最后接入金华市正新屋西侧的浙西换流站，共计 5 省 16 市，线路路径长度为 1668.6km。

线路沿线地形比例为：平地 7.8%、丘陵 21.3%、泥沼 3.50%、河网 4.9%、山地 42.8%、高山 19.7%。线路经过地区的海拔为 20～1587m。

3 气象条件

3.1 工程气象特点

溪浙工程途经四川、贵州、湖南、江西和浙江 5 省份，沿线地形地貌变化大，气候差异悬殊，大风、覆冰情况较为复杂，沿线经过的区域主要为亚热带季风气候区，总的气候特点是季风显著、四季分明、气候温和、雨量充沛。

3.2 基准设计风速取值及风区划分

通过对区域各气象站最大风速系列修正为 10min 平均最大风速，高度修正为基准高度 10m，采用极值 I 型分布进行频率分析计算，得出离地 10m 高 100 年一遇最大风速计算成果，综合气象台站设计风速，并结合沿线地形地貌及已运行线路设计风速综合分析，确定全线基准设计风速为 27、28、29、30m/s。

3.3 设计覆冰厚度及冰区划分

根据沿线气象站观冰情况和已运行线路设计冰厚、运行现状，确定本标段设计覆冰厚度为 10、15、20、30、40mm。

溪浙工程全线设计气象按照冰、风区组合，共有 9 个气象区。

4 导、地线

4.1 导、地线型式

4.1.1 轻、中冰区导线选型

根据±800kV 特高压直流输电线路工程的特点，在导线选择时，综合考虑电气特性、机械性能、经济性等因素，在 10mm 冰区的平丘和一般山地地形采用 6×JL/G3A-900/40 钢芯铝绞线；10mm 冰区的高山地形和 15、20mm 冰区采用 6×JL/G2A-900/75 钢芯铝绞线；30、40mm 冰区导线采用 6×JLHA1/G1A-800/55 型钢芯铝合金绞线。导线分裂间距为 450mm。

溪浙工程局部区段试用铝合金芯铝绞线 JL/LHA2-620/350 替换 JL/G2A-900/40 钢芯铝合金绞线。

4.1.2 重冰区导线选型

由于重冰区海拔高、地形和气象条件复杂，重冰区导线在电气和机械性能两方面的要求都较轻冰区更为严格。导线电晕损失、电晕可听噪声和无线电干扰等问题尤为突出；重冰区线路易发生过载冰和不均匀冰引发的断线、断股事故，危及线路的安全运行。

经过电气、机械特性及经济性能分析比较，在保证送电线路的安全可靠性及稀有条件下的过载能力，20mm 冰区导线采用与中冰区一致的 6×JL/G2A-900/75 导线；30、40mm 冰区导线采用 6×JLHA1/G1A-800/55 型钢芯铝合金绞线。

溪浙工程导线特性参数如表 1 所示。

表 1　　溪浙工程导线特性参数

项目 \ 导线型号		JL/G3A-900/40-72/7	JL/G2A-900/75-84/7	JL/LHA2-620/350	JLHA1/G1A-800/55
结构股数×直径（mm）	铝	72×3.99	84×3.69	48×4.06	
	钢（铝合金）	7×2.66	7×3.69	（37×3.48）	7×3.20（45×4.80）
截面积（mm^2）	铝	900.26	898.30	621.42	
	钢（铝合金）	38.90	74.86	（351.92）	56.3（814.3）
	总截面	939.16	973.16	973.34	870.6
外径（mm）		39.9	40.6	40.6	38.4
计算质量（kg/m）		2.818 1	3.104 7	2.690	2.69
拉断力（kN）		203.39	235.80	198.05	318.43
铝钢比		23.14	12		
弹性模量（MPa）		60 800	65 800	55 000	63 700
安全系数		2.5	2.5	2.5	3.36
线膨胀系数（$\times10^{-6}$，1/℃）		21.5	20.5	23	20.8
20℃直流电阻（Ω/km）		0.031 9	0.032 0	0.031 0	—
最大使用应力（MPa）		82.295	92.08	77.32	90.032
平均运行应力（25%σ_b）MPa		51.43	57.55	48.325	75.627

4.2　地线选型

特高压直流线路，地线上的感应电荷较大，使得地线表面电场强度很大，当超过其起始电晕电场强度时，地线亦会出现电晕损失、无线电干扰和可听噪声等问题，因此地线选择不仅需考虑机械、电气、防腐等因素外，还需满足电晕要求。

参照以往 500kV 交、直流线路设计和运行经验，溪浙工程地线采用导电性能好、单重轻、表面光洁度较好、耐腐蚀性能强、运行寿命长等优点的铝包钢绞线。

经机械特性计算和覆冰过载能力校验，轻、中冰区和 20mm 重冰区地线采用 LBGJ-150-20AC 铝包钢绞线；30、40mm 重冰区地线采用 LBGJ-240-20AC 铝包钢绞线。

溪浙工程地线特性参数如表 2 所示。

表 2　　溪浙地线特性参数

项目 \ 地线型号	LBGJ-150-20AC	LBGJ-240-20AC
适用冰区	10、15、20mm 冰区	30、40mm 冰区
结构：股数×直径（mm）	19×3.15	19×4.0
截面积（mm^2）	148.07	238.76
外径（mm）	15.75	20.0
计算质量（kg/m）	0.989 4	1.595 5
拉断力（kN）	178.57	315.2
安全系数	4.0	4.0
弹性模量（MPa）	147 200	147 200
线膨胀系数（$\times10^{-6}$，1/℃）	13.0	13.0
20℃直流电阻（Ω/km）	0.580 7	0.360 1

4.3 导、地线防振、防舞动

4.3.1 导、地线防振

10mm 和 15mm 冰区，600m 以下档距导线采用阻尼间隔棒防振，大于 600m 的档距增设防振锤；地线采用防振锤防振。20、30、40mm 重冰区，导、地线采用预绞丝护线条保护，并适当控制导、地线张力取值。

4.3.2 间隔棒安装

10mm 和 15mm 冰区，档距 1000m 以下平均次档距取 60m，最大次档距取 66m；档距 1000m 及以上平均次档距取 55m，最大次档距取 60m。20mm 冰区，平均次档距取 50m，最大次档距取 55m。30mm 冰区，平均次档距取 40m，最大次档距取 44m。40mm 冰区，平均次档距取 35m，最大次档距取 38m。最大次档距为平均次档距的 1.1 倍。

4.3.3 防舞

防舞动装置情况如下：

（1）对于 2 级舞区，采用线夹回转式间隔棒，并预留安装双摆防舞器的位置。

（2）1 级舞动区部分区段采用安装线夹回转式间隔棒、试用动力减振器的防舞措施。

（3）0 级舞动区（1 级舞动区边缘）一般预留双摆防舞器安装位置的防舞措施。线路设计时预留出杆塔荷载裕度和导线对地弧垂裕度。

（4）根据国家电网公司文件，对装设和预留防舞动装置的区域，耐张塔及紧邻耐张塔的悬垂塔的防松螺栓（防盗螺栓除外），全塔采取双帽的防松措施，并适当缩小档距，在跨越重要铁路和高速公路时尽量采用耐—直—直—耐的形式。

5　污区划分及绝缘配置

5.1　绝缘配合的深化研究成果

目前溪浙工程为第二代特高压直流线路，在总结第一代向上、云广、锦苏±800kV 直流线路绝缘配合取值基础上，为合理确定绝缘配置水平，在绝缘配合方面主要开展了下列深化研究：

（1）通过开展长串特高压等级条件下的污闪试验，明确了绝缘子污闪电压与绝缘子串长的线性比例，避免了在两者电压相差很多时，直接从短串污闪试验数据外推至长串的外绝缘设计参数所产生的误差，为外绝缘设计提供了更为准确的依据。

（2）在不同的表面憎水性状态下深入研究复合绝缘子外绝缘污闪特性，优化了复合绝缘子长度，较第一代特高压直流线路在不同污秽条件下缩短了 1.55～2.6m。

（3）通过对重冰区在不同污秽条件下冰闪电压的研究，确定了不同污区条件下的绝缘子片数，为尽量减少串长，在重冰区采用外伞型绝缘子。

（4）对不同过电压水平条件下，线路采用分段绝缘设计进行分析，结合串长因素，全线统一按 1.6p.u.的操作过电压水平进行绝缘设计，对线路经济性不产生影响。

（5）通过对不同海拔地区空气间隙操作冲击闪络特性的深化研究，优化了操作过电压间隙，其成果已应用于溪浙工程。

5.2　污区划分及盐密取值

5.2.1　本工程盐密设计值

根据直流线路积污的研究成果，确定绝缘子盐密、灰密及其上下表面积污率比,如表 3 所示。

表 3　　盐 密 设 计 值

污秽等级	轻污区	中污区	重污区
盐密（mg/cm^2）	0.05	0.08	0.15
灰密（mg/cm^2）	0.30	0.48	0.90
上下表面积污率比	1∶5	1∶8	1∶10

5.2.2　污区划分

全线污区划分如表 4 所示。

表4　　全线污区划分表

污秽等级	轻污区	中污区	重污区
比例（%）	24.7	31.4	43.9

5.3 绝缘子型式选择

5.3.1 绝缘子污闪性能

在相同污秽条件下，钟罩型瓷绝缘子和玻璃绝缘的污闪电压要明显高于外伞型的双伞和三伞绝缘子。三伞和双伞绝缘子的单片闪络电压相近。外伞型绝缘子积污特性较好，为钟罩型绝缘子的2/3。

对于复合绝缘子而言，考虑其弱憎水性，其污闪性能优于其他型式的绝缘子。

5.3.2 绝缘子型式

盘式、棒式等绝缘子均可应用于特高压直流线路，通过绝缘子污闪性能的比较，溪浙工程在轻、中冰区悬垂和跳线选用棒式复合绝缘子，耐张串主要采用盘型绝缘子。

5.3.3 绝缘子强度选择

绝缘子的机械强度安全系数如表5所示。

表5　　绝缘子的机械强度安全系数

工　　况	安全系数
最大使用荷载	2.7（3.0）
断线情况	1.8
断联情况	1.5
常年荷载情况	4.0

注　（）中指复合绝缘子的安全系数。

根据所选导线型号，210、300、420、550kN级绝缘子将作为线路主要使用的悬垂绝缘子串型式。溪浙工程耐张串采用550kN绝缘子，760kN绝缘子可以在平地地区试挂，为后续工程积累经验。

5.4 绝缘配置

5.4.1 轻冰区、中冰区绝缘配置

（1）悬垂串及跳线串。悬垂串及跳线串采用复合绝缘子。轻、中冰区不同污秽区及不同海拔的复合绝缘子配置如表6所示。

表 6　　轻、中冰区复合绝缘子配置情况

海拔（m）＼污秽等级	轻污区（0.05mg/cm²）	中污区（0.08mg/cm²）	重污区（0.15mg/cm²）
	复合绝缘子串长度（m）/爬电比距（m）		
1000m	9.6/36.96	9.6/36.96	10.6/40.81
1600m	9.6/36.96	10.6/40.81	11.0/42.35

（2）耐张串。耐张串主要采用 550kN 强度的钟罩型或三伞型盘式绝缘子，可在 JL/G3A-900/40 导线、10mm 冰区、施工和运行条件好的区段试用 760kN 绝缘子。轻、中冰区耐张绝缘子串片数配置如表 7 所示。

表 7　　轻、中冰区耐张绝缘子串片数配置

污秽等级＼每串片数（片）＼海拔（m）		1000	1600
轻污区（0.05mg/cm²）	300kN（钟罩型）	56	58
	550kN（钟罩型）	54	56
	550kN（三伞型）	46	48
	760kN（钟罩型）	49	51
中污区（0.08mg/cm²）	300kN（钟罩型）	71	74
	550kN（钟罩型）	67	70
	550kN（三伞型）	57	60
	760kN（钟罩型）	58	60
重污区（0.15mg/cm²）	300kN（钟罩型）	83	86
	550kN（钟罩型）	74	77
	550kN（三伞型）	69	72
	760kN（钟罩型）	68	71

5.4.2 重冰区绝缘配置

（1）悬垂串及跳线串。悬垂串和跳线串采用外伞型（双伞或三伞）盘式绝缘子。对于海拔 1000m 以上地区，每增加 1000m 海拔绝缘片数增加 6%修正，配置如表 8 所示。

表8　　重冰区悬垂串配置（外伞型绝缘子）

污区 \ 海拔（m）		1000	1600
轻污区（0.05mg/cm^2）	210kN	71	73
	300kN	62	64
	400kN	59	61
	550kN	50	52
中污区（0.08mg/cm^2）	210kN	85	88
	300kN	74	77
	400kN	70	73
	550kN	60	62
重污区（0.15mg/cm^2）	210kN	97	101
	300kN	85	88
	400kN	81	84
	550kN	69	72

（2）耐张串。耐张串采用550kN钟罩型或三伞型盘式绝缘子，片数与轻、中冰区相同，配置如表9所示。

表9　　重冰区耐张绝缘子串片数

污秽等级 \ 每串片数（片） \ 海拔（m）		1000	1600
轻污区（0.05mg/cm^2）	550kN（钟罩型）	54	56
	550kN（三伞型）	46	48
中污区（0.08mg/cm^2）	550kN（钟罩型）	67	69
	550kN（三伞型）	57	59
重污区（0.15mg/cm^2）	550kN（钟罩型）	74	77
	550kN（三伞型）	69	72

5.5 空气间隙

操作过电压倍数按1.6p.u.设计。各工况不同海拔下空气间隙要求如表10所示。

表10　　各工况不同海拔下的空气间隙值

海拔 H（m）	500	1000	1600
工作电压间隙值 S（m）	2.1	2.3	2.4
操作过电压间隙值 S（m）	4.9	5.3	5.7

6　防雷接地

6.1　防雷设计

主要采取如下防雷措施：

（1）全线采用双地线，铁塔地线对外侧导线的保护角不大于−10°。

（2）+15℃，无风时，在档距中央，导线与避雷线间距离按下列公式计算

$$S \geqslant 0.015L+U_m/500+2$$

式中　S——导线与地线在档距中央的距离，m；

L——实际档距，m；

U_m——系统最高电压，kV。

6.2　接地设计

（1）根据不同的土壤电阻率，选取方框加水平射线的接地装置和带接地模块的接地装置，在四川、贵州、湖南境内高土壤电阻率地段试用离子接地装置。

（2）对土壤腐蚀地区，根据腐蚀程度及地下水情况选用导电防腐材料。

（3）在距离接地极 10km 范围内的杆塔采取特殊接地和防腐蚀措施。

7　绝缘子串和金具

7.1　绝缘子串组装形式

7.1.1　导线悬垂串

轻、中冰区导线悬垂 V 型复合绝缘子串采用每肢 240、300、400、550kN 单双联型串。L 型串用于直线小转角塔，采用双 300、400、550kN 型式，挂点采用双挂点方式。

20mm 冰区导线悬垂 V 串可采用每肢单联 400、550kN 和双联 300、400、550kN 绝缘子串组合。

30、40mm 冰区导线悬垂 V 串可采用每肢双联 300、400、550kN 绝缘子串组合。

为防止重冰区不均匀覆冰和脱冰跳跃时联间绝缘子串受力不均或碰撞，重冰区双联 V 型串均采用单挂点方式。

7.1.2　导线耐张串

耐张串采用 3×550kN 绝缘子，2×760kN 绝缘子在平地地形 6×JL/G3A-900/40 导线试用，40mm 冰区采用 550kN 四联串。

7.1.3　联间距

溪浙工程导线绝缘子串联间距取值如表 11 所示。

表 11 导线绝缘子串联间距

冰区	悬垂串	耐张串
轻冰区	650mm	650mm
重冰区	800mm	1000mm

7.2 跳线形式

跳线采用双 V 串笼式硬跳线方案，轻冰区跳线串采用 160kN 绝缘子组装成双 V 串，重冰区跳线串采用 210kN 绝缘子组装成双 V 串。V 串夹角不小于 80°。

7.3 地线金具串

地线悬垂金具串采用单、双联组装成串，耐张串采用单联组装成串。

悬垂和耐张线夹拟采用预绞丝式线夹。

8 极间距、对地距离及交叉跨越

（1）极间距离。溪浙工程杆塔最小极间距较向上、锦苏线较少了约 10%。

（2）对地距离。根据溪浙工程专题研究，导线对地面的最小距离取值详见表 12。

表 12 导线对地面的最小距离

序号	线路经过地区	最小距离（m）	计算条件
1	居民区	21.0	导线最大弧垂时
2	非居民区（农业耕作区）	18.0	导线最大弧垂时
3	非居民区（人烟稀少的非农业耕作区）	16.0	导线最大弧垂时

注 对人员活动频繁的海拔大于 1000m 地区，对地距离按海拔每升高 1000m 增加 6%考虑。

（3）交叉跨越距离。导线对各种交叉跨越距离由电场强度、电气绝缘间隙和其他因素决定，根据本工程专题研究，交叉跨越距离基本参照 GB 50790—2013 推荐值选用。

9 铁塔及基础

9.1 铁塔

（1）工程全线采用角钢塔，按照安全可靠、经济合理的原则优先选用 Q420B 大规格角钢。

（2）为便于大规格角钢在山区中的运输和安装，原则上要求单根构件质量控制在 1t 以内。大规格角钢肢宽 220mm 最大厚度 26mm，肢宽 250 最大厚度 32mm。一般肢宽 125mm 及以上的规格最长长度控制在 12m 以内，肢宽 125mm 以下规格的构件长度控制在 9m 以下。

（3）最短腿地面以上 10m 范围内的铁塔螺栓采用防卸螺栓，挂点连接构件采用双帽螺栓，其余螺栓均采用增加一个薄螺母方式的防松措施。

（4）舞动区按国家电网基建（2010）755 号文件《国家电网公司新建线路防舞设计要求》规定执行。

（5）铁塔主材上设置登塔脚钉，对角安装，全高 70m 以上的铁塔，在适当位置设置简易检修平台，平台外围设置安全护栏。

（6）除大跨越直线塔外的其他铁塔均安装防坠落装置。

（7）针对下引跳线在山区可能造成对地开方或者砍树的问题，设计了跳线上绕耐张塔，既能满足对地距离要求，也节省了线路造价，避免了开土方或大代价的升高塔高的问题，在经济效益和社会环境效益上有重要的意义。

（8）取消了以往特高压直流线路耐张塔的顺线路方向的跳线挂架，将跳线绝缘子串直接挂于塔身，塔重可减轻约 3%。另外将跳线绝缘子串按“八”字型偏挂，一方面便于运行检修，另一方面增加了跳线对地距离，对于高边坡的塔位，降低了塔高。

（9）工程沿线交叉跨越较多，考虑到为采用独立耐张段跨越铁路、高速公路等重要交通设施，要人为设置一些小角度的耐张塔或直线耐张塔。为降低小角度耐张塔或直线耐张塔的塔重，杆塔规划时增加一种 0°～5° 不锚线耐张塔塔型。该塔应用在导地线张力平衡的条件下，由于不采用锚线工况，铁塔单基钢材指标较 0°～20° 常规耐张塔平均减少 5%左右，降低了工程造价，具有较好的经济效益。

9.2　基础

9.2.1　基础类型

根据工程地质特点，可将地基概括为四大类：① 黏性土地基；② 碎石土地基；③ 岩石地基；④ 特殊土（红黏土、软土）地基。根据不同地基土特性选择合理的基础型式。

9.2.2　基础防腐处理

根据侵蚀性 CO_2 的腐蚀机理，结合相应的规程、规范及有关工程经验，提出了针对不同腐蚀程度的侵蚀性 CO_2 的处理方案，主要采取增加混凝土强度等级、加大水泥用量以及使用 HCPE 涂层的处理措施。

9.2.3　不良地基土处理

沿线主要不良地质作用有红黏土、软土、溶洞、采空区以及滑坡等。

（1）红黏土地基处理。工程沿线红黏土地区覆盖层均较浅，对覆盖层较浅的塔位采用基础深埋穿透红黏土覆盖层。

（2）软土地基处理。在软土地区，基础采用大板基础或灌注桩基础型式。大板基础的地基可以采用碎石或块石垫层处理。

（3）溶洞区处理。对于有岩石溶洞地区现场终勘定位时，设计单位塔位选择应尽量避开岩石溶洞。无法避让的岩溶地基，根据具体情况采用如下基础设计方案：

1）对于浅层溶洞、岩溶裂隙可以可采用挖填方式处理；

2）对于埋藏深、洞径大的溶洞可采用灌填处理；

3）对埋藏较深、直径较小的溶洞，且洞旁的承载力和稳定性较好时可采用梁板跨越处理。

（4）岩溶塌陷区处理。工程部分塔位位于岩溶塌陷区，根据地质钻探情况，将塔位移动至塌陷区的安全岛上，杆塔采用深桩基础，桩端均进入稳定基岩，嵌入深度不小于 1 倍桩径，塌陷区边界附近塔位采用多桩承台基础，保证线路安全。

（5）采空区处理。线路路径选择时应尽量避开采动影响区。无法避让时，一般根据采厚比大小和顶板岩土性质采用地脚螺栓加长、大板基础及预留塔高等处理措施。

9.2.4 塔基环保措施

工程塔基主要环保措施为：

（1）合理选择基础型式；

（2）长短腿与不等高基础配合设计；

（3）基础钢构架；

（4）基坑开挖和弃土处理；

（5）塔基排水措施。

9.2.5 基础钢材

（1）基础钢筋主筋采用 HRB400，其他钢筋采用 HPB300。

（2）地脚螺栓采用 35 号钢（最大直径 76mm）和 42CrMo 合金钢（最大直径 72mm）。当按选用 35 号地脚螺栓超过 4 个时可考虑采用 42CrMo 合金钢，且应采用双头地脚螺栓，42CrMo 合金钢地脚螺栓的抗拉强度设计值取 310N/mm^2。地脚螺栓禁止火曲。

（3）中、强腐蚀地区基础的 HRB400 钢筋强度设计值按 300N/mm^2 取值。

（4）插入式角钢材质同塔腿主材。

2012

特高压直流输电技术研究成果专辑

第 5 章 ±800kV、8000MW 特高压直流换流站工程专题研究

第 1 节　特高压直流输电工程容量提升专题研究

1　引言

额定直流电压±800kV、输送容量 8000MW 的直流输电工程在既往工程基础上输送容量进一步提升，对设备通流能力和耐热能力提出了更高的要求。哈郑工程常规送电方向为从哈密南换流站至郑州换流站，额定直流电压±800kV、额定直流电流 5000A、额定输送容量 8000MW。与额定输送容量 7200MW 的锦苏工程相比，哈郑工程输送容量及直流电流在锦苏工程基础上进一步提高了 10%。额定直流电流的提高，对换流站内主设备及交直流通流设备均带来不同程度的影响。以哈郑工程为依托，直流建设部组织设计方协同设备生产方对特高压直流输电工程提升输送容量至 8000MW 后设备的通流能力和耐热能力进行了研究。本节对研究成果进行了论述。

2　特高压直流容量增加对换流阀的影响研究

2.1　工程过负荷要求对比

哈郑工程常规送电方向为从哈密南换流站至郑州换流站，额定直流电压±800kV，额定容量 8000MW。

在最大环境温度下不投入备用冷却设备的条件下，长期运行能力为 1.0p.u.，2h 过负荷能力为 1.05p.u.，3s 过负荷能力 1.20p.u.。

2.2　换流阀冷却系统简介

对于换流阀设备来说，系统绝缘水平决定了换流阀中需要串联的晶闸管元件的数量，而系统电流水平决定了需要选用多大尺寸的晶闸管元件，以及选用多大冷却容量的冷却系统。

通过对晶闸管元件的研发及试验，在锦苏工程中使用的大直径 6in 晶闸管元件的稳态通流能力在 6000A 以上，仍然可以满足哈郑工程系统过负荷能力的要求。但随之而来的问题就是通流水平提高后，晶闸管元件以及阀组件中的阻尼元件发热量也会增大，如何有效地带走这些热量，使换流阀内各部件工作在理想的温度下就成为了哈郑工程输送容量提高到 8000MW 需要解决的重要问题。

晶闸管换流阀冷却系统分为内冷系统与外冷系统。内冷系统采用水冷却方式，内冷水与换流阀可控硅元件进行了热交换而升温，须经过二次冷却（即外冷）降低水温后再进入换流阀进行冷却。换流站对阀冷却系统的要求是提供足够的冷却容量，使内冷水温度降至可保证阀组正常运行的范围内。在锦苏工程中，阀外冷却方式采用水冷却。

二次水喷淋冷却系统（水冷）原理简图见图 1。

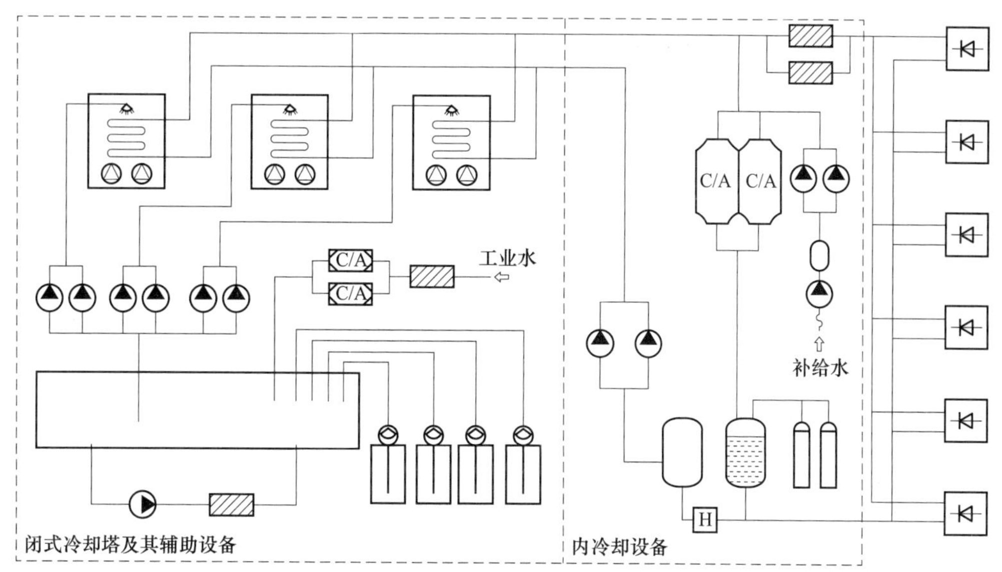

图 1　二次水喷淋冷却系统原理简图

提高换流阀的冷却能力可以从换流阀内冷却系统及换流阀外冷系统两方面来考虑。如果需要提高换流阀的冷却能力，可以提高现有工程换流阀的内冷却系统冷却介质流量，从而增大单位时间内冷却系统散热能力。如果考虑这种方案，则需要对阀内冷系统主水泵进行改造，增大主水泵扬程，达到提高换流阀内冷水流量的要求。

同样的，也可以考虑对换流阀外冷系统进行改造而提高换流阀的冷却能力，由于换流阀外冷系统主要依靠控制换流阀的进出水温度来保证对换流阀本体的冷却。因此可以考虑在维持换流阀出水温度要求不变的前提下，进一步降低换流阀进水温度的要求，这样就使得换流阀内冷系统不改变流量流速的情况下，可以通过温度更低的冷却介质来提高换流阀系统的通流能力。而降低换流阀进水温度控制范围，需要外冷系统提供更高的散热容量。

2.3　换流阀冷却系统的决定要素

（1）晶闸管的结温。晶闸管在稳态运行条件下，通常不能超过它的 90℃额定温度。由于这个原因，要求晶闸管换流阀在承受一个周波的阀峰值短路电流之后，应保持完全的闭锁能力，以保证在额定功率下 T_j 低于 90℃。

晶闸管的结温计算如下

$$T_j = Z_{thja}(t_{ov})\Delta P + R_{thja}P_{Tcon} + T_{mean}$$

式中　T_j——晶闸管结温，℃；

t_{ov} ——过载时间范围，s；

Z_{thja} ——热阻（与时间有关），K/kW；

R_{thja} ——热阻，K/kW；

P_{Tcon} ——连续运行时晶闸管的损耗，kW；

ΔP ——短时过载时晶闸管的损耗与 P_{Tcon} 的差值，kW；

T_{mean} ——冷却水的平均温度，℃。

对于短路故障计算，按短路电流46kA，故障前晶闸管结温为90℃进行。

为保证晶闸管元件的耐压性能，在单峰波故障电流时晶闸管结温应不超过如下水平：① 故障开始时，90℃；② 达最高温度时，160℃；③ 在短路电流结束时，150℃；④ 在重新施加工频正向电压时，140℃；⑤ 在重新施加的工频正向电压峰值处，130℃。

同样的，在多峰波故障电流时，晶闸管结温不超过如下水平：① 故障开始时，90℃；② 达最高温度时，220℃；③ 在倒数第二个短路电流峰波结束时，175℃；④ 在重新施加的工频正向电压峰值处，165℃。

（2）换流阀的水路设计方式。在哈郑工程中，除采用锦苏工程中ABB及SIEMENS技术换流阀外，还采用了国产化的换流阀设备。综合各换流阀技术方案，阀塔内水冷回路设计有两种方式：

1）串联水路方式。ABB技术路线的换流阀通常采用串联水路的设计方式，冷却水管连接在双重阀的上部，进出水管沿着阀体螺旋向下。阀层之间，采用弯曲水管，使阀内主水管中的杂散电流维持在很低的水平。水管内插入铂电极，控制冷却剂的电位。去离子冷却水流入晶闸管换流阀，然后采用并联方式分配给各个组件,组件内的水路采用串联方式。原理如图2所示。

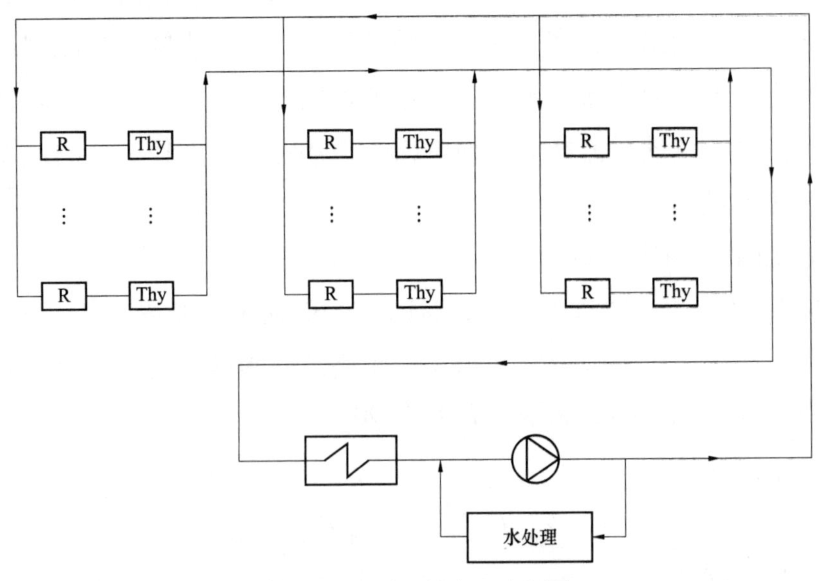

图2　ABB阀冷原理示意图

串联水路方式晶闸管阀层的水分配如图 3 所示。

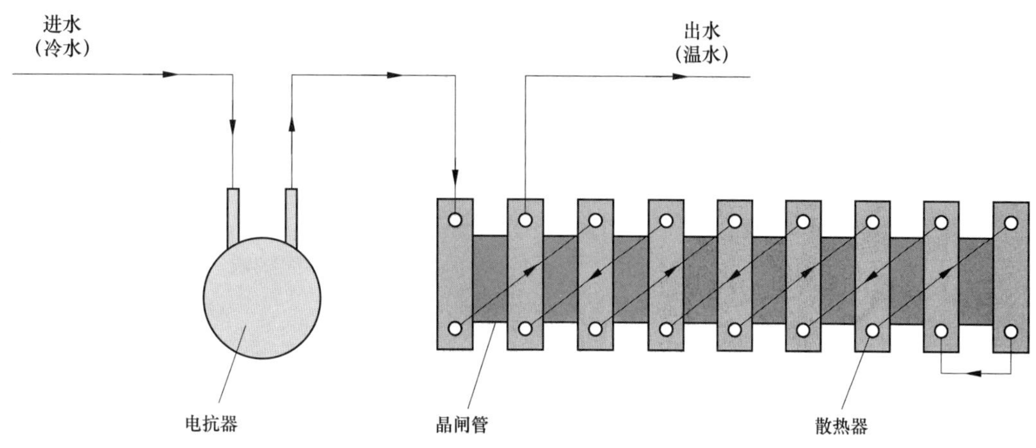

图 3 串联水路方式晶闸管阀层的水分配

2）并联水路方式。并联水路设计方式中每个阀塔都有各自的冷却回路，冷却回路由两个供水管和两个出水管构成，如图 4 所示。水管从阀塔顶部引入，贯穿整个阀塔，在满足绝缘要求的同时，也采用了柔性连接，有效隔离了振动时的相互影响，将发生损坏的风险降到了最低。每个组件的供水管和出水管都与阀塔的主水管并联连接。

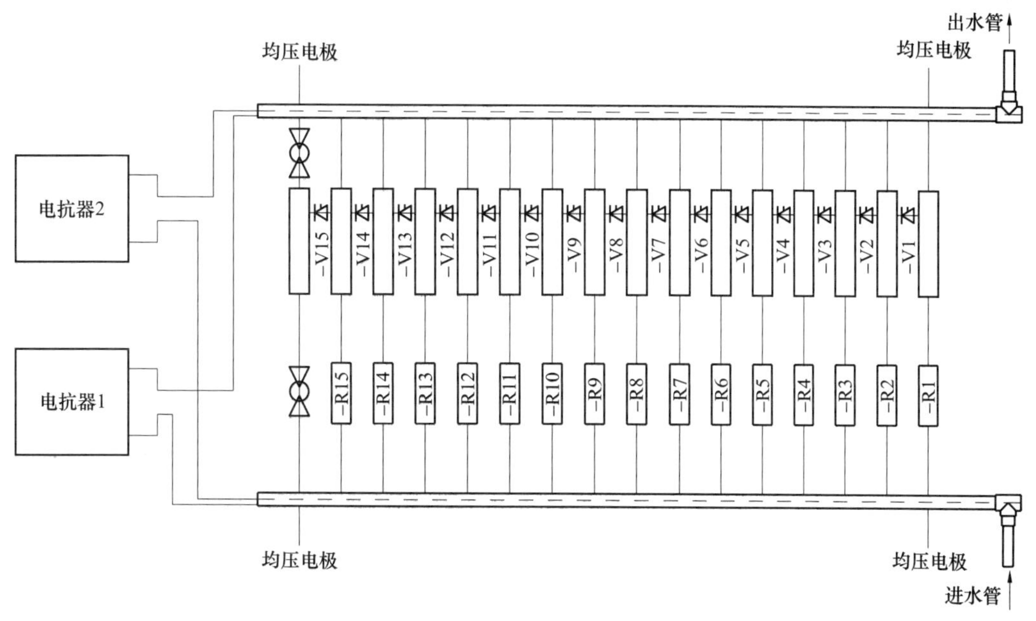

图 4 并联水路中晶闸管阀水路连接

对于串联水路设计，通常冷却介质流速较快，对于冷却水管的压力也相对较大。而对于并联水路设计，冷却介质流量较大，对冷却水管的压力相对较小。

通常在工程设计中，通过对晶闸管元件结温的计算研究，绝缘要求决定了晶闸管的结温，从而确定了冷却系统的总容量，水路设计特点决定了冷却系统的流量、流速以及进出水温度等参数。

2.4 增容前后换流阀冷却系统参数比较

对比锦苏工程与哈郑工程，通过换流阀损耗计算及冷却系统研究，得到了系统输送容量提升前后换流阀冷却系统参数的不同数据。

锦苏工程和哈郑工程的参数分别如表 1～表 4 所示。

表 1　锦苏工程送端裕隆换流站换流阀冷却系统技术参数表（SIEMENS 技术）

	参　数
1. 冷却介质	0%乙二醇+100%纯水
2. 12 脉动组最大损耗（湿球温度 27.6℃、无冗余）	4900kW
3. 12 脉动组流量	
3.1　额定流量	4400L/min
4. 12 脉动阀组压差	
4.1　最小流量时	≥0.5MPa
4.2　最大流量时	≤0.6MPa
5. 电导率（无温度补偿）	
5.1　一级报警	＜0.5μS/cm
5.2　二级报警	＜0.7μS/cm
5.3　推荐运行点	＜0.3μS/cm
6. 最大进阀压力	0.75MPa
7. 最大进水温度	
7.1　跳闸温度	45℃
7.2　运行设置点	42℃
7.3　进水温度范围	5～45℃
8　最大出水温度	62℃

表 2　锦苏工程受端同里换流站换流阀冷却系统技术参数表（ABB 技术）

名　称	参　数
冷却系统额定冷却容量	4306kW
冷却系统额定流量	79L/s
换流阀最高进水温度	39.1℃
换流阀最高出水温度	51.0℃
冷却介质	去离子水

续表

名　称	参　数
冷却介质电导率值	<0.1μS/cm
去离子回路电导率值	<0.1μS/cm
pH 值	7±0.25
主循环过滤精度	100μm
试验压力	≥1.6MPa
溶解氧含量	$<200\times10^{-6}$
补给水源电阻率	≥0.1MΩ·cm
流量为零时换流阀不跳闸时间	15s

表 3　哈郑工程送端哈密南换流站换流阀冷却系统技术参数表（自主化技术）

名　称	参　数
冷却系统额定冷却容量（每阀厅）	5050kW
阀冷系统最高进水温度	45℃
阀冷系统最高出水温度	64℃
冷却介质	100%纯水
阀冷系统额定流量	70L/s
阀冷系统设计压力	1.2MPa
阀冷系统试验压力	1.6MPa

表 4　哈郑工程受端郑州换流站换流阀冷却系统技术参数表（自主化技术）

名　称	参　数
冷却系统额定冷却容量（每阀厅）	4600kW
阀冷系统最高进水温度	48℃
阀冷系统最高出水温度	61℃
冷却介质	100%纯水
阀冷系统额定流量	87.5L/s
阀冷系统设计压力	1.0MPa
阀冷系统试验压力	1.6MPa

充分考虑现场气候条件，通过增加换流阀冷却系统的冷却容量，增大外冷器喷淋塔的散热面积，并降低换流阀的进水温度，可以实现将晶闸管的结温控制在设计允许的范围内。通过对锦苏、哈郑两个特高压工程换流阀水冷系统参数的对比可以看出，在系统额定直流电流由 4500A 提高到 5000A，3s 过负荷电流由 5625A 提高到 6321A 的情况下，换流阀冷却系统容量约提高了 7%左右，从而实现了额定输送容量的提高。

3　特高压直流容量增加对换流变压器的影响及研究

3.1　提高输送容量前后变压器主要参数比较

哈郑工程在最大环境温度下不投入备用冷却设备的条件下，长期过负荷能力为1.0p.u.，2h 过负荷能力为 1.05p.u.，3s 过负荷能力 1.20p.u，哈郑工程提高输送容量后工程设计的过负荷能力为 9600MW，电流约 6321A。换流变压器等主要设备均需按这个要求进行设计。

表 5　　哈密南换流站提高输送容量前后换流变压器主要参数

项　　目	提高输送容量前	提高输送容量后
额定输电容量	7200MW	8000MW
单台换流变压器容量	363.4MVA	405.2MVA
额定分接时短路阻抗	19%	20%
额定阀侧电压	171.3kV	171.88kV
额定阀侧电流	3674A	4083A
绕组型式	单相双绕组	单相双绕组

由表 5 可以看出，两种方案下，哈密南换流站换流变压器额定电压基本不变，额定容量及额定电流有所增大，换流变压器的短路阻抗也有所增大。提高输送容量后换流变压器的设计在很大程度上与锦苏工程换流变压器的设计相类似。变压器为单相双绕组变压器结构。

变压器本体的绝缘水平和试验电压在提高输送容量前后基本相同，如表 6 所示。

表 6　　换流变压器绝缘水平

名　　称		网侧绕组（kV）	阀侧绕组（kV 或 kV，DC）			
			Y1	△1	Y2	△2
雷电全波 LI	端 1	1550	1800	1550	1300	1175
	端 2	185	1800	1550	1300	1175
雷电截波 LIC（型试）	端 1	1705	1980	1705	1430	1293
	端 2	—	1980	1705	1430	1293
操作波 SI	端 1	1175	—	—	—	—
	端 2	—	—	—	—	—
	端 1+端 2	—	1620	1315	1175	1050
交流短时外施（中性点）	端 1+端 2	95	—	—	—	—
交流短时感应	端 1	680	—	—	—	—
交流长时感应+局部放电	端 1（U1）	550	178	307	178	307
	端 1（U2）	476	154	265	154	265

续表

名称		网侧绕组（kV）	阀侧绕组（kV 或 kV，DC）			
			Y1	△1	Y2	△2
交流长时外施+局部放电	端 1+端 2	—	912	695	479	262
直流长时外施+局部放电	端 1+端 2	—	1258	952	646	341
直流极性反转+局部放电	端 1+端 2	—	970	715	460	205

对设备的温升进行了规定，规定如表 7 所示。

表 7　　换流变压器温升限值

顶部油温升	绕组平均温升	绕组热点温升	油箱、铁芯及结构件温升	短时过负荷绕组热点温度
50K	55K	68K	75K	120℃

要求采用大功率高性能冷却器，并规定三组冷却器投入使用时，变压器噪声水平为 78dB（A）。

3.2 变压器结构特点研究

哈密南换流站采用铁路运输，因此对换流变压器的运输外形尺寸有严格的要求，要求变压器的运输采用落下孔车，运输限制尺寸（长×宽×高）为 13 000mm×3500mm×4850mm，运输限制质量为 350t。为了提高变压器的可靠性，同时满足运输尺寸的要求，对送端换流变压器的设计需要采取了一系列创新措施：

（1）铁芯采用单相三柱带旁柱结构。根据上述主要技术参数和技术要求，对变压器采取两柱方案和三柱方案初步计算显示，两柱结构方案的运输宽度和高度将会超过 3500mm 和 4850mm 的运输限制，不能满足运输要求。因此，为了满足运输尺寸的要求，经过优化，变压器采用了单相三柱带旁柱结构。与提高输送容量前的两柱方案相比，三柱方案的运输宽度大幅度降低，但其铁芯长度明显加长，对夹件的强度及铁芯装配提出更高的要求。

换流变压器的铁芯要求采用优质的低耗能钢材，要求高端变压器型号优于 27D084，低端变压器优于 30D100。冷轧取向硅钢片，铁芯片采用六级接缝，铁芯柱外用高强度绑带绑扎。铁芯上下铁轭均用板式夹件夹紧，上下夹件通过拉板固定。铁芯两侧夹件用金属拉板拉紧，拉板与夹件间保持可靠绝缘。拉板用高强度钢板制造。能够承受短路机械力、线圈压紧及器身起吊时的拉应力。

（2）网侧引线和调压引线及有载调压开关都采用了外置方式。通过结构优化，三个单相有载调压开关分别放置在三个小油箱中，小油箱安装在变压器油箱的长轴侧，有效地缩短了变压器的运输长度，降低了油箱高度，减小了变压器的运输尺寸，产品的经济性也得到极大的提高。

调压引线需要从变压器主油箱引到开关小油箱，由于变压器调压级数多，调压引线的数量很多，在研制时充分考虑调压引线的机械距离和电气距离，并用软件对主油箱与开关小油箱连接法兰进行核算，确保金属结构件不会过热。

为了将换流变压器的运输尺寸控制在运输界限内，除了铁芯采用了三柱方案外，换流变压器引线结构方面采用了大量与以往不同的结构和设计，最大限度地降低运输高度及运输质量。网侧引线内置方案的变压器运输高度超过了运输限界的要求，为了降低运输高度和运输质量，此变压器采用了网侧引线外置方案。

采用网侧引线外置方案会使换流变压器的工厂制造和现场安装较常规换流变压器复杂，但通过这些措施的运用，能够解决大容量、超高电压换流变压器内陆运输的问题。

（3）所有换流变压器，不管其有几个主柱，绕组布置均为：铁芯—交流分接绕组—交流主绕组—直流绕组。

换流变压器的外部设计有直流套管，该套管穿过阀厅的墙壁，出现在面对阀厅的山墙上。交流中性点套管安装在油箱的背面，靠近冷却器。所有套管升高座的设计能够适应环绕在变压器后面和顶部的隔音装置。高、低端换流变压器，网侧并联主柱布置在油箱顶部，因此升高座结构像个电缆盒或设计成旁侧升高座，这两种结构都是解决交流 500kV 电压水平的很好方法。高端换流变压器的分接开关放置在沿变压器长轴方向布置的单独油箱中，共 3 个。这样是为了满足运输限制的要求，换流变压器的油箱设计在去掉矩形油箱上部和下部的角之后，能够适应严格的运输限制。

（4）换流变压器采用 OFAF 冷却方式。采用这种冷却方式有两个主要优点。

1）即使在冷却设备退出运行时，变压器仍然能够保持在额定容量下运行 25～45min 而不会发生任何过热损坏。

2）通过绕组的油流是自然的，由绕组发热引起油的自身流动，使得内外导向系统形成的绕组横向油道中油流入和流出速度限制在约 5cm/s 和 10cm/s，因而使得在可能出现“油流带电”问题的地方油流速度有了大约 10～20 倍的裕量。由于油流速度和临界水平比起来要小很多，所以由阀侧绕组绝缘系统的直流电压偏磁累积的表面电荷会受到影响。

（5）在换流变压器的机械布置方面，多数阀门都采用蝶阀，如冷却器的阀门。密封系统的构成是将带凹槽的橡胶圈置于结合部位的平面上。变压器油的膨胀系统为主储油柜加气囊的型式，而且在两个储油柜（主油箱和分接开关油箱）上都装有吸湿器。

提供 TEC（变压器电子控制系统）用于换流变压器监测，TEC 系统提供了监测变压器及其他几种功能。

（6）设计中对抗地震强度和运输应力进行了处理。在变压器设计中考虑了各个方向上的运输加速度。关于震动应力，对变压器内部和外部部件的机械承受能力都做了计算研究。

（7）随着输送容量的增加另一个突出的问题是耐受短路能力。第一个电流峰值和相应的短路力是对短路安全设计起着决定性作用的主要因素。作用在载流部件上的力与进入载流导体的磁通量和电流通路相垂直。对于同心布置方式的圆柱形绕组来说，磁通量主要是轴向的，尤其是在绕组的中高部位上。到了绕组端部，一部分磁通将呈放射状发散开来。由于漏磁通具有边缘效应（辐向位移），绕组电流在绕组中具有切线方向，这个力主要是沿辐向方向，且越是接近绕组端部，轴向分量的力越增加。采用基于有限元方法的高级解场程序来计算漏磁场，给定一组磁通量，就可以计算出每个导体元素上的力和每个绕组上整体累计起来的力。

（8）关于减噪的措施方面，可以采用 box-in 减噪措施，由围墙和顶整个组成的隔音设施。冷却器组安放在油箱上的固定支撑上，但是冷却器要安装在隔音设施的外面。隔音设施的顶能够和变压器一起进行移动，因此可以快速进行变压器的更换。同时设计时需要考虑提高输送容量后变压器降噪措施采用对变压器温升的影响。

（9）其他要求。充分考虑本体冷却器控制箱和冷却器端子箱的防振措施，由于该设备二次接线运行一段时间后容易松动，要求厂家选用截面较大的铜导线、优良的接线端子，以便接线牢固可靠。厂家在设计审查时提交相关设计，供运行单位审查。

换流变压器 TEC 柜放置于有空调的柜体内，空调柜由国内低端承包商对全站实施，其外形大小设计审查时确定。空调柜按 IP55 考虑，厂家根据柜内条件设计 TEC 柜。控制柜放置在 box-in 外，空调柜设置在 box-in 外。控制柜内应预留 2kW 空调柜所需的电源和接头。

换流变压器阀侧套管需安装 2 只 SF_6 密度继电器，同时采取 3 副独立的跳闸触点，同时安装气体密度检测装置，以模拟信号输送到后台。换流变压器厂家应对换流变压器的封堵工艺设计和材料提供建议，避免局部环流。

4 特高压直流容量增加对无功分组的影响及研究

4.1 无功消耗的计算

在 800kV/4500A 的特高压直流系统中，换流变压器的短路阻抗为 19%，绕组中承受的最大短路电流约 46kA。根据绕组使用的导体材料和设计原则，46kA 的短路电流接近于换流阀能够承受的电流动稳定极限。在交流系统条件不变的情况下，输送容量增加到 8000MW，若换流变压器的短路阻抗还为 19%时，那么绕组中承受的最大的短路电流将超过 46kA，为了保证换流阀的安全，需将换流变短路阻抗提高到 20%。

（1）7200WM 输送容量时的补偿容量。按输送功率为 7200MW，换流变压器的短路阻抗为 19%，计算双极正向全压运行时换流器的最大无功消耗，计算结果见表 8。

表 8　　输送功率 7200MW 时的最大无功消耗

参数	哈密南	郑州
U_{dR}	782kV	730.4kV
U_{dioR}	230.1kV	213.6kV
P_{convR}	7200MW	6689MW
α	17.5°	18°
μ_R	23.5°	23.5°
d_{xR}	10.19%	10.19%
Q_{dc}	4303Mvar	4041Mvar
Q_{ac}	−1600MVar	0
直流电阻	11.2Ω	

（2）8000WM 输送容量时的补偿容量。在常规功率传输方向和全直流电压双极运行方式下，当高压直流系统输送额定功率（8000MW，在哈密南/整流器交流母线侧）时，考虑在无功消耗量计算中可能的设备制造公差及系统测量误差等因素，使换流站无功消耗达到最大值，计算结果见 9。

表 9　　输送功率 8000MW 时的最大无功消耗

参数	哈密南	郑州
U_{dR}	791kV	749.2kV
U_{dioR}	234.91kV	218.71kV
P_{convR}	8000MW	7570MW
α	18°	18°
μ_R	24.16°	23.29°
d_{xR}	10.5%	10%
Q_{dc}	4940Mvar	4540Mvar
Q_{ac}	−1400MVar	0
直流电阻	10.56Ω	

（3）小结。与输送容量为 7200MW 工程相比，当输送容量增加到 8000MW 时，输送容量增加 10%，换流站的无功消耗也有所增加，送端换流站（哈密南）无功补偿容量增加 14.7%，受端换流站（郑州）无功补偿容量增加 12.4%。

4.2　电压波动

在忽略换流器影响的简化条件下，投切滤波器/并联电容器组时交流系统电压的波

动可由下式估计出

$$\Delta U_{AC} = \frac{Q_{filter}}{S_{sc} - \Sigma Q_{filter}}$$

式中　Q_{filter}——滤波器/并联电容器组投切时无功功率容量；

S_{sc}——交流系统的短路容量；

ΣQ_{filter}——完成投切后运行中的滤波器/并联电容器组的无功功率。

在计及换流器影响的条件下，投切滤波器/并联电容器组时交流系统电压的波动可由下式估计出

$$\Delta U_{AC} = \frac{Q_{filter} - \Delta Q_{converter}}{S_{sc} - \Sigma Q_{filter}}$$

式中　$\Delta Q_{converter}$——换流器无功消耗的变化量。

根据实际工程经验，换流站无功小组或无功大组投切引起的交流母线电压变化率应满足如下要求：

（1）当滤波器小组或并联电容器分组投切时，换流站交流母线暂态电压的波动一般不大于 1.5%～2%，可根据系统条件在规定的范围内确定限值；稳态交流母线电压变化则不应导致换流变压器有载调压分接头动作，通常取 1%。

（2）切除整个无功大组，即所有连在此大组中的电容器分组和滤波器分组都被同时切除，是一种非正常方式，大组切除不应用作无功功率控制，只能作为一种保护功能；切除无功大组时，系统允许的交流母线暂态电压的波动一般不大于 5%～6%，可根据系统条件在规定的范围内确定限值。

考虑采用哈密南、郑州换流站无功小组投切时暂态电压变化不超过 1.5%，无功大组切除时暂态电压变化不超过 5%～6%的标准。

在最小短路水平下，按照电压波动不大于 1.5%的要求，可估算出最大的分组容量。

按照无功小组投切时换流站交流母线暂态电压波动不超过 1.5%、稳态电压波动不超过 1%，无功大组切除时换流站交流母线暂态电压波动不超过 5%～6%控制，在规定直流小方式（送端 500kV 电网机组开机 2 台）下，则哈密南换流站无功小组容量不应超过 230Mvar；在直流大功率方式下（送端 500kV 电网机组开机超过 6 台），无功小组容量不应超过 280Mvar，无功大组容量不应超过 1150Mvar。

按照无功小组投切时换流站交流母线电压波动暂态不超过 1.5%，无功大组切除时换流站交流母线电压波动暂态不超过 5%～6%控制，郑州换流站的短路比取 4.0，则郑州换流站无功小组容量不应超过 290Mvar，无功大组容量不应超过 1300Mvar

综合以上分析，初步推荐的无功分组容量为：哈密南换流站无功小组容量可考虑

为230Mvar，可以考虑大小组分组方式，无功大组容量建议不超过1150Mvar；郑州换流站无功小组容量建议不超过290Mvar，无功大组容量建议不超过1300Mvar。根据上述分组结果，相应的电压变化见表10。

表10　无功分组容量

项　目	哈密南换流站			郑州换流站		
	分组容量（Mvar）	投入（%）	切除（%）	分组容量（Mvar）	投入（%）	切除（%）
投切小组暂态电压	230	1.42	1.44	290	1.15	1.15
投切小组稳态电压	230	1.03	1.03	290	1.06	1.06
切除大组暂态电压	1150	—	5.15	1300	—	5.08

5　特高压直流容量增加对直流场设备的影响及研究

直流场内通流设备主要涉及直流隔离开关、直流断路器以及直流测量装置，电流的增大对于这些设备的发热、机械稳定性以及设备功能有着至关重要的影响。

5.1　直流隔离开关

直流隔离开关与接地开关是±800kV换流站直流场上的重要设备，用于设备检修时的隔离与接地以及配合直流断路器进行各种运行方式的转换。

特高压直流工程用直流场户外安装的隔离开关，按电压等级不同分为3种类型：

（1）极线隔离开关与接地开关。为了增加系统的安全运行，提高系统的能量可利用率，±800kV双12脉动(简称12P)串联的特高压直流输电工程比常规±500kV直流输电工程增加另一种类型直流断路器，即12P桥旁路断路器，同时也需要增加相应的阀侧隔离开关配合旁路开关的操作。为减少设备类型，平波电抗器阀侧隔离开关和线路侧隔离开关统一设计。

（2）双12脉动桥中点隔离开关与接地开关。

（3）中性母线隔离开关与接地开关。

这些类型的直流隔离开关都有长时通流运行的工况，因此具有相同的通流能力要求，直流隔离开关设计时按照最高环温，考虑投入备用冷却时的电流来做电流要求，环境温度为40℃时，锦苏工程和哈郑工程的隔离开关电流要求如表11和表12所示。

表11　锦苏工程直流隔离开关电流参数

项　目	单　位	隔离开关
3s	A	5823
连续	A	5060

表 12　　　　哈郑工程直流隔离开关电流参数

项　目	单　位	隔离开关
3s	A	6231
连续	A	5335

由表 11 和表 12 可以看出，当输送容量提高后，直流隔离开关的持续运行电流将要大幅度提高，而直流开关的发热与通过直流电流的二次方成正比，与通流回路的电阻值成正比，由于直流隔离开关的回路电阻主要是接触电阻，即动触头与静触头接触的地方，如接触面不严密使电流通路的截面减小，则接触电阻就会增加。当电流增大后，触头的发热会就会增加，当发热超过设计限值时，就易导致触头烧蚀事故的发生。

因此，锦苏工程中的直流隔离开关并不能直接在哈郑工程中使用，针对锦苏工程中的直流隔离开关对触头做了重点研究和改进，主要是改进触头设计方案增大触头与触指之间的压力以减少接触电阻的阻值，同时改进隔离开关的加工工艺以提高设备的热耐受能力。

5.2 直流断路器

直流断路器是特高压直流输电工程换流站直流场上的重要设备，主要用于进行直流输电系统各种运行方式的转换，接地系统转换等。±800kV 特高压直流输电系统每极由 2 个 12 脉动（简称 12P）换流桥串联组成，为提高系统运行的能量可利用率，±800kV 系统比常规±500kV 多一种直流断路器类型，即 12P 桥旁路断路器。

对于 MRTB（金属回路转换开关）、GRTS（大地回路转换开关）、NBS（中性母线转换开关）、NBGS（中性母线快速接地开关）这些直流断路器来说，将输送容量提高至 8000MW 后，运行方式转换时需要直流断路器转换的电流就更大。

（1）MRTB。送端换流站金属转换回路配置有一台 MRTB，并在其两侧配置有检修隔离开关。同时在 MRTB 的检修隔离开关外侧回路上并联一台两侧带接地刀的隔离开关。MRTB 由 3 个并联支路组成，SF_6 断续器；电抗器与换相电容器串联；非线性电阻器，在其内部必须产生振荡以保证在 SF_6 断续器内的电弧可在电流过零时熄灭。

（2）GRTS。送端换流站大地转换回路配置有一台 GRTS 并在中性母线侧配置有带接地刀的检修隔离开关。GRTS 需要约 50kV 的反相电压来实现转换，换相电流较小。GRTS 使用无源辅助转换电路与组成其的 3 个并联支路配合完成转换：SF_6 断续器；电抗器与换相电容器串联；非线性电阻器。

（3）NBS 和 NBGS。两端换流站的中性母线上均配有 NBS 并在两侧配有地刀。当单极计划停运或者换流器内发生除了接地故障意外的故障时，利用 NBS 迅速将已闭锁极与正常运行极隔离；当正常运行时候，如果一个极的内部出现接地故障，故障极带旁通对闭锁，则利用NBS将正常极注入接地故障点的直流电流转换至接地极线路。锦苏工程和哈郑工程的直流断路器关键参数如表13和表14所示。

表13　锦苏工程的直流断路器关键参数

序号	参数		单位	MRTB	GRTS	NBS	NBGS
1	额定电流		A（直流）	5017	5017	5017	—
2	合闸状态的电流强度	峰值耐受电流	kA（峰值）	30	30	30	30
		短时耐受电流，2s	kA（峰值）	12	12	12	12
3	最大转换电流		A（直流）	4463	972	5017	—

表14　哈郑工程的直流断路器关键参数

序号	参数		单位	MRTB	GRTS	NBS	NBGS
1	额定电流		A（直流）	5335	5335	5335	—
2	合闸状态的电流强度	峰值耐受电流	kA（峰值）	35	35	35	35
		短时耐受电流，1s	kA（峰值）	14	14	14	14
3	最大转换电流		A（直流）	4697	1174	5000	—

由表13和表14可以看出，输送容量提高以后，MRTB和NBS的转换电流都有较大的增加，转换电流的增加意味着需要重新研发直流断路器的辅助回路，因为电流转换过程中辅助回路的避雷器所要吸收的能量更高，以此来适应增大转换电流的要求。

锦苏工程中的直流断路器并不能在哈郑工程中直接使用，因此，在锦苏工程的基础上重新进行了研究，辅助回路进行了重新设计，以匹配转换电流的要求。

对于旁路直流断路器来说，由于其仅在方式转换的过程中承担谐波电流，方式转换完成后由与其并联的直流隔离开关来承担长时运行电流，因此，输送容量的提升对旁路断路器来说影响并不大，锦苏工程的旁路断路器稍做改进即可满足哈郑工程的应用要求。

5.3　直流测量装置

锦苏工程和哈郑工程极线采用的直流测量装置均采用了光纤式直流测量装置，哈郑工程另外多采用了纯光式电流测量装置。

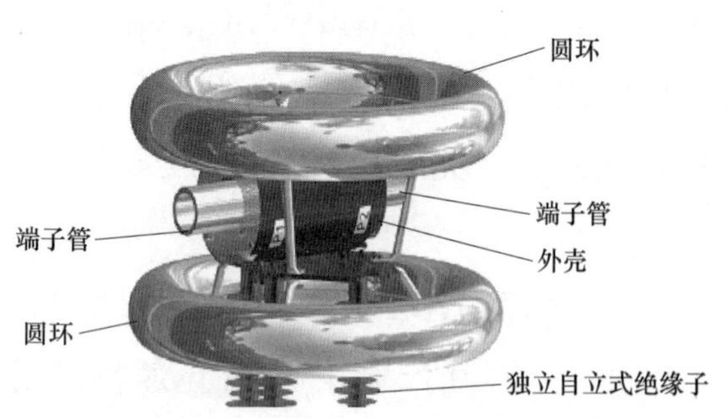

图5　光纤式直流电流测量装置示意图

光纤式电流测量装置由一个电阻器（RESI）和一个光纤复合绝缘子（FOCI）构成。RESI由具有规定电阻的测量分流器构成，如图5所示，并通过两侧（P1、P2）的端子管连接，分流器由外壳和圆环进行屏蔽，使用绝缘材料确保电流完全流过测量分流器。

FOCI 由分段式硅胶复合绝缘子构成，分段式硅胶复合绝缘子内置光纤电缆，位于高压端的传感器探头箱以及位于接地端的接线箱。硅胶复合绝缘子和光纤电缆间的间隙填充有干燥的绝缘材料。传感器探头箱与 RESI 连接，以使传感器探头箱内的光电测量传感器能够测量分流器的电压降。光电测量传感器还与光纤电缆连接。接线箱内有一个带有 ST-连接器的托板，用于通过 ST 插塞与光纤接地电缆连接。定距块用于保持 FOCI 和 SPI 间的距离。传感器探头箱和接线箱可通过气密或用带有呼吸接头的包装箱进行运输。

这种电流测量装置的原理是，通过测量分流电阻器上的电压降来直接测量高压电流，当输送容量提高后，直流电流增大，只是使得分流电阻上的压降增大一些，并不需要对测量装置进行重新设计，因此，锦苏工程的光纤式电流测量装置可以在哈郑工程中使用。

纯光式电流测量装置结构示意图如图 6 所示，右上方小圆环即为一次测量线圈，并不与带电母线接触。其测量原理是，被测电流的强弱会影响一次测量线圈光纤内偏振光的偏转角度，通过测量光偏转角度的变化来测量一次电流的电流值，由于其一次测量线圈并不与带电部分接触，这种电流测量装置几乎不受被测电流大小的影响。

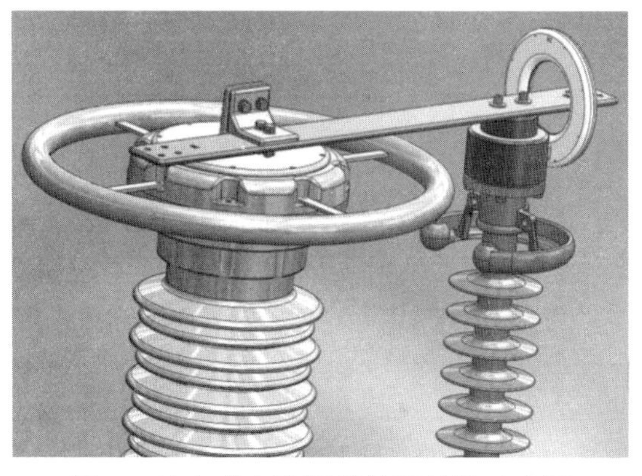

图 6　纯光式电流测量装置结构示意图

5.4　小结

综上所述，当输送容量由 7200MW 提高至 8000MW 后，由于系统电流的增大，对直流场通流类设备产生影响，经过对比分析，直流隔离开关、直流断路器这两类设备由于电流的增大对设备的结构、性能产生影响，因此需要重新进行设计，也即锦苏工程的直流隔离开关和直流断路器不能直接用于哈郑工程。对于直流电流测量装置而言，电流的增大对设备采集一次电流影响不大，只需要对锦苏工程中的电流测量装置做校核即可用于哈郑等±800kV、8000WM 工程。而对于非通流类设备，如电压测量设备、直流避雷器、直流电容器等设备，几乎不受电流增大带来的影响，因此，锦苏工程中的此类设备在进行校核后即可用于哈郑等±800kV、8000WM 工程。

6　特高压直流容量增加对交流场设备的影响及研究

锦苏特高压工程输送容量提升对交流场设备的影响主要体现在交流滤波器的分组容量及小组数量上，对交流滤波器断路器开断容性电流能力有着进一步的要求。

根据无功分组研究结论，在锦苏工程和哈郑工程中分别采用了表 15～表 18 的滤波器配置。

表 15　　锦苏工程裕隆换流站交流滤波器元件参数

元件	单位	滤波器型式			
		BP11/BP13	HP24/36	HP3	SC
C1	μF	1.187/1.187	2.388	2.391	2.391
L1	mH	70.28/50.20	5.273	529.7	2.0
C2	μF	—	13.75	19.13	—
L2	mH	—	0.833	—	—
R1	Ω	8760/8760	490	1331	—
调谐频率	Hz	550/650	1200/1800	150	—
Q_{3p}（在 535kV）	Mvar	215	215	215	215
分组数		4	4	1	5

表 16　　锦苏工程同里换流站交流滤波器元件参数

元件	单位	滤波器型式		
		HP12	HP24/36	SC
C1	μF	3.37	3.37	3.37
L1	mH	20.9215	3.5021	2.0
C2	μF	—	19.433 56	—
L2	mH	—	0.609 32	—
R1	Ω	650	200	—
调谐频率	Hz	600	1200/1800	—
Q_{3p}（在 505kV）	Mvar	270	270	270
分组数		4	4	8

表 17　　哈郑工程哈密南换流站交流滤波器元件参数

元件	单位	滤波器分组类型				分组容量（Mvar）
		BP11/BP13	HP24/36	HP3	SC*	
C1	μF	1.303	2.603	2.606	3.059	分组 1＝960； 分组 2＝960； 分组 3＝960； 分组 4＝1000； 总计=3880
L1	mH	64.75	3.87	461.55	2	
C2	μF	1.303	16.87	21.9525		
L2	mH	46.65	0.767			
R1/R2	Ω	10 000/8000	300	900		
调谐频率	Hz	550/650	1200/1850	165		
Q_{3p}（在 530kV）	Mvar	230	230	230	270	
分组数		4	4	3	5	

* 其中有一组并联电容器组无阻尼小电抗。

表 18 哈郑工程郑州换流站交流滤波器元件参数

元件	单位	滤波器分组类型			分组容量（Mvar）
		HP12/24	HP3	SC*	
C1	μF	2.992	3.003	3.003	分组 1 =1300； 分组 2 =1300； 分组 3 =1300； 分组 4 =1040； 总计=4940
L1	mH	7.213	421.8	2	
C2	μF	10.194	24.0212	—	
L2	mH	4.418	—	—	
R1	Ω	1000	1060	—	
调谐频率	Hz	600/1200	150	—	
Q_{3p}（在 530kV）	Mvar	260	260	260	
分组数		8	2	9	

* 其中有一组并联电容器组无阻尼小电抗。

锦苏、哈郑工程交流滤波器小组断路器断口恢复电压同样为 1470kV，哈郑工程受端交流滤波器分组容量小于锦苏工程，送端罐式断路器额定电流 4000A，受端瓷柱式断路器额定电流 3150A，不需重新研发。

可见，与输送容量为 7200MW 的锦苏工程相比，当哈郑工程输送容量增加到 8000MW 时，500kV 交流滤波器设计分组容量并未提高，对于滤波器电容器、电抗器、交流滤波器开关等设备，锦苏工程的设计制造经验能够为哈郑工程提供良好支撑。

7 结论

与锦苏工程相比，以哈郑工程为代表的±800kV、8000MW 直流输电工程，其输送容量、直流电流在锦苏工程基础上进一步提高了 10%。额定直流电流的提高，对换流站内主设备及交直流通流设备均带来不同程度的影响，针对各设备可能存在的影响进行了研究，得出以下结论并应用于工程实施：

（1）通过增加换流阀冷却系统的冷却容量，增大外冷器喷淋塔的散热面积，并降低换流阀的进水温度，实现了换流阀额定输送容量的提高。

（2）换流变压器通过结构优化调整，采用了三柱式结构，并且将有载调压开关外置等设计方式，解决了提升工程输送容量后换流变压器的运输及容量问题。

（3）与输送容量为 7200MW 工程相比，当输送容量增加到 8000MW 时，无功补偿容量增加，分组容量未提高，对设备制造、运行未造成制约因素。

（4）对于直流场通流类型设备，通过校核及优化直流断路器振荡回路参数，实现了直流容量的提升。

综上，对特高压直流输电工程提升输送容量至 8000MW 后设备的通流能力和耐热能力进行研究，为±800kV、8000MW 工程设备研制、运行提供了技术支持，为工程顺利实施以及远期工程进一步提升输送容量奠定了基础。

第 2 节　特高压换流站智能一体化辅助系统研究

1　引言

特高压直流输电工程一直作为国家电网的重点工程，智能电网的重要组成部分，其智能化的发展关系到国家电网的战略化发展。因此，对特高压直流输电工程中换流站智能化水平的研究，适应了智能化电网的发展趋势。

特高压直流换流站与交流变电站的主要差别在于电气一次设备上，即特高压换流站增加了换流阀单元和直流场单元。而在电气二次方面，由于换流站采用交直流合建的计算机监控系统，因此特高压换流站和交流变电站的计算机监控系统在结构、层次上基本一致，都可以分为站控层、控制层和就地层；在功能上的主要差异在于直流换流站多了换流阀组部分及直流场部分的控制保护功能，而其他部分与交流变电站的控制保护基本相同。

因此，在交流变电站中实行的一些智能化方案，可以借鉴到特高压换流站中。本节详细分析了特高压换流站的各类辅助系统，并借鉴交流变电站中智能化的方案，对特高压换流站内辅助系统的功能、配置进行了优化整合，形成智能一体化辅助系统。

2　特高压换流站各辅助系统的分析

特高压换流站的辅助系统主要包括图像监视系统、安全警卫系统、火灾报警系统、门禁系统、环境监测系统、照明控制系统、阀厅红外监测系统等。其牵涉的专业多，设备供货厂家多种多样，技术水平参差不齐，与交流变电站相比，其包含的内容更广。

2.1　辅助系统概述

2.1.1　图像监视系统

图像监视系统的监视范围包括整个换流站，要求无死区、无遮挡，主要有换流站大门、主辅控楼入口和走廊、主辅控楼二次设备室、通信机房、继电器小室、交流配电室、配电装置区域、综合水泵房、备品备件库、换流站围墙等。

图像监视系统由各种摄像机、视频处理单元、视频控制器、连接电缆等组成。图像监视系统通过前端高性能的摄像机和监控矩阵，将现场的图像采集到站端视频单元，再通过视频信号的传输，组成一个动态的图像监视系统，将换流站的现场情况实时地传送视频监控后台，使运行人员能够及时准确地了解和掌握现场的情况。

2.1.2 安全警卫系统

安全警卫系统主要是为防止外来人员非法入侵，对设备和人身安全产生危害。当发生报警时，安全警卫系统联动相关设备，如启动现场摄像头、现场照明、警笛等。

特高压直流换流站内一般不设置单独的安全警卫系统，该系统和图像监视系统统一考虑，称为“图像监视和安全警卫系统”，即图像监视系统包含安全警卫系统的功能。

2.1.3 火灾报警系统

火灾报警系统是为防范站内重要设备和重要建筑物免受火灾而设置的一套系统，其主要作用是在火灾的早期阶段，准确地探测到火情并迅速报警。

特高压直流换流站火灾报警系统一般由火灾报警系统区域控制器、声/光报警装置以及火灾探测器（极早期烟雾探测系统、红外光束感烟探测器、紫外线火焰探测器、感温探头、光电感烟探测、感温电缆）等设备组成。

2.1.4 门禁系统

特高压直流换流站作为电力系统重要的安全生产场所。门禁系统作为一种出入口监控管理系统可以实时监控各通道的情况，实现对各通道的人员进出管理，限制未授权的人员进入特定区域。

门禁系统一般由现场控制设备和控制主机两大部分组成。门禁系统现场控制设备由控制器、识别器和电控门锁及其他附件组成。常用的识别器有密码键盘、感应式 IC 卡、水印磁卡、指纹识别技术等。当门禁控制器接收到识别器传送过来的开门请求时，门控器会自动判断此请求是否由有权进入的人发出，同时门禁控制器将这些操作信号实时传入控制主机。

门禁系统和图像监视系统在功能和配置上均有重复的地方，如门禁系统对出入口处的摄像头配置和图像监视系统的摄像头配置会出现重复。因此，可将门禁系统同图像监视系统相结合，取其不同功能，联合其相同功能。

2.1.5 环境监测系统

环境监测系统能对站内的温度、湿度、风力、水浸等环境信息进行实时采集。特高压直流换流站内环境监测系统由环境数据处理单元、温湿度传感器、SF_6 探测器、风速传感器、水浸探测器、空调控制器等组成。

环境监测系统属于换流站辅助系统，通过计算机监控系统来采集并不合适。环境监测系统的网络和设备配置方式与门禁系统基本类似，因此，可将门禁系统同图像监视系统相结合，不必设置独立的环境监控系统。

2.1.6 照明控制系统

特高压直流换流站照明系统是换流站运行维护中非常重要的环节，实用、方便、可靠的照明系统是确保检修、巡视换流站的重要基础。目前，换流站人员一般只能就地控制照明灯具，当换流站人员需要开启或关闭照明灯具时，通过设置在区域附近的照明电源箱的照明电源开关，完成该区域照明灯具的开启或关闭。

此外，换流站的图像监视系统在晚上或者某些区域照度不够的时候，需要人员去现场开启照明灯具，如果能够实现站内图像监视系统和照明灯具的联动将极大方便运行人员进行检修巡视。

2.1.7 阀厅红外监测系统

阀厅作为特高压直流换流站的核心部分，是放置换流阀的封闭建筑，阀厅内的电力设备主要包括换流阀、管形母线、避雷器、接地刀、直流互感器等。对这些设备进行红外监视，实现实时测温、记录、历史曲线等功能，可以更好地了解设备运行情况，极早发现安全隐患。

阀厅设备红外监测系统为网络分布式架构，整体可分为两层，分别为基站层和终端层。终端层为各个阀厅内的红外测温装置，由红外热像仪、可见光摄像机、高速云台、控制箱（电源适配器、光端机等）组成。基站层设备包括控制计算机、控制设备（画面分割器）和智能控制分析软件等。通信网络由网络交换机、光纤收发器和通信线缆等设备组成。

可以看出，图像监视系统和阀厅红外测温系统都是由摄像装置、控制器和视频服务器等组成，图像监视系统显示全站除阀厅外其他区域内的情况，而阀厅红外测温系统则显示阀厅内设备的情况。图像监视系统可与阀厅红外测温系统进行整合，使阀厅温度等信息以字符形式叠加至视频图像中，避免了重复配置设备，提高了运行工作效率。

2.2 智能一体化辅助监控系统的必要性

以往特高压换流站配置的辅助系统都存在着一些不足。如图像监视系统，其主动报警功能有欠缺，摄像头自动跟踪并自动摄像功能不强，不能对目标意图精确判断；与其他辅助系统的联动功能不强；如火灾报警系统，其只能发送简单的信号，没有实现与图像监视系统的联动，降低了事故处理效率。经过分析后，这些问题可总结为以下两个方面。

一方面，以往特高压换流站内，辅助系统仅有部分重要告警信息和总的报警信息上传至站内监控系统，大部分数据未实现上传。在得到告警信息后，现场运行人员到各系统，甚至现场去查看具体信息，效率低、处理时间长。

另一方面，辅助系统由于没有统一的平台，各系统基本是相互独立的关系，分散布置，各自为政。设备通道、服务器、网络通道及计算机资源重复配置、资源浪费，难以实现网络化管理，各系统之间的联动功能无法实现，不仅不能达到换流站智能化管理的要求，而且导致运行人员工作量大。

因此建立一套适用于换流站的智能一体化辅助监控系统十分必要。

2.3　智能一体化辅助监控系统的可行性

通过前面的分析，我们可以看到，换流站辅助系统的各个子系统自成一体，独立配置。每个系统都有自己的前端采集设备（如摄像头、感温探测器、感烟探测器、感应门禁等）、控制对象（云台、声光报警器、空调、灯具、门等）以及各自的后台控制器和控制软件。

虽然各系统之间配置是独立的，但是各系统之间又存在各种联动的要求，需要交换各种信息。系统之间的通信规约一般并不统一，这样就只能采用硬接线的方式传输信号。导致各设备之间的接口相对复杂多样。图 1 为换流站辅助系统常规网络连接图。

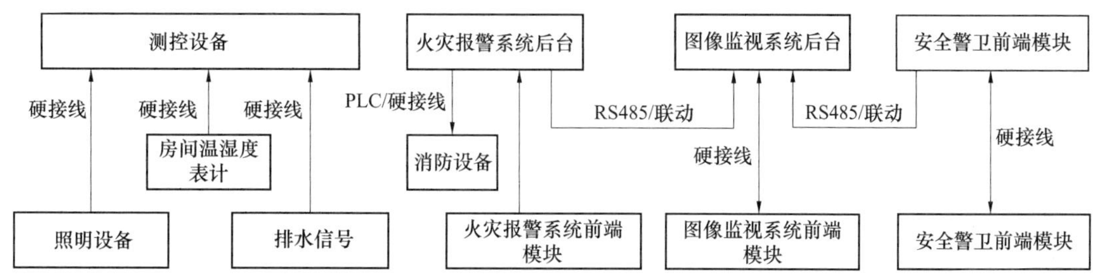

图 1　换流站辅助系统常规网络连接示意图

我们可以看到：

（1）在设备配置方面，图像监视系统和阀厅红外测温系统等均配置有摄像头、云台等设备。安全警卫系统、环境监测系统和火灾报警系统均配置有各种类型的探测器等设备。

（2）在功能配置方面，图像监视系统和安全警卫系统均有安全防卫的作用。在系统要求方面，图像监视系统、火灾报警系统、安全警卫系统均希望能与相关的照明系统实现联动，提高系统性能。

因此，不论是从设备配置、功能配置，还是从系统要求方面来看，换流站上述辅助系统的各个子项目均有重复的地方，尤其是图像监视系统，构成了换流站辅助系统的核心。

下一章节将在前面对各个辅助系统进行介绍的基础上，对以图像监视系统为核心的换流站辅助系统的优化整合进行研究。

3 换流站智能一体化辅助监控系统

3.1 集成方案

3.1.1 系统结构

特高压换流站内辅助系统可分为图像监视系统、安全警卫系统、火灾报警系统、门禁系统、环境监测系统、照明控制系统、阀厅红外监测系统等子系统。辅助系统的监测数据若全部接入现有计算机监控系统，辅助系统的数据量将会极大增加站内计算机监控系统的负担，甚至可能影响到直流控制保护系统正常运行。因此考虑为换流站建立一套独立的、完备的智能一体化辅助系统，即智能一体化辅助监控系统，实现换流站辅助系统的智能化监控和管理。

换流站智能一体化辅助系统的结构考虑以下两种方案：

（1）方案一：设置 1 套独立的智能一体化辅助系统监控后台。

智能一体化辅助监控系统主要实现各辅助系统的联动和集中监控，因此设置一套后台系统，作为一体化辅助监控系统的监控主机，采用 DL/T 860《变电站通信网络与系统》作为各子系统之间的接口形式。当各辅助子系统具有 DL/T 860 规约接口时，则直接接入一体化辅助监控系统的监控主机；当辅助系统暂不能提供满足 DL/T 860 接口时，则以 RS485 串口通过一定规约转换接入，如图 2 所示。

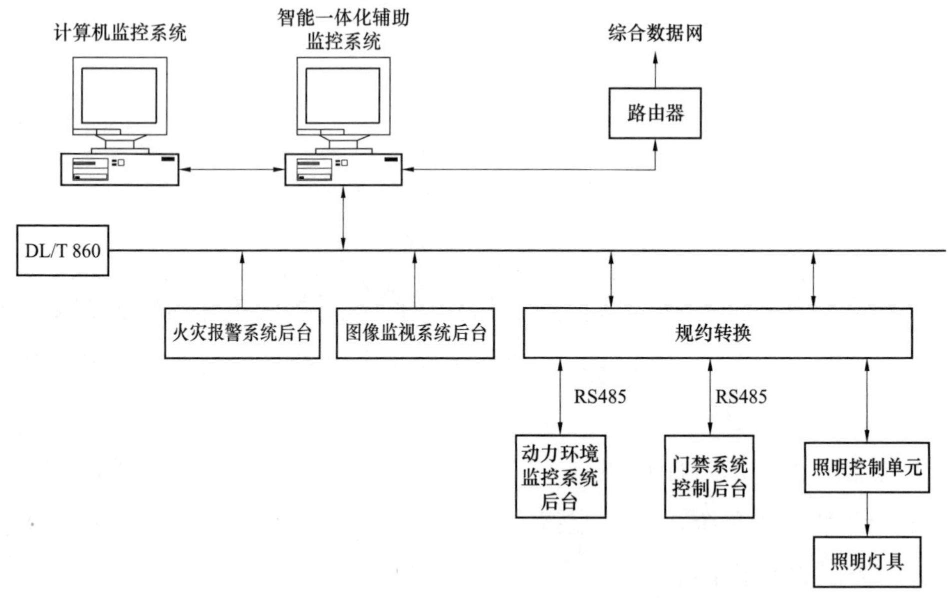

图 2　换流站智能一体化辅助系统网络连接方案一

智能一体化辅助监控系统通过规定的规约同站内计算机监控系统通信，一方面传输一些基本的告警信号给计算机监控系统，另一方面接收站内控制信号，实现同图像监视设备的联动。一体化辅助监控系统通过综合数据网将信息发至远方调控中心或运维中心，同时可接收调控中心或运维中心的命令；完成换流站辅助设备信息历史存储、报表编辑、设定及显示等工作。

这种网络结构下，各个辅助系统在离开后台主机时可以独立运行，结构相对清晰，但是需要增加设备，集成度不高。

（2）方案二：不另外设置独立的一体化辅助监控系统后台。

目前，特高压直流换流站均具有比较完备的图像监视系统，建立有比较完备的监视通信网络，设计和运行经验丰富。因此，考虑辅助系统网络连接方案是建立以图像监视系统为主体，其他如空调暖通、门禁系统和照明控制系统等采用前端设备外配控制模块的方式与图像监视系统连接，此时图像监视系统后台就是智能一体化辅助监控系统，如图 3 所示。

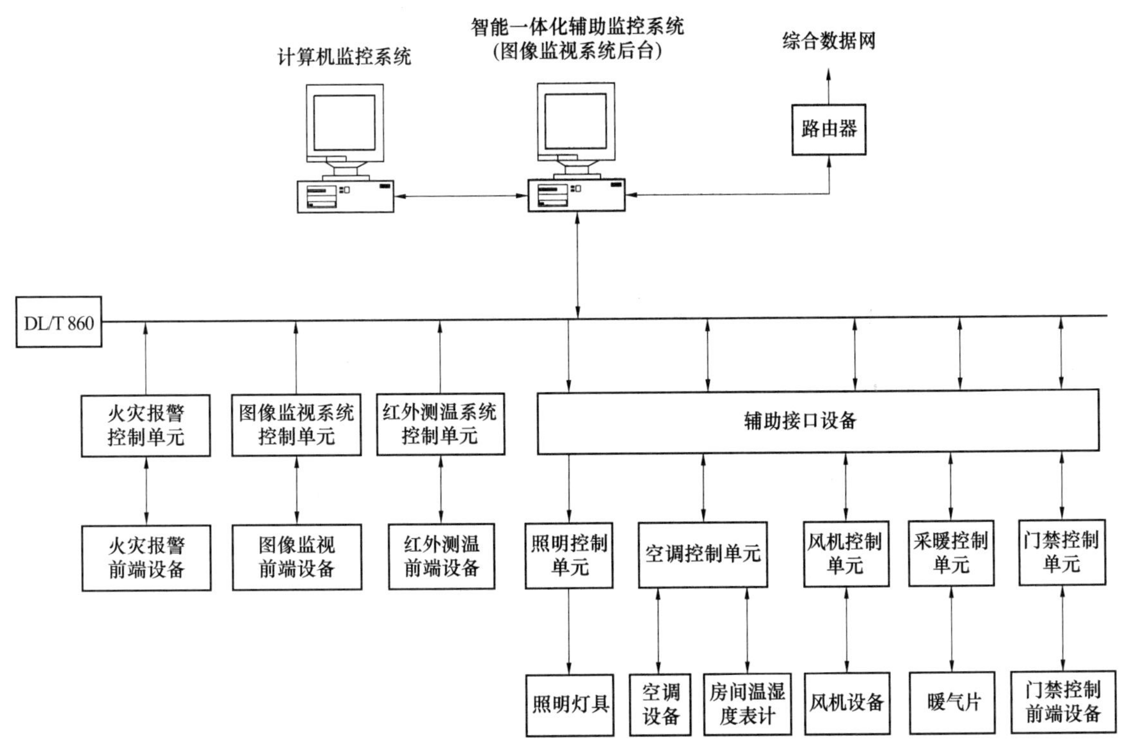

图 3 换流站智能一体化辅助系统网络连接方案二

各独立的辅助系统均分解为各个前端设备，如图像监视系统的摄像头、云台、电子围栏，火灾报警系统的探头，阀厅红外测温系统的红外热像仪、云台，照明灯具、空调、暖气、门禁等。每个辅助系统均采用控制单元加前端设备的模式来实现与后台主机的通信。控制单元对上接收后台主机的命令，对下控制摄像头、云台、照明灯具、空调等设备，同时也具有采集探头、照明灯具、空调、暖气片、门状态等信息的功能。辅助接口设备的作用是能够接入各辅助系统的开关量信号或进行规约转换，将各辅助系统的信息统一转化为采用 DL/T 860 的网络信息，接入智能一体化辅助监控系统。

这种连接方案的好处是实现辅助系统独立控制，并且不需要增加设备，集成度较高，去掉了一些冗余设备。缺点是要求图像监视系统具有强大的系统整合能力和网络传输能力。目前已经有少数厂家开发出此类产品。

（3）方案比较。

1）以上两种一体化辅助监控系统方案的共同点在于：

a）辅助系统单独组网可以更有利于换流站信息安全分区，减少对重要信息传输的干扰。

b）各辅助子系统不直接与计算机监控系统站控层网络通信，辅助系统内部的协同操作、信息互联通过智能一体化辅助监控系统内部网络实现，极大减轻了计算机监控系统站控层网络负担。

c）辅助系统统一网络与调控中心或运维中心通信，简化了远程控制的网络和配置，减轻了调控中心或运维中心人员的信息处理量。

2）两种方案的区别在于：

a）方案一：辅助系统独立组网，采用 DL/T 860 规约，不增加站内监控网络的负担，同时需要增加一套后台系统，作为智能一体化辅助监控系统的主机。

b）方案二：辅助系统独立组网，采用 DL/T 860 规约，各辅助系统采用前端模块加控制单元的形式，减少了多种辅助系统后台机的配置，同时不需要单独增加后台系统，而是采用图像监视系统的后台。

由于现在特高压换流站均具有比较完备的图像监视系统，建立有比较完备的监视通信网络，设计和运行经验丰富，并且考虑到辅助系统优化结构，综合来看，推荐采用换流站一体化辅助监控系统连接方案二。

3.1.2 实施方案

根据上述方案二，针对特高压换流站的实际情况，智能一体化辅助监控系统的具体实施方案如下：

（1）全站设置一套智能一体化辅助监控系统，包括一体化辅助系统控制子站、辅助接口模块、网络通信设备和各前端采集模块。辅助接口设备分为网络接口模块和硬接线接口模块。辅助接口设备可根据区域，集中组屏安装在主、辅控楼和继电器小室内。智能一体化辅助监控系统通过规定的规约同站内监控系统通信。

（2）图像监视系统配置一套完整的系统，包含独立的后台主机、各种摄像机、视频控制器、连接电缆等。图像监视系统的后台主机同时作为智能一体化辅助监控系统主机，即一体化辅助系统控制子站，不再单独配置智能一体化辅助监控系统主机。

（3）环境监测系统、安全警卫系统、照明系统、阀厅红外监测系统等各子系统均可分解为各个前端设备，如照明灯具、环境监测探头、安全警卫设备、红外探头等设备，这几套系统不配置单独的主机，采用硬接线或 RS485 串口的形式，与就近的辅助接口模块连接，通过辅助接口模块上送各种信号至智能一体化辅助监控系统主机（图像监视系统后台）。

（4）在实际特高压直流换流站工程中，火灾报警系统根据自身的重要性和特殊性，需要独立配置主机，保证火灾消防系统的独立性和完整性。因此，方案二的连接方式在实际应用中，需要做适当的调整，如图 4 所示。

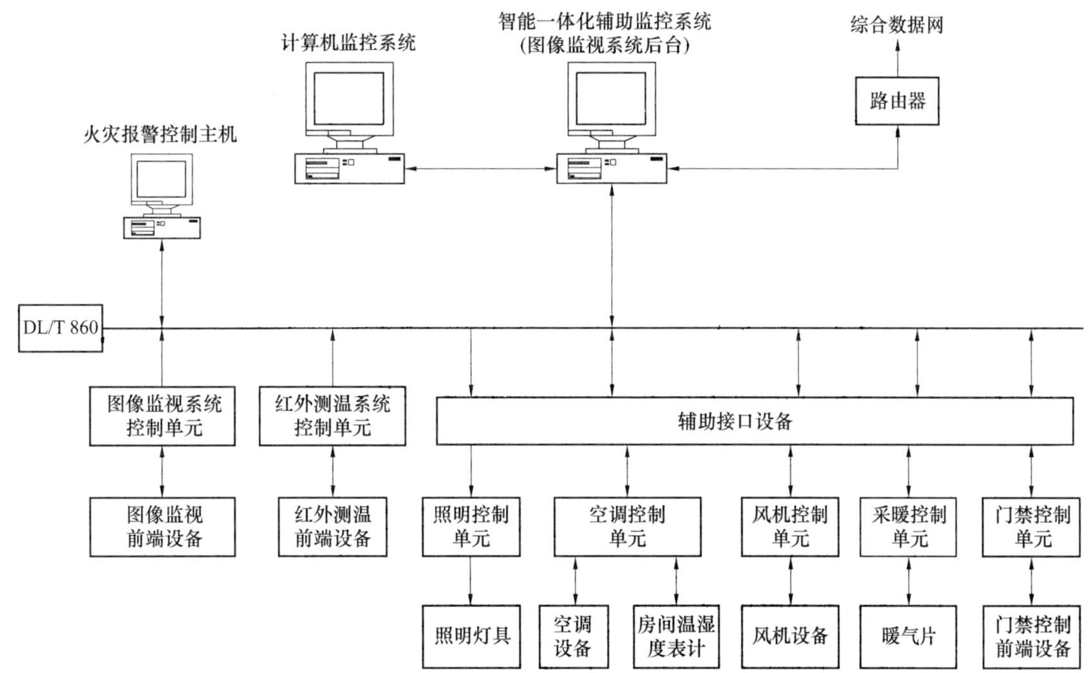

图 4　换流站智能一体化辅助控制系统实施连接方式

火灾报警系统主机采用以太网口的形式，通过 DL/T 860 规约与一体化辅助监控系统（图像监视系统后台）交换信息。

（5）智能一体化辅助监控系统主机采集到各辅助系统的信息后，通过软件逻辑，实现各系统间的联动要求。但对于火灾报警系统，建议仍然配置硬接线，实现与消防系统联动，以防止在智能一体化辅助监控系统主机故障后，仍可以保证火灾报警系统联动的要求。

3.1.3　远传通道

辅助系统单组组网之后的通信传输显得非常重要，它是调控中心或运维中心了解现场运行环境的重要通道。因此，智能一体化辅助监控系统有无可靠的通信通道非常重要。

影响通信可靠性的有两个因素：首先是信道本身质量；其次是环境造成的影响。因此，在进行通信系统设计时，不仅要选择通信质量好的信道，而且要抗其他无线电发射、噪声、闪电以及工频电磁场干扰等。另外，换流站的停电及故障时的通信能力也是影响通信可靠性的一个重要因素。

智能一体化辅助监控系统与调度中心的通道连接方式：建议通过综合数据网通信，并对调控中心或运维中心留有专线接口。

3.2 功能说明

3.2.1 联动功能

（1）图像监视系统与火灾报警系统的联动。当火灾报警系统显示某处有报警信号时，联动相关的图像监视系统摄像头自动推出报警画面。图像监视系统的可视化、直观性极大提升了火灾报警系统的可靠性。

（2）图像监视系统与门禁系统的联动。将图像监视系统和门禁系统进行联动，即门禁报警信息与现场相关区域摄像机在软硬件方面形成联动控制。如非法闯入、破坏门禁设备等，通过软件联动设置驱动图像监视系统的对应摄像头，进行联动监控。如当有人刷卡进入大门时，附近摄像机将自动对准门口进行视频传输，在主控室的工作人员可即时看到进入大门的人员情况。

（3）门禁系统与火灾报警系统的联动。门禁系统的主要作用是有效控制出入区域的人员，火灾报警系统的一项重要功能是火情时保证人员顺利疏散。因此，除了对门禁系统安装破玻璃按钮保证紧急情况直接出入外，还需要将门禁系统和火灾报警系统进行联动，实现火情时解除相应区域的出入口限制，保证人员及时安全撤离。具体来说，就是当本地门禁控制主机接收到火灾报警信号后，将对本站设定的门禁点即时进行断电动作，打开门锁，方便在发生火灾时人员逃生和消防人员进入救火。

（4）图像监视系统与计算机监控系统的联动。图像监视系统与计算机监控系统联动的主要目的，是实现当断路器、隔离开关、接地开关等动作时，相关摄像头自动推出动作画面。这种联动实现了开关操作时的远程监视功能，使得运行人员在主控室可以及时掌握操作情况，而不必再费时间去手动调动摄像头。

（5）照明控制系统的联动。照明控制系统可以与图像监视系统、火灾报警系统、门禁系统等多个系统实现联动，联动的主要作用，就是当子项目动作时自动开启或关闭相应区域的灯具。例如，当图像监视系统显示某处电子围栏有人入侵，通过联动系统立刻可以自动开启该摄像头附近的照明灯具，辅助运行人员查看。照明控制系统的联动功能填补了夜间和光线照度不够时其他辅助系统功能的不足。

3.2.2 通用功能

特高压换流站智能一体化辅助监控系统以网络通信（DL/T 860 协议）为核心，完成图像视频、环境数据、安全警卫信息、人员出入信息、火灾报警等信息的采集和监控，并将以上信息远传到调控中心或运维中心。在图像监视系统中应采用智能视频分析技术，从而完成对现场特定监视对象的状态分析，并通过和其他辅助子系统的通信，应能实现用户自定义的设备联动及报警。以下为智能一体化辅助监控系统主要的通用功能：

（1）智能一体化辅助监控系统的视频显示功能；

（2）智能一体化辅助监控系统的环境信息采集处理；

（3）智能一体化辅助监控系统的信号储存回放；

（4）智能一体化辅助监控系统的设备控制；

（5）智能一体化辅助监控系统的报警功能。

3.2.3　高级应用

智能一体化辅助监控系统还可在以电子地图承载的站端平面布置图或一次设备连接示意图点击一次设备同时监视一次设备的多个摄像机的多角度实时视频（简称多角度视频）；电子地图上可叠加环境信息、门的开关状态等信息。

4　结论

本节从智能电网的发展角度出发，分析了特高压换流站中辅助各系统的特点，并针对特高压换流站中辅助系统提出了智能一体化的方案。

（1）特高压换流站宜建立一套统一的、独立的智能一体化辅助监控系统，既能有效实现各辅助系统子项目功能整合、信息共享、信息远传、简化配置，又不影响站内直流控制保护的计算机监控系统运行。

（2）推荐采用建立以图像监视系统为主体，其他如安全警卫、环境监测、照明控制、门禁、阀厅红外监测等采用前端设备外配控制模块的方式，与图像监视系统连接的网络方式，此时图像监视系统后台就是一体化辅助系统控制子站。火灾报警系统根据自身的重要性和特殊性，可独立配置，同时通过以太网口的形式，与一体化辅助监控系统交换信息。

（3）智能一体化辅助控制系统直接将辅助系统相关信息通过综合数据网与远方通信，保证了信息的独立性和实时性。

（4）在条件具备时，智能一体化辅助控制系统可以和状态监测系统合并，形成换流站在线及智能辅助控制系统。

第 3 节　共用接地极均流电阻配置方案及试验研究

1　引言

向上工程输送容量为 6400MW，额定电流为 4000A；溪浙工程输送容量为 8000MW，额定电流为 5000A。接地极设计考虑两回直流系统送端换流站（即复龙换流站和双龙换流站，复龙换流站已建成投运，双龙换流站为在建工程）共用一个极址（共乐极址）。

共乐极址位于四川省宜宾市兴文县共乐镇大沙坝村、福寿村、跳墩子村之间，距复龙换流站直线距离约为 72km，距双龙换流站直线距离约为 80km。共乐极址为一片水稻田，地势平坦，西南向至东北向长约 500m，东南向至西北向长约 800m，高差在 2m 左右。极址四面均有密集民房，北、西、南三面为低山，东面为平地。

原复龙换流站共乐极址的接地极技术方案为：共乐极址电极布置采用同心双圆环依地势敷设，外环半径 R_1=315m，内环半径 R_2=240m。内环、外环炭床焦碳填充截面均为 0.6m×0.6m，其埋设深度分别为 3.5m 和 4.0m。内、外环炭床中心均放置单根 ϕ50mm 高硅铬铁馈电棒，整个电极均分为 4 段。接地极线路故障定位检测装置设置于引流处，形成小型配电装置，配电装内按预留装设均流电阻位置考虑。接地极线路自中心进线构架引下后，依次经管形母线、线路故障定位装置后再经管形母线引下采用直埋地电缆分 4 路引流至内、外极环。

2 性能要求

根据系统条件，两回直流系统共用共乐接地极性能要求如表 1 所示。

表 1 共乐接地极性能要求

额定电流	5040A
最大电流（注）	8500A（20min）
双极不平衡电流	85A
一极强迫停运，出现正极运行的概率	70%
一极强迫停运年时间比	0.75%
一极计划停运，出现正极运行的概率	50%
一极计划停运年时间比	1.5%
额定电流最大持续运行时间	30d
单极投运期的极性	负极
正极运行的总安时数	＞60MAh
最大设计温度	90℃
最大跨步电压	7.42＋0.0318ρ_s（V）

注 表中最大电流考虑双回直流同时同极性以大地返回方式运行。

3 土壤模型

共乐接地极土壤模型如表 2 所示。

表 2　　　　共乐接地极土壤模型

层序	层厚（m）	电阻率（Ω·m）	热导率［W/（m·℃）］	热容率［（J/（m^3·℃）］
1	1.00	25	1.000	1 100 000
2	9.10	48.5	1.000	1 100 000
3	118.00	710.0	1.000	1 100 000
4	347.00	455.0	1.000	1 100 000
5	591.00	175.0	1.000	1 100 000
6		1500.0	1.000	1 100 000

如图 1 所示，表 2 中共乐接地极土壤模型与其实测值反演曲线对比。

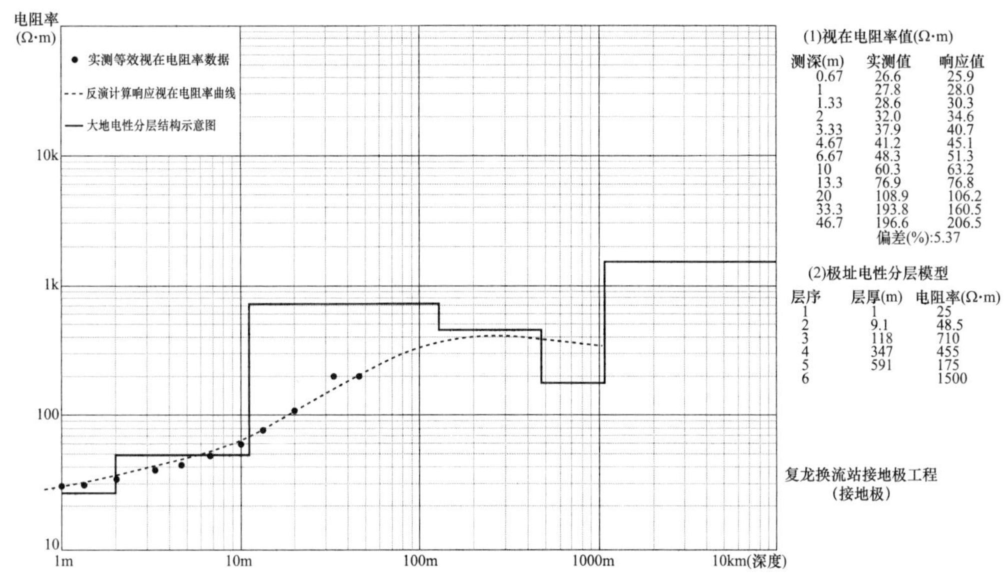

图 1　共乐接地极土壤模型反演

4　跨步电压限制值

跨步电压的限制值对于接地极的设计尤为重要。根据共乐极址土壤电阻率测量报告，经过计算，共乐极址最大跨步电压限制值为 9.45V/m。

5　接地极设计方案对比

5.1　限制跨步电压的设计思路

在向上工程调试期间，对共乐接地极接地电阻和跨步电压进行了测量。根据测量结果，接地极外环内侧和内环附近地面跨步电压均满足设计要求值，接地极外环外侧附近地面跨步电压在距外环外侧径向 50m 的范围内局部跨步电压测量值（校验电流为 8500A）超过计算的最大允许跨步电压值。

对于跨步电压超标的问题，一般采用增加极环埋深、增大极环尺寸和局部换土等措施来解决。但对于向上工程，共乐接地极在复龙换流站建成同时也已建成投运，这些显然不是有效的解决措施。

考虑到多圆环布置时，接地极电流自然分配的原理，即当多圆环接地极极环电流自然分配时，由于外环的接地电阻小，其外环上分配的电流较多，这导致外环附近的跨步电压值一般较大。根据极环电流自然分配的原理，可以考虑在外环上加装电阻器，以均衡外环与内环之间的接地电阻差异，在总电流不变的情况下，部分原先流往外环的电流会流入内环，降低了外环的电流大小，从而起到降低局部跨步电压的效果。这就是为接地极增设均流电阻装置的基本设计思路。

除上述的方法外，增加极环数量也是一种可行的降低跨步电压的措施。

5.2 共乐接地极设计目标

共乐接地极设计目标为在原复龙换流站建成时建成的共乐接地极基础上，使双龙换流站接入共乐接地极。共乐接地极能满足在复龙换流站和双龙换流站同时单极大地运行时，其各项接地极性能指标均能符合国家标准。

5.3 共乐接地极设计方案对比

根据 5.1 节的分析，提出以下 4 个方案（包括目前共乐已建成的设计方案），以解决在复龙换流站和双龙换流站同时单极大地运行时跨步电压超标的问题：① 方案一，采用当前现场（不改变极环，不加装均流电阻）；② 方案二，采用不改变极环，加装均流电阻；③ 方案三，采用增加极环，不加装均流电阻；④ 方案四，采用增加极环，加装均流电阻。

计算跨步电压时校验电流取复龙换流站和双龙换流站同时单极大地运行时的入地电流。

通过计算，对以上各个方案进行比较，如表 3 所示。

表 3　　共乐接地极设计方案比较

方案	描　述	最大跨步电压值（V）	允许最大注入电流（A）
方案一	不改变极环，不加装均流电阻	15.923	5341
方案二	不改变极环，加装均流电阻（外环分别串入两个 0.6Ω 和两个 0.5Ω均流电阻，内环分别串入两个 0.1Ω均流电阻）	12.361	6880
方案三	新增极环（半径 100m），不加装均流电阻	15.683	5423
方案四	新增极环（半径 100m），加装均流电阻（外环低阻两段均串入 0.8Ω电阻，高阻两段均串入 0.7Ω电阻，中环低阻两段均串入 0.2Ω电阻，中环高阻两段均串入 0.1Ω电阻，内环低阻两段均串入 0.1Ω电阻）	11. 639	7313

注　“最大注入电流”是按照最大跨步电压限制为 9.45V 时，反推得到的注入电流限值。

由以上分析可知，以上优化方案均无法满足两回直流入地电流 9000A 的要求。

如果按照 2h 过负荷能力 1.05p.u.的要求，复龙换流站单极运行时，共乐接地极最大入地电流为 4000×1.05+50=4250（A）；双龙换流站单极运行时，共乐接地极最大入地电流为 5000×1.05+40=5290（A）。

（1）方案一：当前现场条件下，允许最大注入电流为 5341A，同时满足复龙换流站单极 2h 过负荷运行的要求和双龙换流站单极 2h 过负荷运行的要求。

（2）方案二：允许最大注入电流为 6880A，可满足复龙换流站与双龙换流站单极 2h 过负荷运行的要求，但不满足入地电流校核值 9000A 的要求。当两站同时单极大地运行时，如果此时两换流站同时降负荷至原有的 75%，则入地电流为 6750A，即可满足小于 6880A 的要求。

（3）方案三：对于最大跨步电压的降低效果并不明显，不推荐采用。

（4）方案四：在新增内环的基础上加装均流电阻，施工最为复杂，需增加极环、电缆沟、引流电缆、汇流母排、均流电阻等。且与方案二相比，其允许最大注入电流的提升并不明显，不推荐采用。

综合比较后，方案二（不改变极环，加装均流电阻）综合较优。

6　加装均流装置的方案实施及试验建议

共乐接地极围墙内含进线构架、过渡母线架、电缆沟以及导流电缆等，且预留有均流电阻装置安装位置。极址中心配电装置区围墙内平面布置如图 2 所示。

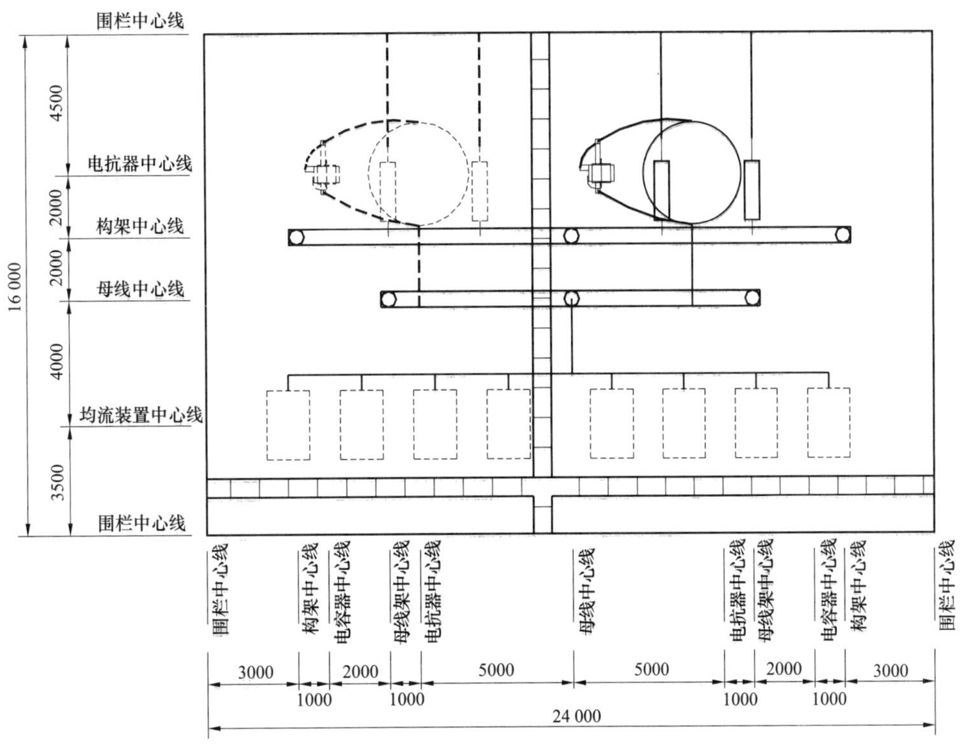

图 2　共乐接地极极址中心配电装置区围墙内平面布置图

实际定制均流装置时，鉴于土壤模型的复杂性，建议可先采用一个小功率可调电阻模型，在共乐接地极进行试验，以验证均流装置阻值的正确性，并通过试验确定最佳的电阻匹配。根据目前仿真计算结果，各均流电阻在注入电流为9000A和5000A时分流情况如表4所示。

表4　均流电阻分流情况

均流电阻（Ω）	分流情况（A）	
	推算至9000A（20min）	推算至5000A
外环0.6	497	272
外环0.6	497	272
外环0.6	535	293
外环0.6	535	293
外环0.5	494	271
外环0.5	494	271
外环0.5	475	260
外环0.5	475	260
外环0.1	584	320
外环0.1	584	320
外环0.1	628	344
外环0.1	628	344

另外，由于均流装置国内尚无真正的运行业绩，关于均流电阻的结构型式（采用户内式还是户外式）、大功率电阻器的冷却方式等均需要做进一步的研究。

第4节　特高压换流站模块化设计专题研究

1　特高压换流站及接地极模块化设计技术方案

1.1　概述

1.1.1　设计对象

设计对象为±800kV换流站及接地极工程。

1.1.2　设计范围

设计范围包括换流站围墙以内设计标高零米以上部分和接地极极址部分。受外部条件影响的项目，如系统通信、保护通道、进站道路、站外给排水、站外电源、地基处理等不列入设计范围。

1.1.3 设计深度

设计技术方案依据规程规范要求，按照初步设计深度考虑。

1.2 电力系统部分

直流额定电压：±800kV。交流网侧标称电压：500kV。直流双极额定输送功率：8000MW。

直流出线：直流双极线路 1 回，接地极出线 1 回。交流出线：交流 500kV 线路 8 回。

换流变压器：全站 24 台工作换流变压器，4 台备用换流变压器，共计 28 台。

平波电抗器：每极平波电抗器电感值为 300mH。平波电抗器采用干式绝缘，每极设 6 台，采用平均分置于极母线与中性母线的安装方式，每台平波电抗器电感值 50mH。

直流滤波器：每极设 1 组，2 个双调谐支路并联共用 1 组隔离开关。

无功补偿及交流滤波器：换流站交流滤波器和并联电容器无功总容量按 5200Mvar（额定电压 530kV）设计，分为 4 大组 20 小组，其中 10 小组为单组容量 235Mvar 的交流滤波器，另 10 小组为单组容量 285Mvar 的并联电容器。

1.3 电气一次部分

1.3.1 电气主接线

换流站的电气主接线应根据换流站的接入系统要求及建设规模合理确定。换流站电气主接线主要包括阀组及换流变压器接线、交/直流场接线、交流滤波器接线以及站用电接线。

阀组及换流变压器接线：在满足系统要求的前提下，阀组及换流变压器接线应根据晶闸管的制造能力，结合换流变压器的制造水平、运输条件，通过综合技术经济比较后确定。本方案采用双极配置，每极 2 个 12 脉动换流阀组串联接线，串联电压按 400kV+400kV 分配。换流变压器采用单相双绕组变压器。

交流场接线：交流场接线参照《国家电网公司输变电工程典型设计 ±500kV、3000MW 直流换流站分册》中的交流场模块设计。

直流场接线：直流开关场接线应按极组成，以保证双极换流站每极运行的相对独立性。接线中主要包括平波电抗器、直流滤波器及中性母线和直流出线等部分。本设计方案采用双极直流典型接线（不考虑直流双极并联大地回路运行方式），在阀组侧增设旁通开关回路。每极装设 1 组直流滤波器（每组直流滤波器由两个双调谐支路并联构成，两个双调谐支路共用 1 台隔离开关），当需要采取融冰方式运行时，将两极的高端阀组临时接成并联接线的方式，达到直流线路的融冰需要。

交流滤波器接线：交流滤波器接线除应满足直流系统要求外，还应结合其所接入的交流系统接线及交流滤波器投切对交直流系统的影响综合考虑。本方案共装设 20

小组交流滤波器，分为 4 大组。500kV 交流滤波器大组作为一个元件接入串内，交流滤波器大组母线采用单母线接线方式。

站用电接线：高压站用电源宜按 2～3 回可靠电源设置。高压站用电电压等级应根据低压设备制造水平确定选用一级或两级，在不受低压设备限制的情况下，应优先选用一级电压等级。本方案采用 3 回独立电源，其中在站内设置 2 台 500kV/35kV 站用降压变压器，分别接入交流 500kV GIS 配电装置的两段母线。第 3 回由站外 35kV 电源引接。

1.3.2 设备选型

主要交流电气设备短路电流水平按 63kA 考虑。阀侧短路电流根据系统成套计算结果确定。直流侧短路电流根据系统成套计算结果确定。

换流站及接地极主要交直流设备选择原则如下：

（1）换流变压器采用单相双绕组，换流阀采用户内悬吊式二重阀，平波电抗器采用干式。

（2）换流变压器进线避雷器、RI 电容器和电压互感器等均采用敞开式设备。

（3）阀厅内避雷器、直流电流测量装置和接地开关等设备采用户内式设备。

（4）直流场的 800kV 极母线设备、400kV 设备、直流中性母线设备以及直流滤波器设备采用户外敞开式设备。

（5）交流场 500kV 断路器、隔离开关、接地开关、电流互感器、母线侧电压互感器均采用户内 GIS 设备，出线侧电压互感器和避雷器、进线侧电压互感器均采用敞开式设备。

（6）交流滤波器场的 500kV 断路器、隔离开关、接地开关、电流互感器电压互感器和避雷器等均采用敞开式设备。

（7）10kV 和 380V 开关柜采用金属铠装开关柜。

（8）接地极中心配电装置采用户外敞开式设备。

1.3.3 过电压及绝缘配合

换流站过电压保护及绝缘配合应符合 IEC 60071、DL/T 620、DL/T 605 的相关要求。本技术方案具体配置原则如下。

换流器和直流侧单极双 12 脉动避雷器配置方案如图 1 所示，交流滤波器避雷器配置方案如图 2 所示。

各避雷器的位置和功能说明如下：

（1）A 避雷器：安装在换流变压器进线上紧靠换流变压器网侧绕组处和交流滤波器大组母线上，用于保护交流母线/交流滤波器大组母线设备、换流变压器网侧绕组，限制交流侧产生的传递到直流侧的暂态过电压。

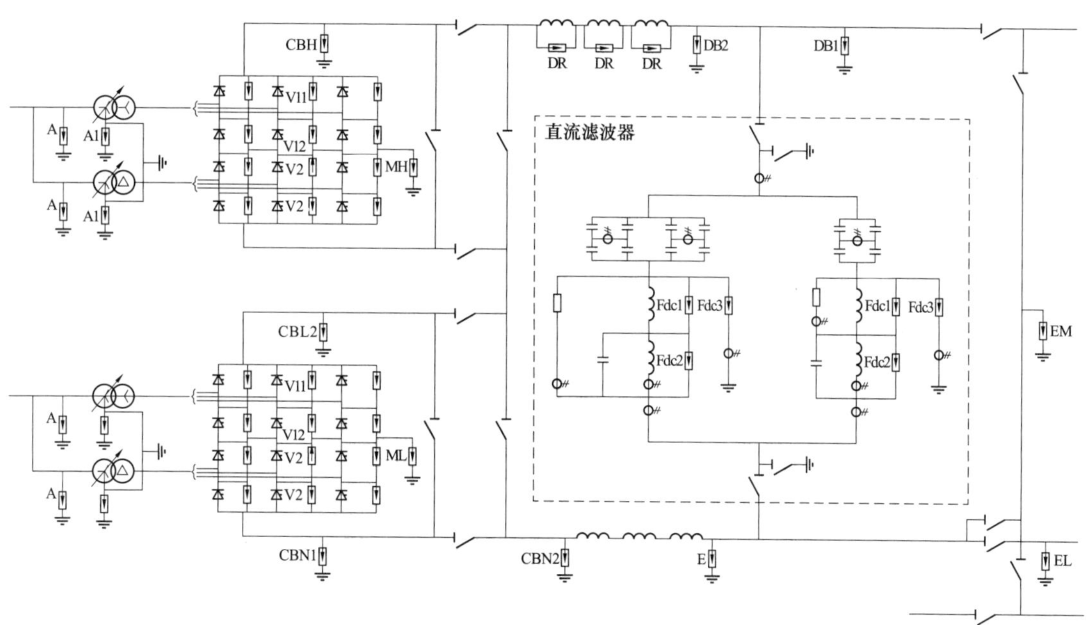

图1 换流器和直流侧单极双12脉动避雷器配置方案

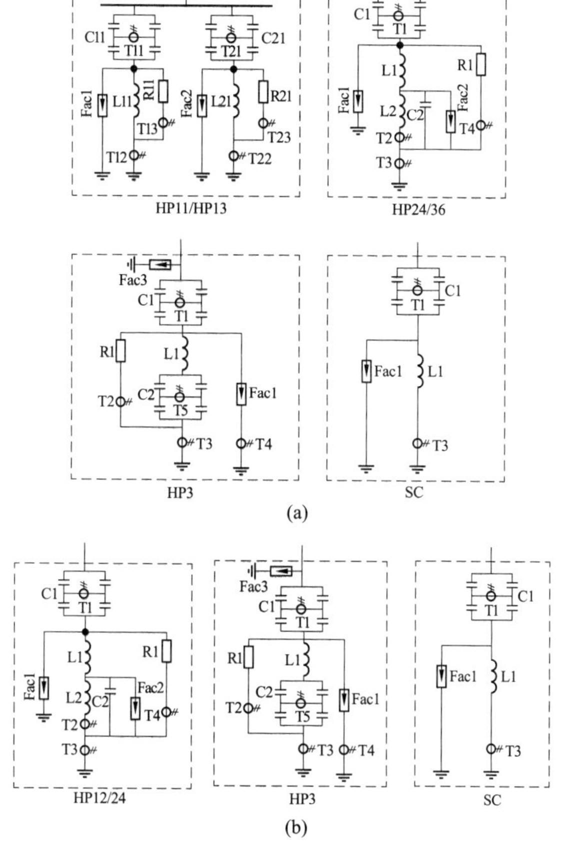

图2 交流滤波器避雷器配置方案

(a)送端换流站；(b)受端换流站

（2）A1 避雷器：当 3 台单相换流变压器中性点经一点接地时，在远离接地点端装中性点避雷器，用于限制雷电侵入波在中性点产生的过电压。

（3）V11、V12、V2、V3 避雷器：每个阀臂并联 1 支，保护换流阀和换流变压器阀侧绕组相间绝缘。

（4）MH 避雷器：用于上组 12 脉动换流单元 6 脉动桥间母线的保护，并和 V 系列避雷器串联保护换流变压器阀侧绕组端对地绝缘。

（5）ML 避雷器：用于下组 12 脉动换流单元 6 脉动桥间母线的保护，并和 V 系列避雷器串联保护换流变压器阀侧绕组端对地绝缘。

（6）CBH 避雷器：即上组 12 脉动换流单元直流母线避雷器，用于保护平波电抗器阀侧的直流母线。

（7）CBL2 避雷器：直流母线中点避雷器，保护上下组 12 脉动换流单元之间的直流母线、旁路开关、隔离开关和穿墙套管。用于 12 脉动换流单元旁路直流断路器操作过电压保护，同时与 V 系列避雷器串联保护上组换流变压器阀侧绕组。

（8）DB1 和 DB2 避雷器：安装在平波电抗器线路侧和直流线路进线处，保护直流母线及设备、平波电抗器线路侧端对地绝缘。

（9）DR 避雷器：极母线每台平波电抗器两端并联 1 台 DR 型避雷器，用以保护平波电抗器纵绝缘。

（10）CBN1 和 CBN2 避雷器：均为高能避雷器，安装在中性母线平波电抗器阀侧，用于保护低部 6 脉动阀组和中性母线平波电抗器。CBN2 和 E 避雷器均用以保护中性母线平波电抗器的纵绝缘。

（11）E、EL 和 EM 避雷器：安装在中性母线平波电抗器线路侧，用以保护中性母线、金属回路转换线、接地极线及其设备。EM 和 E 避雷器用于吸收金属回线运行方式下的操作冲击能量。EL 和 E 避雷器用于其他运行方式下的操作冲击能量，EL 作为接地极线路的雷电侵入波保护。

（12）Fac1、Fac2、Fac3 避雷器：分别保护交流滤波器高、低压电抗器、高压侧电容器端对地绝缘。不同调谐次数滤波器的 Fac1、Fac2 有不同的参数；此外，仅 HP3 配置 Fac3 避雷器。

（13）Fdc1、Fdc2、Fdc3 避雷器：分别保护直流滤波器高压电抗器端对地和高、低压电抗器端对端绝缘。

（14）其他过电压保护措施：① 晶闸管阀正向过电压保护触发。在中性母线靠阀厅处装设中性点冲击电容器，该电容器的功能之一是抑制从接地极线路和中性母线入侵的过电压。② 在换流变压器进线断路器中装设合闸电阻，抑制合空载换流变压器时的冲击电压，限制合闸涌流和防止谐波谐振过电压，避免合闸时交流滤波器低压侧内部元件过载。③ 交流滤波器和并联电容器小组回路断路器装设选相合闸装置，限制合闸涌流，降低投切操作对系统的扰动。

1.3.4 电气总平面布置

总平面布置应尽量减少换流站占地面积，出线方向适应交直流线路走廊要求，避免线路交叉和迂回。配电装置尽量不堵死扩建的可能，进站道路条件允许时，换流站大门直对换流变压器运输道路。

500kV 交流配电装置采用户内 GIS，布置在站区西侧。

换流场（包括变压器和阀厅、控制楼等）布置在站区中部。每极设高、低端阀厅各 1 个，全站共有 4 个阀厅、1 个主控楼和 2 个辅控楼。高、低端阀厅采用面对面布置方式，两个低端阀厅背靠背紧挨布置；阀塔采用悬吊式二重阀，每个阀厅内悬吊有 6 个二重阀塔；换流变压器采用单相双绕组型式，与阀厅紧靠布置，阀侧套管直接插入阀厅；主控楼布置在低端阀厅侧面朝向 500kV 交流场，2 个辅控楼分别布置在高端阀厅的侧面。实际工程中，根据站址的大件运输条件，换流场可选用单相两柱式换流变压器或单相三柱式换流变压器，此时换流场尺寸稍有区别，布置格局基本一致。

±800kV 直流场布置在站区东侧，向东出线。采用户外直流场，直流滤波器高压电容器采用三塔支撑式结构。实际工程中，按照其接线的不同，直流场可按送端换流站、受端换流站以及是否带有融冰接线，分为送端无融冰、送端有融冰、受端无融冰、受端有融冰四种情况。

4 大组交流滤波器集中布置在站区的南侧，通过 GIL 管道引接进串。实际工程中，±800kV 换流站交流滤波器一般采用“田”字型或改进“田”字型这两种基本型式，交流滤波器小组型式一般可分为 HP3、BP11/BP13、HP24/36、SC、HP12、HP12/24 等。

生产辅助区，包括综合楼、综合水泵房、车库等布置于站区北侧；设置 2 台 500kV 站用变压器，集中布置在 GIS 北侧，分别接入 500kV GIS 两段母线；35kV 站外变压器电源引自站外，与 2 台 500kV 站用变压器临近布置；进站道路从站区东北侧进站；继电保护采用下放布置。

1.4 电气二次部分

1.4.1 计算机监控系统

换流站内交、直流系统合建一个统一平台的计算机监控系统，按有人值班设计。计算机监控系统采用模块化、分层分布式、开放式结构。站内所有设备的监视、测量、控制等功能均由计算机监控系统实现。远动系统与计算机监控系统统一考虑。“五防”闭锁及备自投功能由计算机监控系统实现。

1.4.2 直流控制保护系统

直流控制保护系统以每个阀组为基本单元进行配置，两个极的直流控制系统完全独立，每一极的高端阀组和低端阀组的直流控制也完全独立。

直流控制保护系统采用分层分布式结构，从功能上分为阀组控制层、极控制层、双极控制层。从采样单元、传送数据总线、主机设备到控制出口按完全双重化原则设计。

特高压直流控制主机与保护主机相互独立配置。

1.4.3 直流系统保护

直流系统保护包括直流保护、交流滤波器保护、换流变压器保护。直流系统保护按冗余原则配置，每套保护装置的测量回路、电源回路、出口跳闸回路及通信接口回路均按完全独立的原则设计。

直流保护实现包括阀组/极/双极、直流开关场、直流线路以及接地极线路等区域的保护功能。直流保护以阀组为基本单元配置，两个极的直流保护相互独立，每一极的高端换流单元和低端换流单元的直流保护相互独立。直流保护按“三取二”原则冗余配置，采用“三取二”的出口跳闸方式。

交流滤波器保护实现交流滤波器/并联电容器小组及大组母线的保护功能。交流滤波器保护按大组配置保护屏，包含大组中各小组的交流滤波器保护，每个大组按双重化保护考虑。

换流变压器保护实现换流变压器的电量和非电量保护功能。换流变压器保护按阀组配置，电量保护和非电量保护应分开，均采用三重化的冗余配置，采用“三取二”的出口跳闸方式。

1.4.4 交流系统保护

交流系统保护的配置原则与一般交流变电站大体相同。交流系统保护包括交流线路保护、交流断路器保护、站用变压器保护等，交流系统按双重化或单重化原则配置保护。

1.4.5 直流电源系统

直流电源系统按直流极1高端阀组、极1低端阀组、极2高端阀组、极2低端阀组、站公用设备及交流就地继电器小室设备分别配置。

1.4.6 辅助系统

换流站设置一套图像监视及安全警卫系统。在换流站围墙设置电子围栏；在主辅控楼、阀厅、交直流配电装置、就地继电器小室以及辅助生产区等处配置视频监控器。在运行人员控制室及门卫室配置监视器。

换流站设置一套火灾报警系统，包括阀厅专用的极早期烟雾探测系统（VESDA系统），主辅控楼、继电器室内常规的火灾探测系统。

换流站设置一套设备状态在线监测系统，包括换流变压器、500kV 高压站用变压器、高压并联电抗器、组合电器（GIS/HGIS）、金属氧化物避雷器等设备状态在线监测系统。设备状态在线监测系统采用分层分布式结构，由传感器、状态监测 IED、后台分析系统构成。

1.4.7　二次设备布置

换流站内控制保护设备采用集中方式布置。直流控制保护屏、换流变压器保护屏等按阀组布置于主辅控楼内各功能单元室；在交流配电装置内设就地继电器小室，交流滤波器组、电容器及电抗器组、交流线路、断路器等的控制保护屏均下放布置于就地交流继电器小室内。

1.5　土建部分

1.5.1　总平面布置

站区总平面合理布置阀厅、主辅控楼和换流变压器、直流场、500kV 配电装置、交流滤波器组、辅助生产区等，以满足工艺要求，确保工艺流程顺畅：

（1）阀厅及换流变压器区域主要布置有高低端阀厅、主辅控楼、换流变压器，雨淋阀间、消防小室及事故集油池等建、构筑物靠近服务对象就近布置。

（2）辅助生产区主要布置有警传室、综合楼、污水处理设备及调节池、废水池、检修备品库、车库、综合水泵房、工业消防水池等。

（3）500kV 交流配电装置区、交流滤波器场地内布置有 500kV 继电器室或预制舱、10kV 开关柜室、特种材料库等建、构筑物。

1.5.2　建筑

（1）换流站建筑物按照工业建筑标准进行设计，统一标准、统一风格布置，方便生产运行。

（2）做好换流站建筑节能、节地、节水、节材工作，建筑材料选用节能、环保、经济、合理的材料。

（3）换流站一般设有高端阀厅、低端阀厅、主控楼、辅控楼、站用电室、500kV 继电器室、500kV GIS 室、空冷器保温室、备用平波电抗器室、综合楼、检修备品库、车库、综合水泵房、特种材料库、雨淋阀间、消防小室、警传室及大门等。

（4）换流站建筑设计以满足工艺设备布置要求和运行人员工作、生活要求为前提，使站内建筑物平面布局、功能分区、功能房间数量及面积合理，运行管理方便，体现“以人为本”的设计理念。

1.5.3　结构

（1）阀厅、主辅控楼、500kV 及以上配电装置结构安全等级采用一级。其余建、构筑物按二级设计。建（构）筑物的主体结构使用寿命达到 60 年。

（2）阀厅、主辅控楼基本风压采用 100 年一遇风压，其余建、构筑物采用 50 年一遇风压。

1.6　水工部分

换流站内给水系统设置互相独立的生活水系统、生产水系统、消防水系统、喷淋降温及设备冲洗水系统；站内排水采用分流制排水系统，分别为雨水及生产废水排水系统、生活污水处理及回用系统、事故排油系统。换流站阀冷却系统由阀内冷和阀外冷组成，其中阀内冷均为水冷，阀外冷分为水冷、空冷、水冷+空冷三种方式，同时阀外冷方式应结合站址的气候、水源、水质情况综合考虑。

1.7 暖通部分

阀厅、主辅控楼内交流配电室设降温通风系统，其他工艺房间如主控制室、控制保护设备室、辅助设备室、阀冷设备间、阀冷控制设备室、通信机房、蓄电池室等房间设空调系统，人员工作、值班和休息房间设空调系统并提供新风。蓄电池室、交流配电室、阀冷设备间、空调设备间等设置机械通风系统。阀厅设置火灾后排烟系统。根据站址条件有采暖要求的建筑物可采用电取暖等方式维持房间和室内温度。

2 特高压换流站及接地极基本模块和子模块简述

特高压换流站模块化设计专题研究设计对象以±800kV 换流站及接地极工程为例，即额定电压±800kV，额定输送功率 8000MW，接入交流 500kV 系统。该换流站基本方案由若干基本模块组成，基本方案由若干子模块组成。

基本模块：按照布置和功能提出 5 个基本模块，即换流场模块、直流场模块、交流滤波器场模块、站用电模块、接地极模块（不含接地极线路）。考虑到国家电网公司输变电工程通用设计中已经包括交流场模块，实际工程该模块可根据已有的±800kV 通用设计中的方案进行选取。模块编号是“5HVDC-1-1-AC、5HVDC-1-2-AC、5HVDC-2-1-AC、5HVDC-2-2-AC”。因此交流场模块不在此讨论。

子模块：换流场子模块按照建筑物和专业分别划分为主控楼、辅控楼、高端阀厅、低端阀厅、水工系统、暖通系统等子模块。交流滤波器场基本模块按照设备单元功能划分为 HP3、BP11/13、HP24/36、SC1、SC2、HP12、HP12/24 等子模块。

具体工程可根据实际情况选取不同的基本模块和子模块方案进行调整。

3 方案编号和模块编号

3.1 方案编号

方案编号由 3 个字段组成：直流电压等级编号-容量编号-接入电压等级编号。第一字段“直流电压等级编号”：800 代表±800kV 直流电压等级，1100 代表±1100kV 直流电压等级。第二字段“容量编号”：A 代表 8000MW，B 代表 10 000MW。第三字段“接入电压等级编号”：1 代表接入 500kV 交流电网，2 代表 750kV 交流电网，3 代表 1000kV 交流电网。

3.2 基本模块编号

基本模块编号由 4 个字段组成：直流电压等级编号-容量编号-接入电压等级编号-基本模块编号。第一字段～第三字段：含义同通用设计方案编号。第四字段"基本模块编号"：HLC 代表换流场模块，其中 HLC1 代表采用单相两柱式换流变压器的换流场模块、HLC2 代表采用单相三柱式换流变压器的换流场模块；ZLC 代表直流场模块，其中 ZLC1 代表送端无融冰模块、ZLC2 代表送端有融冰模块、ZLC3 代表受端无融冰模块、ZLC4 代表受端有融冰模块；LBC 代表交流滤波器场模块，其中 LBC1 代表滤波器场"田"字型布置模块、LBC2 代表滤波器场改进"田"字型布置模块；JLC 代表交流场模块；ZYD 代表站用电模块；JDJ 代表接地极模块（不含接地极线路），其中 JDJ1 代表独立接地极模块、JDJ2 代表共用接地极模块。

3.3 子模块编号

子模块编号由 5 个字段组成：直流电压等级编号-容量编号-接入电压等级编号-基本模块编号-子模块编号。第一字段～第四字段：含义同通用设计基本模块编号。第五字段"子模块编号"：ZK 代表主控楼；FK 代表辅控楼；GFT 代表高端阀厅；DFT 代表低端阀厅；SG 代表换流站水工系统；NT 代表换流站暖通系统。HP3 代表调谐点为 3 次的高通滤波器小组；BP11/BP13 代表由调谐点为 11 次和 13 次的两个单调谐滤波器并联而成的双调谐滤波器；HP24/36 代表调谐点为 24 次和 36 次的双调谐滤波器；HP12/24 代表调谐点为 12 次和 24 次的双调谐滤波器；HP12 代表调谐点为 12 次的单调谐滤波器。SC1 代表并联电容器小组（不带阻尼电抗器）；SC2 代表并联电容器小组（带阻尼电抗器）。

在不涉及子模块时，用 0 表示。

3.4 方案编号及模块编号示意图

方案编号及模块编号如图 3 所示。

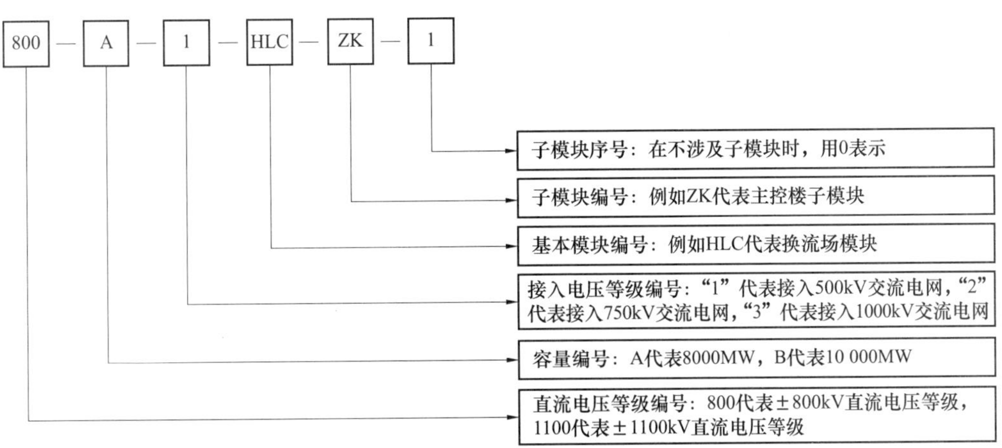

图 3 方案编号及模块编号示意图

4 特高压换流站及接地极基本模块和子模块划分

4.1 换流场

根据站址的大件运输条件，电气部分按照选用单相两柱式换流变压器或单相三柱式换流变压器，可划分为两个基本模块，分别为 800-A-1-HLC1（单相两柱式换流变压器）和 800-A-1-HLC2（单相三柱式换流变压器）。

换流场包含的子模块分别如下：

（1）建筑物子模块。由高端阀厅、低端阀厅、主控楼、辅控楼四个子模块组成，分别为 800-A-1-HLC-GFT（高端阀厅）、800-A-1-HLC-DFT（低端阀厅）、800-A-1-HLC-ZK（主控楼）、800-A-1-HLC-FK（辅控楼）。

（2）水工系统子模块。水工系统根据阀外冷却系统方式划分为两个子模块，分别为 800-A-1-SG-1（阀外冷系统采用水冷方式）和 800-A-1-SG-2（阀外冷系统采用空冷+水冷方式）。

（3）暖通系统子模块。暖通系统为 800-A-1-HLC-NT-0（高端阀厅、低端阀厅、主控楼、辅控楼均独立设置采暖通风及空调系统，采暖采用分散式电取暖器）一个子模块。

4.2 直流场

根据换流站的接线方式，可划分为 4 个基本模块，分别为 800-A-1-ZLC1（送端无融冰接线）、800-A-1-ZLC2（送端有融冰接线）、800-A-1-ZLC3（受端无融冰接线）和 800-A-1-ZLC4（受端有融冰接线）。

4.3 交流滤波器场

根据±800kV 换流站采用的交流滤波器两种布置型式，将交流滤波器场区域分为两个基本模块，分别为 LBC1（“田”字型）、LBC2（改进“田”字型）。交流滤波器场基本模块按照设备单元功能可划分为 HP3、BP11/13、HP24/36、SC1、SC2、HP12、HP12/24 共 7 个子模块。

4.4 站用电

站用电基本模块不下设子模块。

4.5 接地极

根据换流站接地极是否与其他换流站共用，将接地极分为两个基本模块，分别为 JDJ1（独立接地极）和 JDJ2（共用接地极）。

接地极基本模块不下设子模块。

5 基本模块和子模块一览表

基本模块如表 1 所示。子模块如表 2 所示。

表 1　　　　　　　　　　基本模块一览表

序号	基本模块编号	基本模块名称及其描述
1	800-A-1-HLC1	换流场，采用单相两柱式换流变压器
	800-A-1-HLC2	换流场，采用单相三柱式换流变压器
2	800-A-1-ZLC1	直流场，送端无融冰，装设 50Hz 阻尼滤波器
	800-A-1-ZLC2	直流场，送端有融冰，装设 50Hz 阻尼滤波器
	800-A-1-ZLC3	直流场，受端无融冰
	800-A-1-ZLC4	直流场，受端有融冰
3	800-A-1-LBC1	交流滤波器场，采用“田”字型布置
	800-A-1-LBC2	交流滤波器场，采用改进“田”字型布置
4	800-A-1-ZYD	站用电布置模块，两回站内电源，一回外引电源
5	800-A-1-JDJ1	接地极模块，独立接地极
	800-A-1-JDJ2	接地极模块，共用接地极

表 2　　　　　　　　　　子模块一览表

序号	基本模块编号及名称	子模块划分原则	子模块名称、特点及适用条件
1	800-A-1-HLC1（单相两柱式换流变压器）换流场基本模块	高端阀厅：按结构型式划分	GFT-1（高端阀厅钢-钢筋混凝土剪力墙混合结构子模块），阀厅采用钢-钢筋混凝土剪力墙混合结构，阀厅与换流变压器之间防火墙采用钢筋混凝土剪力墙，其他部位采用钢结构柱，横向通过钢屋架联系
			GFT-2（高端阀厅钢-钢筋混凝土框架混合结构子模块），阀厅采用钢-钢筋混凝土框架混合结构，阀厅与换流变压器之间防火墙采用框架结构，其他部位采用钢结构柱，横向通过钢屋架联系
			GFT-3（高端阀厅全钢结构子模块）阀厅采用全钢结构，换流变压器防火墙采用钢筋混凝土剪力墙，阀厅与换流变压器防火墙脱开布置
	800-A-1-HLC1（单相两柱式换流变压器）换流场基本模块	低端阀厅：按结构型式划分	DFT-1（低端阀厅钢-钢筋混凝土剪力墙混合结构子模块）阀厅采用钢-钢筋混凝土剪力墙混合结构，阀厅与换流变压器之间防火墙采用钢筋混凝土剪力墙，其他部位采用钢结构柱，横向通过钢屋架联系
	800-A-1-HLC2（单相三柱式换流变压器）换流场基本模块		DFT-2（低端阀厅钢-钢筋混凝土框架混合结构子模块）阀厅采用钢-钢筋混凝土框架混合结构，阀厅与换流变压器之间防火墙采用框架结构，其他部位采用钢结构柱，横向通过钢屋架连接
		主控楼：按与低端阀外冷设备间分开及合并划分	ZK-1（主控楼与低端阀外冷设备间分开子模块）按 4 层布置，采用钢筋混凝土框架结构及砌体填充墙；适用于主控楼与低端阀外冷设备间分开布置方案
			ZK-2（主控楼与低端阀外冷设备间合并子模块）按 4 层布置，采用钢筋混凝土框架结构及砌体填充墙；适用于主控楼与低端阀外冷设备间合并的布置方案

续表

<table>
<tr><th>序号</th><th>基本模块编号及名称</th><th>子模块划分原则</th><th>子模块名称、特点及适用条件</th></tr>
<tr><td rowspan="5">1</td><td rowspan="5">800-A-1-HLC2（单相三柱式换流变压器）换流场基本模块</td><td rowspan="2">辅控楼：按与高端阀外冷设备间分开和合并划分</td><td>FK-1（辅控楼与高端阀外冷设备间分开子模块）按3层布置，采用钢筋混凝土框架结构及砌体填充墙；适用于辅控楼与高端阀外冷设备间分开布置方案</td></tr>
<tr><td>FK-2（辅控楼与高端阀外冷设备间合并子模块）按3层布置，采用钢筋混凝土框架结构及砌体填充墙；适用于辅控楼与高端阀外冷设备间合并的布置方案</td></tr>
<tr><td rowspan="2">水工系统：按阀外冷水冷和阀外冷空冷+水冷划分</td><td>SG-1（水工子模块，阀外冷水冷）阀外冷采用水冷，适用于年平均气温较高，水资源较为丰富的地区</td></tr>
<tr><td>SG-2（水工子模块，阀外冷空冷+水冷）阀外冷采用空冷+水冷，适用于年平均气温较低，水资源紧缺地区，且进阀水温低（一般在43℃以下）</td></tr>
<tr><td>暖通系统（无子模块划分）</td><td>NT-0（暖通子模块，包括高端阀厅、低端阀厅、主控楼、辅控楼采暖通风及空调系统）每个阀厅设置一套空调系统，阀厅空调采用风冷冷（热）水机组+组合式空气处理机组+送/回风管的系统型式。采暖地区主辅控楼各房间均设电取暖设备，其中蓄电池室设防爆型电取暖器。主辅控楼采用变频多联空调系统，所有空调室外机均集中布置在主辅控楼屋面，各房间分别配置各种不同型式的室内机冷却（加热）室内空气</td></tr>
<tr><td rowspan="11">2</td><td>800-A-1-ZLC1（送端换流站直流场不考虑融冰接线）直流场基本模块</td><td rowspan="4">直流场基本模块（无子模块划分）</td><td rowspan="4">各直流场模块方案均为：
（1）换流阀采用双极每极2个12脉动换流阀组串联带旁路开关接线，阀组电压按400kV+400kV分配；
（2）直流开关场采用双极带接地极回路接线；
（3）平波电抗器分别串接在极母线和中性母线上，并紧靠阀组安装；
（4）每极安装1组直流滤波器，每组直流滤波器由两个双调谐支路并联构成，两个双调谐支路共用一台隔离开关，滤波器型式为HP12/24和HP2/39；
（5）在滤波器高低压侧分别配置一组共用的隔离开关和接地开关，在中性线侧装设冲击电容器</td></tr>
<tr><td>800-A-1-ZLC2（送端换流站直流场考虑融冰接线）直流场基本模块</td></tr>
<tr><td>800-A-1-ZLC3（受端换流站直流场不考虑融冰接线）直流场基本模块</td></tr>
<tr><td>800-A-1-ZLC4（受端换流站直流场考虑融冰接线）直流场基本模块</td></tr>
<tr><td rowspan="3">800-A-1-LBC1 滤波器场“田”字型布置基本模块</td><td rowspan="7">根据成套计算结果划分不同谐波高通滤波器模块</td><td>HP3（HP3交流滤波器小组子模块）</td></tr>
<tr><td>BP11/13（BP11/13交流滤波器小组子模块）</td></tr>
<tr><td>HP24/36（HP24/36交流滤波器小组子模块）</td></tr>
<tr><td rowspan="4">800-A-1-LBC2 滤波器场改进“田”字型布置基本模块</td><td>SC1（并联电容器小组子模块，不带阻尼电抗器）</td></tr>
<tr><td>SC2（并联电容器小组子模块，带阻尼电抗器）</td></tr>
<tr><td>HP12（HP12交流滤波器小组子模块）</td></tr>
<tr><td>HP12/24（HP12/24交流滤波器小组子模块）</td></tr>
</table>

续表

序号	基本模块编号及名称	子模块划分原则	子模块名称、特点及适用条件
3	800-A-1-ZYD 站用电基本模块	站用电（无子模块划分）	采用 3 回独立电源供电，其中 2 回从站内引接，1 回从站外引接。共设置 35kV 低压电抗器 3 组，每组容量为 60Mvar，工程中可根据实际情况进行低压电抗器组数增减。目前已投运的±800kV 换流站中站公用配电室 10/0.4kV 低压站用变压器多选为 2000kVA，但应注意在北方地区有电取暖需求时 2000kVA 有可能不能满足负荷的要求，因此在实际工程中应根据实际情况进行调整
4	800-A-1-JDJ1 独立接地极模块	接地极基本模块（无子模块划分）	（1）不采用共用，接地极进线 1 回（包含分体接地极方案）； （2）最大跨步电压设计值按 $7.42+0.031\,8\rho_s$（V/m），其中 ρ_s 接地极址表层土壤电阻率； （3）额定电流按 5000A 考虑； （4）最大过负荷电流（2h）按 5250A 考虑（或参考成套设计计算结果）； （5）最大暂态电流（3s）按 6000A 考虑（或参考成套设计计算结果）； （6）双极不平衡额定电流按 50A 考虑
5	800-A-1-JDJ2 共用接地极模块		（1）共用接地极，接地极进线 2 回或 2 回以上； （2）最大跨步电压设计值按 $7.42+0.031\,8\rho_s$（V/m），其中 ρ_s 接地极址表层土壤电阻率； （3）额定电流按 5050A 考虑； （4）最大过负荷电流（20min）按 10 000A 考虑（或参考成套设计计算结果）； （5）最大暂态电流（3s）按 6050A 考虑（或参考成套设计计算结果）； （6）双极不平衡额定电流按 100A 考虑

6　模块使用方法

6.1　基本模块拼接

在±800kV 换流站设计过程中应结合实际工程情况，通过不同基本模块拼接形成所需的设计方案。500kV 交流场可从《国家电网公司输变电工程典型设计　±500kV、3000MW 直流换流站分册》“5HVDC-1-1-AC、5HVDC-1-2-AC、5HVDC-2-1-AC、5HVDC-2-2-AC”模块进行选取。模块拼接过程中，道路中心线是模块拼接的衔接线，根据实际总平面布置进行相应的调整。

在±800kV 换流站设计过程中应根据实际工程情况进行计算，选取相应的基本模块，形成所需的设计方案。

6.2　初步设计的形成

确定换流站及接地极设计方案后，应再加入外围部分形成整体设计。实际工程初步设计阶段，对方案选择建议依据如下文件：

（1）国家相关的政策、法律和法规。

（2）工程设计有关的规程、规范。

（3）政府和上级有关部门批准、核准的文件。

（4）可行性研究报告及评审文件。

（5）设计合同或设计委托文件。

（6）城乡规划、建设用地、水土保持、环境保护、防震减灾、地质灾害、压覆矿产、文物保护、消防和劳动安全卫生等相关依据。

第 5 节　换流站防风沙研究

1　引言

1.1　哈密南换流站站址环境条件概述

哈密南±800kV 换流站处于哈密地区，该地区位于欧亚大陆的腹地，远离海洋，属于典型的大陆型干旱性气候。哈密地区气候的主要特征是：干燥少雨，年平均降水量仅为 38.6mm；降水量少，蒸发强度大；晴天多，光照丰富，年、日温差大，降水分布不均；春季多风、冷暖多变，夏季酷热、蒸发强，秋季晴朗、降温迅速，冬季寒冷、低空气层稳定。

根据勘测专业资料，工程风速情况如下：

（1）实测位置 10m 高、10min 平均最大风速：26.0m/s；

（2）年平均大风日数：22.2d；

（3）年最多大风日数：49d（1956 年）；

（4）50 年一遇位置 10m 高、10min 平均最大风速：31.0m/s，相应风压为 $0.6kN/m^2$（依据全国基本分压分布图）。

同时，需要着重说明的是，哈密地区大风持续时间较长，有时会连续多日都处于大风沙天气状况，应引起足够的重视。

1.2　大风沙天气的特点

通常将发生在大气中由风吹起地面沙尘使水平能见度降低的天气现象划分为：

（1）浮尘：悬浮在大气中的砂或土壤粒子，使水平能见度小于 10km 的天气现象。

（2）扬沙，又名高吹沙（尘）：能见度在 1～10km 内的天气现象。中国以新疆、内蒙古等干燥地区多见，并且多在春季出现，南方极少。

（3）沙尘暴：强风将地面尘沙吹起使空气很混浊，水平能见度小于 1km 的天气现象。

其中，沙尘暴对电气设备的影响尤其引人关注。沙尘暴是一种风与沙相互作用的灾害性天气现象，它的形成与地球温室效应、厄尔尼诺现象、森林锐减、植被破坏、物种灭绝、气候异常等因素有着不可分割的关系。沙尘暴作为一种高强度风沙灾害，并不是在所有有风的地方都能发生，只有那些气候干旱、植被稀疏的地区，在一定的特殊气象条件下才有可能发生沙尘暴。

1.3 小结

根据以上情况进行分析，可知哈密南换流站站址处于大风沙地区，扬沙现象较多，且有出现沙尘暴的可能。大风沙天气对电气设备、构支架、建筑物等均有较大影响，威胁着工程的安全运行，故需提前对本站防风沙措施进行研究，以确保工程的顺利建设和投运。

为此，首先对类似环境地区换流站、变电站设计、运行情况进行了调研；之后从技术角度对大风沙可能对电气、土建（结构、建筑、总图、暖通）等专业造成的影响进行了分析；最后通过综合比较，推荐了哈密南换流站拟采取的防风沙措施。

2 类似环境换流站、变电站防风沙设计经验调研

2.1 概况

目前在西北地区已设计的换流站、变电站中，部分站址环境与哈密南换流站非常类似，可以作为参考的对象进行分析比较，如新疆地区的哈密 750kV 变电站、吐鲁番 750kV 变电站、巴音郭楞 750kV 变电站、乌苏 750kV 变电站等，青海地区的格尔木±400kV 换流站、日月山 750kV 变电站，宁夏地区的银川东±660kV 换流站、银川东 750kV 变电站，陕西地区的榆横 750kV 变电站等。

在这些换流站、变电站设计及运行过程中，已积累了大量的工程设计防风沙实际经验，可供参考，以下对此做出相关介绍。

2.2 防风沙设计经验

2.2.1 避免选用垂直断口隔离开关

新疆部分地区与哈密南换流站气候条件是风速大，且较多变电站均存在沙尘天气。在大风沙地区若采用垂直断口隔离开关，则不仅存在“卡塞现象”，且隔离开关有可能出现触头难以紧密结合，导致局部过热，引发事故的危险。

目前 750kV 尚没有垂直断口隔离开关的使用先例，不考虑采用；750kV 和 330kV 交流场为户外 GIS，不存在风沙影响的问题；750kV 交流滤波器组隔离开关推荐采用水平断口型式。直流场区域均采用水平断口隔离开关。

2.2.2 V 型耐张串、悬垂串的使用及引下线设计

在风速较大地区设计变电站及换流站时，较多地采用了 V 型耐张绝缘子串及悬垂串（如图 1 所示），以满足跳线及引下线等的带电距离要求，减小间隔宽度，节约占地面积。

图1 V型绝缘子串

同时，在风速较大地区，应尽量避免采用较长引线，并对引线弧垂提出要求，避免大风工况下设备接线端子受到损坏。

2.2.3 防风沙端子箱、机构箱的使用

对于大风沙地区，考虑到风沙对端子箱及设备操作机构箱等的影响，大量变电站均设计采用了不锈钢端子箱，且对箱体提出了增大壁厚的要求，并重点采取了各种措施提高了箱体的密封性。

部分变电站设计时，为同时满足风沙及抗低温要求，端子箱、机构箱采用了双层门结构（如图2所示），层间设置保温材料；格尔木变电站设计时，在双层门结构的基础上，还另增设了一层专用防风沙内门。

同时，为进一步加强箱体内元件的防风沙性能，可采用专用防风沙继电器等。

2.2.4 站区照明灯具的选择

大风沙地区对于户外照明应特别注意，尽量避免采用常规庭院灯，以免灯体表面被风沙侵蚀甚至打碎，可采用加强壁厚的工业灯替代庭院灯用于进站道路处照明。

对于站区投光灯的选择，建议采用高压钠灯。与金卤灯比较，钠灯的光线穿透能力更强，寿命更长。

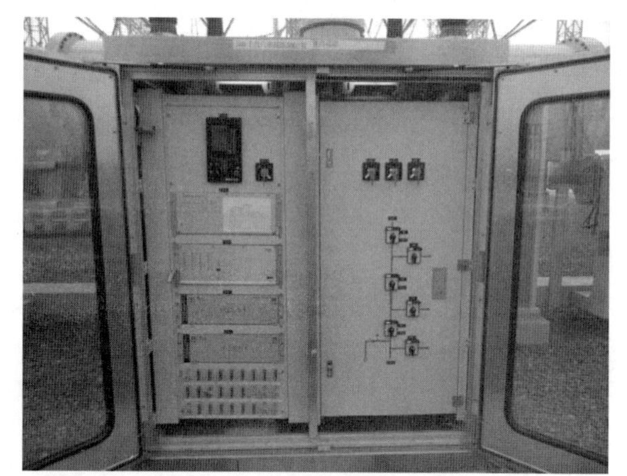
图2 端子箱采用双层门

2.2.5 降噪设施的防风沙方案

换流站经常采用较多降噪设施，如隔声屏障等，这些降噪设施也应采取一定措施，以防止大风沙对其的影响。这些措施举例如下：

（1）降噪设施的结构、材料和油漆等需满足换流站强风沙等特点。围墙屏障和box-in所有钢构件进行热浸锌防腐，锌层厚度60μm，外露表面进行耐候（抗风沙）氟碳喷涂处理，干膜厚度60μm。

（2）对降噪设施所有移动部分和固定部分均采用可压缩式密封结构进行密封。

（3）屋面声屏障板应尽最大可能保证沿屋面纵向（排水方向）无搭接接缝，钢结构本体、钢结构和防火墙及阀厅外墙的连接处可采用耐候密封胶处理。

（4）屋面、正面外墙声屏障孔洞处和声屏障板接缝处，应采取切实有效的防沙和

密封构造。

（5）吸隔声板采用镀锌板，表面防腐漆应具备较强的自洁性和防灰尘吸附功能。

（6）根据现场实际情况，按需在消声器和排风百叶窗等处设置防尘防沙罩。

2.2.6　防沙盖板的采用

为防止沙粒淤积掩埋油坑，站内主变压器、高压电抗器等带油设备的油坑内加设防沙盖板，如图 3 所示。变压器防沙盖板方案已经在西北地区多个变电站和换流站中得到了应用，效果良好。

图 3　变压器防沙盖板

2.3　小结

以上列举了部分变电站、换流站采取的防风沙措施，对于这些措施，哈密南站均将结合实际情况使用。除以上所述外，以往变电站（换流站）还采取了较多其他措施以防止大风沙的影响，如场地封闭优化方案、电缆沟盖板优化处理等，本专题将在后续章节中叙述哈密站拟采取措施时一并进行介绍。

3　电气专业防风沙措施研究

3.1　大风沙天气对电气设备的影响

沙尘天气对电气设备的可能影响主要是：

（1）卡塞现象。引起设备外露传动部件的卡塞，影响设备的正常运动机能；引起户外隔离开关动静触头的卡塞、阻塞，影响隔离开关合闸不到位，或动静触头保护层破坏。

（2）集尘效应。细微沙尘进入设备操作机构箱或者端子箱、仪表等处，影响控制设备的正常功能。

（3）外漆面的打磨效应。飞扬的沙、石冲击或者打磨设备外表面，损坏设备表面漆层，影响电气设备的外观。

（4）绝缘性能下降。飞扬的沙、石冲击或者打磨绝缘子和设备瓷套外表面，损坏绝缘釉质，影响电气绝缘性能。

（5）设备风压增大。沙暴天气下的强劲大风，增加了作用于设备上的风压，提高了对设备的强度要求。

在上述不利影响中，“卡塞现象”“集尘效应”和“外漆面的打磨效应”最为运行人员所关注，而“绝缘性能下降”及“设备风压增大”等属于肉眼无法观察到的影响，更需提高警惕。

3.2 哈密南换流站拟采取的防风沙措施

3.2.1 卡塞现象的应对措施

换流站中设备外露运动部件主要是隔离开关的触头以及操动机构。应对措施主要考虑为：

（1）选择外露运动部件少的设备。高压设备型式主要有三种，即敞开式配电装置（AIS）、气体绝缘金属封闭开关设备（GIS）、复合电器（HGIS）。其中 AIS 产品断路器为罐式或瓷柱式，隔离开关、互感器等均为瓷柱式，母线外露，采用外露导线连接设备的一种配电装置布置型式，其优点在于设备价格较低。GIS 产品主要应用在高海拔及重污秽地区，它将所有的可操作和不可操作元件的带电部件都封闭于接地的金属外壳中，不受环境条件的影响，产品的可靠性高，占地面积小，但是设备的造价相应也较高。HGIS 是以罐式断路器为核心，将所有可操作的元件的带电元件封闭于接地的金属外壳内，而不可操作元件如避雷器、母线等敞开在空气中，这种设备兼有以上两种设备的优点，可操作元件有较高的可靠性，扩建检修方便，但占地大于 GIS，造价高于 AIS。

AIS 内的设备的外露运动部件最多，GIS 的外露部件最少，HGIS 的外露运动部件与 GIS 相同。所以，从预防卡塞现象考虑，在设备选型时，可以重点考虑选择 GIS。哈密南换流站 750kV 和 330kV 配电装置采用户外 GIS。750kV 交流滤波器组区域采用 AIS，设备选型时避免采用垂直断口隔离开关，对其他设备也应提出防风沙要求。

对于直流场来说，该区域设备众多，包括平波电抗器、隔离开关、避雷器、直流滤波器、电流互感器、电压分压器等设备，采用户外布置方案情况下，对大风沙最为敏感的是隔离开关，可在招标时对设备厂家提出相关要求，提醒厂家注意此处特殊环境条件。

对于换流变压器区域来说，换流变压器有两种方案：① 非 box-in 方案，在换流变压器周围加设隔、消、吸声综合降噪装置；② box-in 方案，即采用换流变压器加隔音室。box-in 方案中，由于换流变本体封装在隔音室内，风沙对其影响较小，只需订货时对换流变冷却器风扇提出抗风沙能力要求即可。哈密南换流站暂推荐采用

box-in 方案，如图 4 所示。

（2）对于敞开式隔离开关，在具体结构上也应有所考虑。在设备采购招标时，可要求供货方采取措施，防止卡塞现象。可以考虑采用钟罩式触头设计，减少动、静触头接触面积尘和卡塞的发生；用不锈钢罩将触片与上导电管连接压力的弹簧盖住，避免曝露在外，保证使用的可靠性；导电部分动触头处除常规的导电接触外，额外增加软连接结构，不仅增加此处通流能力，也使导电连接更可靠，受外界环境影响小。

（3）加强运行维护，及时消除可能的卡塞现象。

图 4 换流变压器采用 box-in 方案

3.2.2 集尘效应的应对措施

（1）细微沙尘进入设备操作机构箱或者端子箱中，产生集尘效应。敞开式隔离开关操作机构箱通过操作连杆与隔离开关本体相连接，机构箱出口处的密封措施至关重要。可与隔离开关厂家协商，对此处采取必要的防护措施，在封闭连接处涂有密封胶，防止风沙进入。

（2）对端子箱等箱体，主要考虑加强箱门的密封措施。可对密封性能提出要求，由厂家配合完成。

（3）对设备外露仪表等采取特殊措施。重要设备订货时，对设备外露仪表等也可提出防沙尘措施，如设备外露的所有连杆、密度表等部件，均采用加装防护罩措施，可有效阻止沙尘的进入。

图 5 不锈钢壳体端子箱

3.2.3 打磨效应的应对措施

飞沙对设备外壳的打磨，可能使设备外漆面局部脱落，影响设备的外观，产生打磨效应，降低设备寿命。

应对措施主要考虑为：

（1）尽量选择加厚的，采用不锈钢外壳的户外箱体，如采用不锈钢壳体的机构箱和端子箱（见图 5）。这些箱体在经受沙暴后外观变化不大，维护工作量最小。

建议所有户外箱体均选用双层或三层门密封结

构，可根据设备实际情况选择使用防风沙继电器。

此外，考虑到换流站的重要性，哈密南站所有户外箱体拟采取以下措施：将各区域户外箱体尽量集中、合并布置，可采用较大箱体；同时，对集中布置在一处的箱体，统一在其外部设置一个共用的透明防风沙罩（仅设出气孔）。当需要打开箱体时，首先开启外部透明防风沙罩，人进入此防风沙罩后，关闭罩门，之后再开启各箱体本体门进行操作。此方案会增加部分电缆及材料费用，但防风沙效果可达到最好。

（2）对外表覆漆的电气设备，需要对设备外壳等在经受沙暴后及时维护，必要时采取补漆措施。设备表面喷漆可采用具有憎尘性的专用漆，附着力强，具有防腐、防盐雾、防老化性能，适用于沙暴气候。此外，也可对外部零件采取先进行热镀锌后再进行涂漆处理的方案，即采用双层防腐措施，可有效防止产品表面风沙侵蚀现象发生。最后，可与设备厂家共同协商，对喷漆工艺进行进一步的研究讨论，使设备的外部漆层能够耐受更长时间的风沙破坏。

3.2.4 电气绝缘性能影响

3.2.4.1 设备外绝缘和绝缘子电气性能的影响

（1）瓷质绝缘子。飞扬的沙、石冲击或者打磨设备瓷套及绝缘子外表面，损坏绝缘子釉质，影响电气绝缘性能。同时，大量的沙尘会造成设备瓷套及绝缘子表面积灰严重，也会降低绝缘子表面绝缘性能。

可针对该情况，要求设备厂家对瓷质绝缘子表面进行加厚釉层处理，以提高绝缘子表面抗沙尘能力。

同时，为进一步增强绝缘子表面爬距，增加其抗风沙能力，现场施工时可在绝缘子表面均喷涂 RTV/PRTV 涂料或加装辅助伞裙，提高瓷绝缘子的电气性能。

（2）复合绝缘子。绝缘子的表面积污特性是与表面状况相关的，湿润表面更易积污。而在气候干燥的西北地区，沙尘暴发生时往往伴随着大风和飞沙，沙尘不易沉积在绝缘子上，表现为典型的扬沙状态，所以在气候干燥的西北地区强沙尘暴中复合绝缘子和瓷质绝缘子的积污特性并无本质区别。但在沙尘的间息期或风速较小时，考虑到直流场的吸污特性，绝缘子表面的污秽情况必须要加以考虑，特别是偶尔的降雨也会带来污闪的风险。考虑这一因素，由于复合绝缘子的高温硫化硅橡胶拥有优异的憎水性，具备抑制污闪湿闪的优势，对沙尘天气有较好的适应性。

颗粒较大的沙会对绝缘子表面形成一定的侵蚀磨损，但在一定高度上沙尘浓度及大颗粒沙出现的机会与风速等因素相关，图 6 说明了这种关系的一般情况。大于 150μm 的粒子，一般被限制在近地面 lm 的空气层内。在这层内约有半数沙粒（质量计）是在地表面上 10mm 内运动，而另一半多数是在近地表面上 100mm 内运动。我国西北地区空气中沙尘含量（个/cm^3）与风速关系的实测结果如图 7 所示。

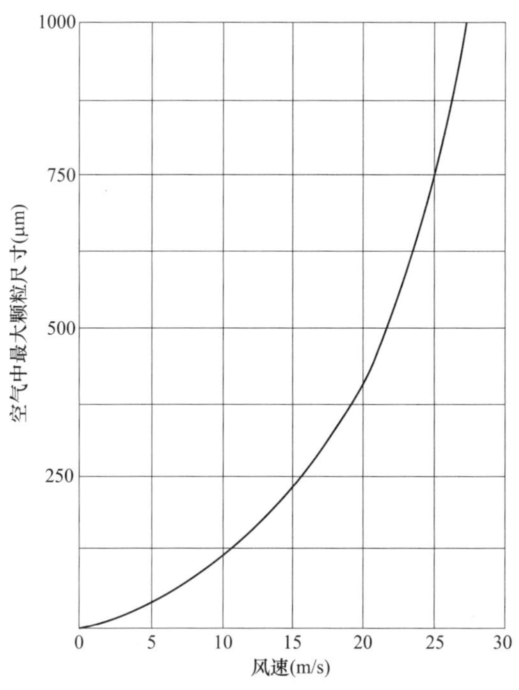

图 6 最大颗粒尺寸与风速的依赖关系图

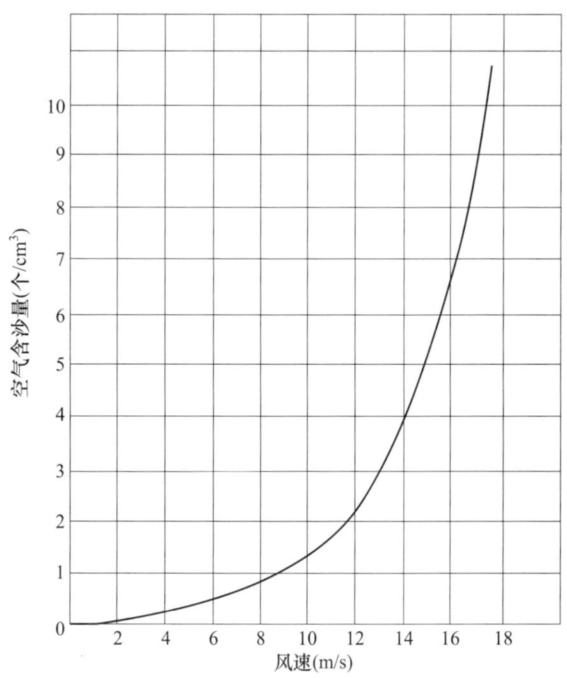

图 7 户外大气中沙尘含量与风速的关系

由此可见，沙尘暴中颗粒较大的沙粒将会被局限于较低的空间，在套管的高度范围内对外套起磨耗作用的大直径沙粒出现的几率和密度是有限的。对于复合绝缘子的高温硫化硅橡胶外套而言，其耐磨耗性能取决于机械强度，由扯断强度、撕裂强度及定伸应力等参数表征。不同复合绝缘子厂家生产工艺有所差异，但配方优良的高温硫化硅橡胶材料均具备较强的耐磨耗性能，能够抵御西北地区强风沙的侵蚀。

已投运的青海日月山 750kV 变电站处于大风沙地区，已带电运行 2 年，其 750kV 套管采用了复合绝缘子，运行效果良好，见图 8。

图 8 日月山 750kV 变电站采用的 750kV 复合套管

根据以上分析可知，尽管哈密南换流站处于大风沙地区，但只要提前做好相关准备工作，在设备招标阶段对工艺水平提出要求，并不限制绝缘子的使用材料。

3.2.4.2 其他减小电气绝缘性能影响的措施

针对沙尘造成的积灰问题，可适当加强对设备的巡视，沙尘暴过后，及时清扫设备上的沙尘，增加设备清洗频率。

3.2.5 沙暴天气下的强劲大风对设备的影响

沙暴天气下的强劲大风增加了作用于设备上的风压，提高了对设备的强度要求。

设备标准的风压耐受水平为 800Pa，对应的风速为 34m/s。对于风速较大情况，应根据实际，按设备最高处高度进行风速修正后，对设备提出要求，说明哈密南站的特殊情况（经常性大风气候）；同时提醒设备供货方，充分考虑沙暴对风压的增益作用。

考虑到沙暴天气下强劲大风对照明设备本体及照明效果的影响，哈密南站进站道路处照明拟采取专用工业灯，投光灯拟采用高压钠灯。

3.3 小结

本节结合哈密南±800kV 换流站实际环境条件，针对大风沙天气对电气设备性能的不利影响，结合部分相似环境条件下换流站、变电站的实际设计、施工、运行经验，从电气专业出发，对设备选型、结构性能、运行维护等方面进行了详细讨论，提出了相应的应对措施。小结如下：

（1）风沙较大地区，沙尘对换流站安全运行有较大影响，主要体现在卡塞现象、集尘效应、打磨效应、电气绝缘性能影响、强劲大风对设备的影响等几个方面。

（2）对于“卡塞现象”，建议首先从设备型式角度考虑，优先选择合适的设备型式（GIS、HGIS、AIS）；其次，从具体结构方面，对设备厂家提出针对性要求；同时，应加强运行维护保养。对于换流站降噪设施，也应注意采取相应的防风沙措施。

（3）对于“集尘效应”，应及时与厂家沟通，加强机构箱（端子箱）门，以及连杆处的密封措施，采用双层或三层密封门；考虑采用特殊材料进行密封；必要时可采用防风沙专用继电器。同时，拟将各区域户外箱体集中、合并布置，并统一在其外部设置共用的透明防风沙罩。

（4）对于“打磨效应”，应尽量选择加厚的、采用不锈钢外壳的户外箱体，并对设备本体喷漆提出工艺要求。

（5）对于“电气绝缘性能影响”，应要求设备厂家对绝缘子进行加厚釉层处理，以提高绝缘子表面抗沙尘能力；同时，应加强换流站的清洗工作。

（6）对于“强劲大风对设备的影响”，可提前与设备厂家联系，按照最严酷情况下，折算至设备最高处的风速，对设备本体提出相关要求；同时提醒厂家充分考虑沙暴对风压的增益作用。进站道路处照明采用工业灯，投光灯采用钠灯。

4 土建专业防风沙措施研究

4.1 结构专业

4.1.1 建构筑物结构抗风设计

风荷载尤其是大风沙气象条件下的大风荷载，是换流站、变电站建（构）筑物结构所要承受的主要水平荷载之一。在结构设计中，如果不对风荷载的作用进行控制，就可能会产生严重的后果，比如结构或其构件因为受到过大的风力产生过大的变形而破坏，由风振作用导致的结构或其构件的疲劳破坏，过大的风力引起建筑物外墙，外装饰材料的破坏等。近年来，国内外建造了很多重大的换流站、变电站工程，在这些重大工程的建构筑物的结构设计中，强风作用下结构的风荷载往往决定着结构的安全性能，是结构设计中需要重点考虑的控制性荷载。因此，通过抗风控制以及抗风设计，减小风振响应、提高结构抗风沙性能，保证结构安全，是换流站建（构）筑物结构设计的关键点。

在换流站、变电站建（构）筑物结构设计中，结构侧向刚度是主要考虑的因素，能准确判断建（构）筑物侧向刚度的参数为水平位移指标，即顶端最大位移与结构总高度之比，因此建立水平位移指标的限值是一个重要的设计规定。根据现行的建（构）筑物结构设计规范，对于结构在风荷载作用下的变形响应主要做以下两方面的限制：① 限制结构的顶端水平位移与总高度的比值，目的是控制结构的总变形量；② 限制相邻两层楼盖间的相对水平位移与层高的比值，一般该比值在结构的各层中具有不同的比值，且往往最大的要超过的限值。结构的变形控制对于控制风振侧移是非常重要的，结构侧移特别是层间侧移是决定建（构）筑物破坏程度的因素，因此能否将侧移控制在允许限度内，是检验抗侧力体系有效性的重要指标。

4.1.2　构支架防风沙侵蚀

户外大气环境下的钢结构受风沙、雨雪、霜露等的侵蚀作用，是造成户外钢结构腐蚀的重要因素。大风沙环境的侵蚀和劣化作用严重影响换流站、变电站建（构）筑物的安全耐久性，尤其对站内构、支架的耐久性有着重大的影响。

参考类似环境条件下换流站、变电站工程实际运行经验，可采取喷锌涂层对户外钢构支架进行防护，在钢构件上喷锌，利用锌是负电位和钢铁形成牺牲阳极而起到保护作用。因此，对站内全部构支架采用热镀锌防腐，提高钢结构的防风沙、抗侵蚀的耐久性。

热镀锌是将除锈后的钢构件浸入 600℃左右高温融化的锌液中，使钢构件表面附着锌层，5mm 以下薄板锌层厚度不得小于 65μm，厚板锌层厚度则不小于 86μm，从而起到防腐蚀的目的。这种方法的优点是耐久年限长，生产工业化程度高，质量稳定，因而被大量用于受大风沙侵蚀较严重且不易维修的室外钢结构中。

4.1.3　油坑防沙设计

哈密南换流站由于地域、气候、植被等原因，存在气候干旱、风沙较大的环境特点。在这种多风沙或风沙灾害较严重的地区建设换流站或变电站，站内主变压器、高压电抗器等带油电气设备在投入运行后，其油坑内往往成为风沙沉积的处所，由于沙粒沉积在卵石层中，清理困难，长期累积，容易堵塞排油管道，造成安全隐患。因此，有必要对油坑进行防沙设计，解决油坑内的沙粒沉积问题，使维护、检修更为方便，安全性更高。

参考类似工程经验，为防止风沙淤积掩埋油坑，站内主变压器、高压电抗器等带油设备的油坑内加设防沙盖板。防沙盖板两侧端与油坑采用角钢支撑固定，油坑的油坑壁上预埋有预埋埋件，角钢与预埋埋件焊接固定，防沙盖板中间采用工字钢支撑，工字钢与油坑的油坑底采用螺栓固定。油坑设置盖板后，结构轻巧、施工方便，有更好的支撑作用，使维护、检修人员行走、操作更为方便。防沙盖板既可以起隔火降温作用，防止油燃烧扩散，又可以满足消防部门验收规定，同时还可防止风沙长期累积于油坑内，堵塞排油管道，造成安全隐患。

4.2 建筑专业

4.2.1 防风沙门斗

门斗是进入控制楼、综合楼及阀厅内部空间的过渡区域，既可起到保温作用又可阻挡风沙的侵入，由于控制楼内二次设备屏柜很多，特别是主控室、计算机室的洁净要求高，所以，防风沙设计必不可少的，特别是对外维护构造的密闭性要求较常规工程要求高。因此，本工程在外门增加门斗并选用密闭性能高的户外门，并将门窗加防风密封毛条。

4.2.2 钢结构围护结构设计

（1）减小屋面檩条间距至1.2m，在屋脊、檐口部位加密檩条，从而增加屋面板与檩条的固定点。

（2）屋面板的轧制与铺设：屋面板要求单坡通长，不允许搭接，因此轧制屋面板的设备必须在现场轧制金属板。压型设备需在现场安装、调试，并进行试压型后，方可进行安装板材的压型。

钢结构屋面压型钢板选用360°直立缝锁边连接，此板型可保证屋面连接没有螺钉穿透屋面板，压型钢板通过专用工机具牢固锁合在固定支座上，可以抵抗较大负风压荷载。屋面板支座用自攻螺钉固定在2mm厚镀锌Z型钢衬檩上，衬檩用自攻螺钉固定在高频焊工字钢檩条上，自攻螺钉固定在底层压型钢板波谷处，波谷用硬质橡胶垫块填实，保证自攻螺钉将衬檩牢固地固定在高频焊工字钢檩条上，使得在强风吸情况下螺栓能可靠地拉住衬檩。

这种360°直缝锁边屋面系统较之以往自攻螺钉固定屋面系统具有更好的防风抗渗性能。压型钢板与支座处通过专用机具锁缝连接，且在温度变化时，允许温度变形，通过压型钢板与支座间的相对滑移，消减温度应力，不会破坏连接处的构造，保证屋面正常使用。自攻螺钉固定的金属板，温度变化时，在钉孔处产生集中应力，长时间后，在螺钉固定处将板拉出长孔，钉头密封胶失效后，产生屋面漏水。屋面构造示意图见图 9。

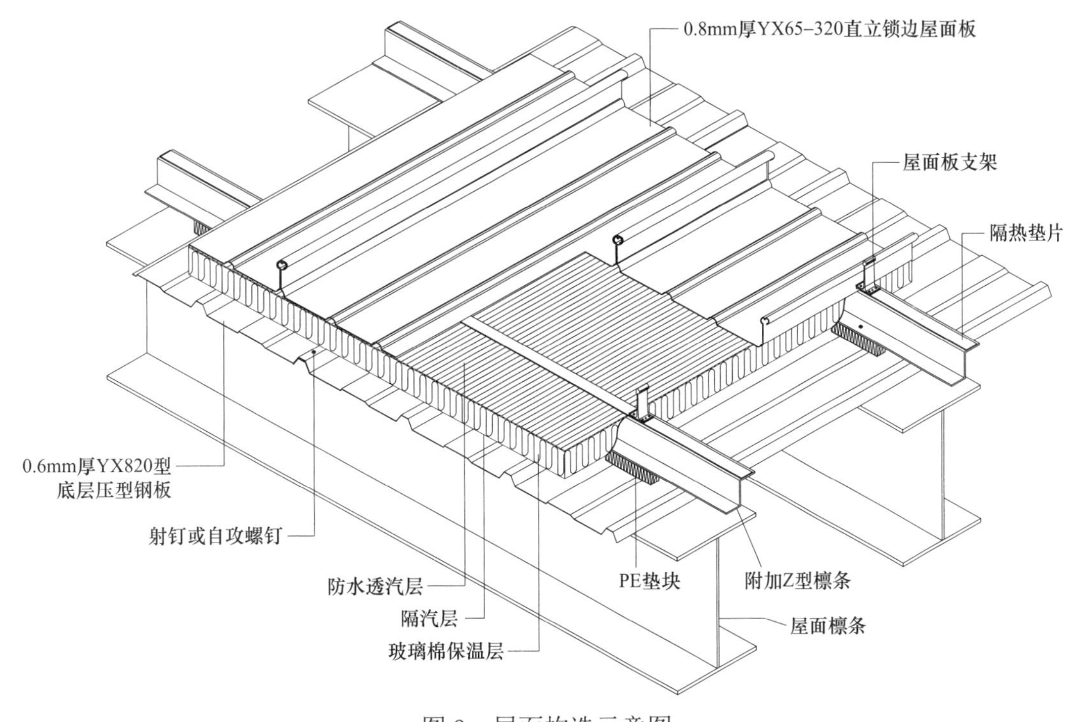

图 9　屋面构造示意图

（3）利用屋面避雷带、屋面检修走道的固定夹具，加强屋面板与支座的固定作用。固定夹具必须设置在有支座处，切不能对板及板的连接造成不良影响。

（4）连接件：自攻螺钉材质为碳钢，表面处理为镀锌钝化或不锈钢（不锈钢自攻钉只用于铝板）。采用抽芯铝制拉铆钉，直径 5mm，选用闭孔式。为解决铝合金拉铆钉在彩板构件上使用时其密封问题，在拉铆钉上配置抗老化性能好的密封垫圈。

1）自攻螺钉用于室内金属板与檩条连接、板与板的接缝屏蔽连接、衬檩固定、支座固定、室外包角板、泛水板的连接及固定。

2）外板连接用自攻螺钉为表面镀锌钝化的碳钢自攻螺钉。

3）抽芯铝制拉铆钉用于室外包角板、泛水板的连接及固定。

（5）屋面天沟采用托架型式出挑，托架与主体钢结构刚性连接，从而保证屋面天沟的抗风性能，同时天沟沟壁高于屋面檐口，从而起到减小檐口部位风压抬升效应。天沟构造示意图如图 10 所示。

4.2.3 减少建筑物外窗的开启扇及开启面积

由于围护结构门窗不断的开启，会造成风沙的侵入，因此，尽量减少窗的开启扇数量和尺寸，窗扇宽度小于 600mm。

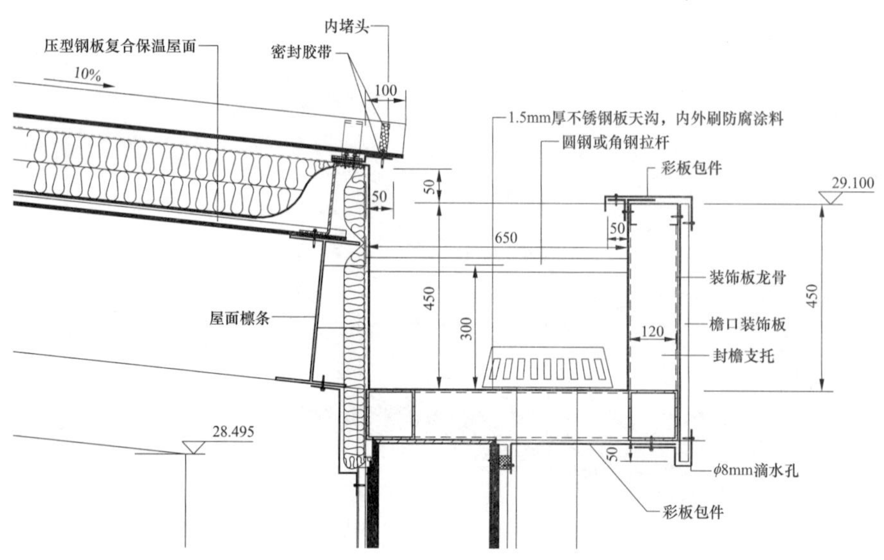

图 10　天沟构造示意图

4.2.4　屋面雨水落水管设置清沙口

屋面雨水落水管在离地 1m 高处设清沙口防止堵塞，并在建筑物周边设沉沙井，防止因沙尘堆积堵塞屋面落水管而造成屋面排水不畅以及落水管漏水等现象。

4.3　总图专业

4.3.1　电缆沟防沙设计

为增强电缆沟防风沙性能，对于断面尺寸大于等于 800mm×800mm 的电缆沟盖板拟采用现浇包角钢盖板，并每隔 6m 左右设置 1 块活动盖板，以方便电缆检修，见图 11。

图 11　现浇包角钢盖板及活动盖板

4.3.2　站区地表封闭

为抑制扬尘，改善运行环境，保护设备安全运行，站区裸露地表拟采取覆盖措施。

方案一：按照“两型一化”要求，站区地表拟采用 80mm 厚碎石覆盖（见图 12）。该方案具有地表美观统一，施工方便、节省投资的优点。根据实地调研，当地最近的碎石料场距离站址约 80km，虽有公路相通，但运距较远。同时，该方案还具有污染后难以清理的缺陷。

方案二：站区地表采用硬化封闭，拟采用 60mm 厚压制水泥砖（见图 13）。其主要优点是不易积砂，便于清扫，方便运行维护，站区较为美观。其主要缺点是投资相对较高，施工难于找平。

综合以上分析，方案一投资较小，且适合本工程的气候、地质条件，站区地表封闭推荐采用方案一。

图 12 站区地表覆盖碎石照片

图 13 站区地表覆盖水泥砖照片

4.4 暖通专业

4.4.1 空调主设备防沙优化

风沙对暖通专业设备的影响主要体现在空调室外机（见图 14）上，本站对此采取了优化措施，阀厅、试验大厅等空调室外机均进行防风沙处理，改变蒸发器形状，从常规的方形改为 V 形，加大铜管上散热肋片间距，这样风沙不能在散热器表面沉积；改变铜管布置方式，从常规多排改为双排，便于清扫铜管表面积灰；提高整机的密闭性，沙尘不能进入壳体内部。

图 14 阀厅空调室外机

4.4.2 通风系统风口防风沙优化

蓄电池室、配电室通风方式为下部设置双层百叶窗（见图 15）进风，上部轴流风机排风，同时轴流风机外设置双层电动百叶窗，电动百叶窗和轴流风机联动，风机开启时百叶窗开启，风机关闭时百叶窗关闭。双层电动/手动百叶窗外设置 6 目不锈钢钢丝网，密闭严实，相比自垂防雨百叶窗可以有效地防止沙尘、雨水和小动物进入室内。

4.5 小结

本节结合哈密南±800kV 换流站实际环境条件，结合相似环境换流站、变电站实际运行经验，针对大风沙天气对土建类专业涉及的构支架、建筑物等的不利影响，从

图15 双层百叶窗

结构、建筑、总图、暖通等专业出发，对土建类专业防风沙措施进行了详细讨论，提出了相应的应对措施。小结如下：

（1）应通过抗风控制以及抗风设计，减小风振响应、提高结构抗风沙性能，保证结构安全。

（2）钢构件采用热镀锌及喷锌工艺防风沙侵蚀。

（3）换流变压器、主变压器、高压电抗器等设备油坑设置防沙盖板。

（4）外门增加门斗并选用密闭性能高的“肯德基”式型材门，门窗加防风密封毛条。

（5）优化钢结构围护结构设计。

（6）减少窗的开启扇。

（7）应通过抗风控制以及抗风设计，减小风振响应、提高结构抗风沙性能，保证结构安全。

（8）钢构件采用热镀锌及喷锌工艺防风沙侵蚀。

（9）主变压器、高压电抗器等设备油坑设置防沙盖板。

（10）优化站区地表封闭处理措施。

（11）对空调设备、室内风系统、建筑物外墙风口采取优化防沙措施。

5 结论

本专题从电气、结构、建筑、总图、暖通等专业角度出发，分析了大风沙天气对电气设备、构支架、建筑物等性能的不利影响，对哈密南换流站防风沙措施进行了详细研究，提出了有效的防护措施。

研究成果结论如下：

（1）风沙较大地区，沙尘对换流站设备安全运行有较大影响，主要体现在卡塞现象、集尘效应、打磨效应、电气绝缘性能影响、强劲大风对设备的影响等几个方面。

（2）对于“卡塞现象”，建议首先从设备型式角度考虑，优先选择合适的设备型式（GIS、HGIS、AIS）；其次，从具体结构方面，对设备厂家提出针对性要求；同时，应加强运行维护保养。对于换流站降噪设施，也应注意采取相应的防风沙措施。

（3）对于“集尘效应”，应及时与厂家沟通，加强机构箱（端子箱）门，以及连杆处的密封措施，采用双层或三层密封门；考虑采用特殊材料进行密封；必要时可采用防风沙专用继电器。同时，拟将各区域户外箱体集中、合并布置，并统一在其外部设置共用的透明防风沙罩。

（4）对于“打磨效应”，应尽量选择不锈钢外壳的户外箱体，并对设备本体喷漆提出工艺要求。

（5）对于“电气绝缘性能影响”，应要求设备厂家对绝缘子和设备瓷套进行加厚釉层处理，以提高绝缘子和设备瓷套表面抗沙尘能力；同时，应加强换流站的清洗工作。

（6）对于“强劲大风对设备的影响”，可提前与设备厂家联系，按照最严酷情况下，折算至设备最高处的风速，对设备本体提出相关要求；同时提醒厂家充分考虑沙暴对风压的增益作用。对户外照明灯具进行特殊考虑。

（7）应通过抗风控制以及抗风设计，减小风振响应，提高结构抗风沙性能，保证结构安全。

（8）钢构件采用热镀锌及喷锌工艺防风沙侵蚀。

（9）主变压器、高压电抗器等设备油坑设置防沙盖板。

（10）外门增加门斗并选用密闭性能高的“肯德基”式型材门，门窗加防风密封毛条。

（11）优化钢结构围护结构设计。

（12）减少窗的开启扇。

（13）雨水落水管在离地 1m 高处设清砂口防止堵塞，并在建筑物周边设沉沙井。

（14）全站建筑不设置外挑屋檐及天沟。

（15）优化电缆沟设计，对于断面尺寸大于等于 800mm×800mm 的电缆沟采用现浇盖板，6m 设一个活动盖板。

（16）优化站区地表封闭处理措施。

（17）对空调设备、室内风系统、建筑物外墙风口采取优化防沙措施。

第 6 节　换流站阀外冷系统风冷研究

1　引言

高压直流输电最核心的技术集中于换流站设备，换流站实现了直流输电工程中直流和交流相互能量转换，换流阀是实现能量转换的核心设备。换流阀在运行过程中会产生大量的热量，需要通过冷却介质将其产生的热量带走，以确保换流阀的长期稳定安全运行。

哈密南换流站位于我国新疆东部的哈密市西南部，属温带大陆性干旱气候，主要气候特征是：干燥少雨，晴天多，光照丰富，年、日温差大，降水分布不均；春季多风、冷暖多变，夏季酷热、蒸发强，秋季晴朗、降温迅速，冬季寒冷、历时长。

常规换流阀外冷系统使用单一的闭式冷却塔或者空气冷却器即可满足冷却需求。但由于哈密地区其独特的气候条件，若仍用常规冷却形式已无法达到冷却目的，使得换流阀外冷系统的设计面临着巨大困难：

（1）干旱缺水，使得换流阀外冷系统常规采用的耗水量极大的水-水冷却方式（闭式冷却塔）无法应用；

（2）夏季炎热，且环境极端最高温度高于换流阀的进水温度控制值，水-风冷却方式（空气冷却器）已经无用武之地；

（3）冬季严寒，冷却器较大的换热面积增大了结冻的可能，给阀冷系统的可靠运行带来了极大的风险。

因此，本专题结合工程实际情况及对大量换流站的走访、调研，再通过技术和经济比较，对换流阀冷却系统进行深入研究和探讨，为哈密南换流站确定更适合的换流阀外冷系统，并进行节水、节能设计优化，提出节水措施，保护哈密地区珍贵、有限的水资源。

2 工程概况

2.1 建设规模

哈密南换流站采用典型双极直流接线，直流输电容量为8000MW，共2极，每极2个12脉动串联阀组。根据电气布置，设极1高端、低端及极2高端、低端共4个阀厅，本工程共设有4套换流阀冷却系统。

2.2 站址地理环境

站址位于哈密市的西南部，距哈密市约25km，西侧为省道S235，距公路约3.5km，北面12km处为哈密的重工业园区，站址西距南湖村约2km。站址隶属南湖乡。站址的自然地形为荒漠平地，无植被。站址的自然高度在593.26～587.68m之间。

2.3 室外气象条件

哈密气象站常规气象统计参数见表1。

表1　　哈密气象站常规气象统计参数

年平均气压（hPa）	931
年最高气压（hPa）	948.5
多年最低气压（hPa）	919.3
年平均气温（℃）	9.9

续表

年极端最高气温（℃）	43.9（1952 年 7 月 15 日）
年极端最低气温（℃）	-32（1952 年 12 月 2 日）
年平均降水量（mm）	38.6
年平均蒸发量（mm）	2780.3
年最大积雪厚度（cm）	17
年最大冻土厚度（cm）	127
年平均相对湿度（%）	41
年最小相对湿度（%）	0
年最多雷暴日数（d）	16
年平均沙尘暴日数（d）	13.4
年最多沙尘暴日数（d）	43（1953 年）
年平均风速（m/s）	2.8
年平均大风日数（d）	22.2
年最多大风日数（d）	49（1956 年）
近 10 年最大风速（m/s）	14.9（2001 年 4 月 8 日）
年主导风向	NE
夏季主导风向	NE
冬季主导风向	NE
最长结冰日数（d）	124

30 年一遇极端最低气温：–30.1℃。

空冷气象参数是根据哈密气象站最近连续 10 年资料统计，分析得出逐时温度统计的 2000～2009 年逐年平均气温值，见表 2。

表 2　　哈密气象站 2000～2009 年逐年平均气温值　　℃

年份	2000	2001	2002	2003	2004	2005	2006	2007	2008	2009	平均
气温	10.1	10.4	10.8	9.4	10.6	10.4	10.6	11.2	10.8	10.8	10.5

通过综合比较，选择 2006 年作为空冷计算典型年，其年平均气温为 10.6℃，年平均风速为 1.5m/s，见表 3、图 1。2005～2009 年气象条件见表 4、图 2。

表 3　　哈密气象站典型年（2006 年）各级气温累积出现小时数统计表

温度区间（℃）	小时数（个）	累计数（个）	累积频率（%）	温度区间（℃）	小时数（个）	累计数（个）	累积频率（%）
43～43.9	0	0	0	41～41.9	1	2	0
42～42.9	1	1	0	40～40.9	5	7	0.1

续表

温度区间（℃）	小时数（个）	累计数（个）	累积频率（%）	温度区间（℃）	小时数（个）	累计数（个）	累积频率（%）
39～39.9	16	23	0.3	6～6.9	142	5481	62.6
38～38.9	17	40	0.5	5～5.9	169	5650	64.5
37～37.9	34	74	0.8	4～4.9	190	5840	66.7
36～36.9	49	123	1.4	3～3.9	177	6017	68.7
35～35.9	78	201	2.3	2～2.9	153	6323	70.4
34～34.9	99	300	3.4	1～1.9	153	6481	72.2
33～33.9	87	387	4.4	0～0.9	158	6648	74
32～32.9	130	517	5.9	−0.1～−1	167	6819	75.9
31～31.9	137	654	7.5	−1.1～−2	171	6967	77.8
30～30.9	147	801	901	−2.1～−3	148	7089	79.5
29～29.9	165	966	11	−3.1～−4	122	7191	80.9
28～28.9	162	1128	12.9	−4.1～−5	102	7311	82.1
27～27.9	188	1316	15	−5.1～−6	120	7311	83.5
26～26.9	172	1488	17	−6.1～−7	136	7447	85
25～25.9	214	1702	19.4	−7.1～−8	128	7575	86.5
24～24.9	200	19.2	21.7	−8.1～−9	157	7732	88.3
23～23.9	232	2134	24.4	−9.1～−10	153	7885	90
22～22.9	200	2334	26.6	−10.1～−11	158	8043	91.8
21～21.9	232	2566	29.3	−11.1～−12	183	8226	93.9
20～20.9	255	2821	32.2	−12.1～−13	139	8365	95.5
19～19.9	226	3047	34.8	−13.1～−14	90	8455	96.5
18～18.9	234	3281	37.5	−14.1～−15	70	8525	97.3
17～17.9	221	3502	40	−15.1～−16	55	8580	97.9
16～16.9	221	3723	42.5	−16.1～−17	56	8636	98.6
15～15.9	200	3923	44.8	−17.1～−18	38	9674	99
14～14.9	203	4126	47.1	−18.1～−19	24	8698	99.3
13～13.9	191	4317	49.3	−19.1～−20	22	8720	99.5
12～12.9	197	4514	51.5	−20.1～−21	13	8733	99.7
11～11.9	193	4707	53.7	−21.1～−22	13	8746	99.8
10～10.9	179	4886	55.8	−22.1～−23	11	8757	100
9～9.9	151	5037	57.5	−23.1～−24	2	8759	100
8～8.9	149	5186	59.2	−24.1～−25	1	8760	100
7～7.9	153	5339	60.9	−25.1～−26	0	8760	100

表 4　　哈密气象站 2005～2009 年夏季逐时气温累积频率统计表

温度区间（℃）	小时数（个）	累计数（个）	累积频率（%）	温度区间（℃）	小时数（个）	累计数（个）	累积频率（%）
43～43.9	0	0	0.0	23～23.9	575	7254	65.7
42～42.9	1	1	0.0	22～22.9	592	7846	71.1
41～41.9	2	3	0.0	21～21.9	588	8434	76.4
40～40.9	11	14	0.1	20～20.9	607	9041	8109
39～39.9	44	58	0.5	19～19.9	484	9525	86.3
38～38.9	78	136	1.2	18～18.9	422	9947	90.1
37～37.9	165	301	2.7	17～17.9	341	10 261	92.9
36～36.9	280	581	5.3	16～16.9	253	10 514	95.2
35～35.9	331	912	8.3	15～15.9	200	10 714	97.0
34～34.9	413	1325	12.0	14～14.9	138	10 852	98.3
33～33.9	439	1764	16.0	13～13.9	92	10 944	99.1
32～32.9	496	2260	20.5	12～12.9	61	11 005	99.7
31～31.9	523	2783	25.2	11～11.9	23	11 028	99.9
30～30.9	569	3352	30.4	10～10.9	5	11 033	99.9
27～27.9	546	4975	45.1	9～9.9	5	11 038	100.0
26～26.9	546	5521	50.0	8～8.9	2	11 040	100.0
25～25.9	544	6065	54.9	7～7.9	0	11 040	100.0
24～24.9	614	6679	60.5				

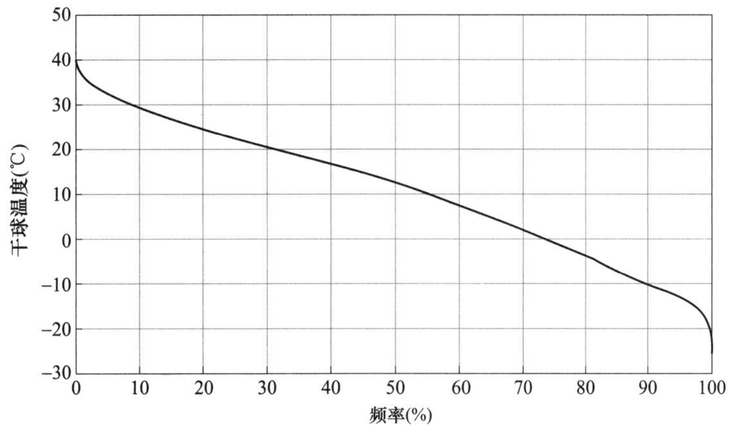

图 1　哈密站典型年（2006 年）干球温度逐时累积频率曲线图

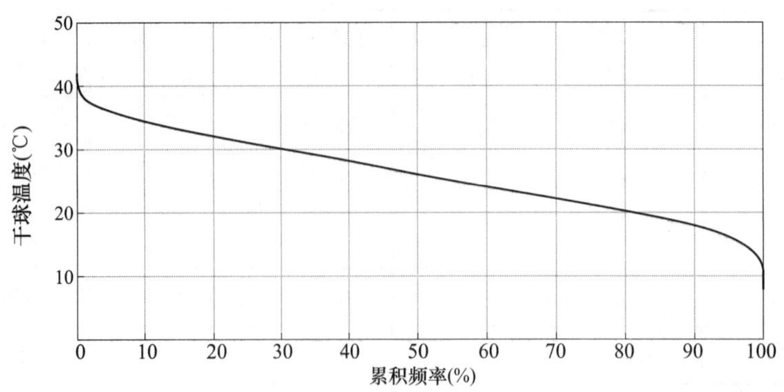

图2　哈密气象站2005～2009年夏季（3个月）逐时干球温度累积频率曲线

哈密气象站监测全年的平均风速1.6m/s，其中夏季风速最大为1.7m/s，最小1.3m/s，见表5。

表5　一年中风速观测值统计表

时间	9月	10月	11月	12月	1月	2月	3月	4月
气象站观测期（m/s）	1.2	1.3	1.4	1.4	1.4	2.2	2.2	1.9
时间	5月	6月	7月	8月	秋季	冬季	春季	夏季
气象站观测期（m/s）	1.7	1.3	1.5	1.2	1.4	2.1	1.5	1.6

观测期内气象站风向频率以及各风向的风速分布见表6、图3。观测期气象站主要风向为NE，出现频率约16%。

表6　一年中风速风向频率及风速分布表

风向	风向频率（%）					平均风速（m/s）				
	年	秋季	冬季	春季	夏季	年	秋季	冬季	春季	夏季
NE	16	17	20	14	15	1.8	1.4	1.5	2.6	2.1

2.4 站址气温、风速分析

通过分析表明，气象站观测期内年平均气温10.7℃，7月平均气温最高为28.4℃，1月平均气温最低为−7.5℃。气象站2000～2009年夏季高温大风条件下主导风向都为NE，次主导风向为ESE，这两个风向上的平均风速也相对较高，随着气温和风速限制条件的提高，各风向出现的频率逐渐减小，但主要风向出现的频率却越来越高。

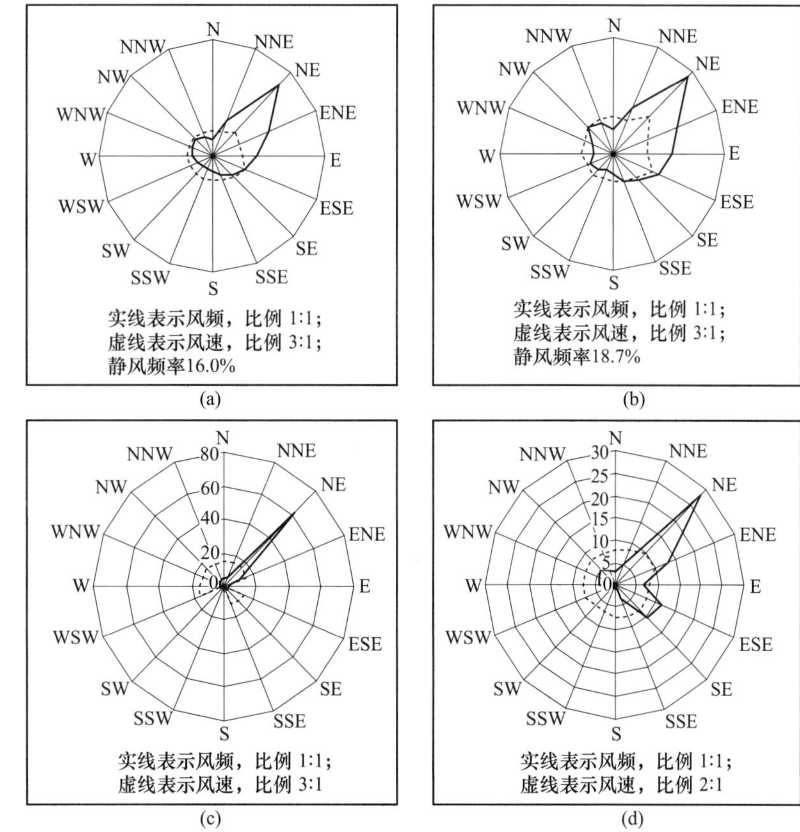

图 3　哈密气象站 2000～2009 年风向频率及风速分布图

（a）2000～2009 年年平均风向玫瑰图；（b）2000～2009 年夏季平均风向玫瑰图；
（c）2005～2009 年夏季气温大于等于 26℃的平均风向玫瑰图；（d）2005～2009 年风速大于 3m/s 的风向玫瑰图

3　哈密换流站阀冷系统总体设计

换流阀外冷系统在干旱缺水的地区通常采用单一的空气冷却器进行冷却，以保证零耗水量，但限于空冷器无法将冷却介质冷却到环境温度或环境温度以下，而这又是换流阀的工艺要求，因此必须采取空气冷却器辅助冷却设备才能将冷却介质温度降低到所需的目标值。

参照其他直流输电工程中阀冷系统的设计参数，可将外冷设备的设计依据如下：

（1）冷却能力：极 1，4600kW；极 2，5500kW。

（2）内冷水额定流量：极 1，5500L/min；极 2，4700L/min。

（3）进换流阀最高水温（报警温度）：极 1，48℃；极 2，42℃。

（4）出换流阀水温：极 1，60℃；极 2，58℃。

（5）环境温度：43.9℃。

3.1　类似环境换流站、变电站阀冷设计经验调研

银川东换流站地属西北地区，气象条件与哈密南换流站比较接近，阀冷系统采用空气冷却器作为室外换热设备，已投运，对其运行情况进行调查分析有助于哈密站阀冷系统的设计。

根据对银川东换流站换流阀冷却系统的走访调研，对进阀温度的要求值为不大于47℃，每极空气冷却器配备有 24 台风机。2011 年 7 月是银川东换流站环境温度最高的一个月，最高温度高达 35.5℃，如图 4 所示。由图 4 中的数据看，空气冷却器的出水温度（即进阀温度）比环境温度最少要高出 5℃，且当环境温度超过 33℃时，24 台风机均已投入运行，这样才能满足冷却效果。

由银川东空冷器的运行情况看，空冷器出水温度与极端环境干球温度的差值要大于 5℃以上，才能保证空冷器安全、稳定、可靠运行。而当空冷器出水温度与极端环境温度相差很小甚至比环境温度还低时，此时仅靠单一的空气冷却器进行冷却，是无法达到冷却要求的，必须采取空气冷却器辅助冷却设备才能将冷却介质温度降低到所需的目标值。

哈密南站极端环境温度为 43.9℃，为了安全起见，空冷器进风温度与环境温度温差保持 5℃以上，即选取为 38℃。

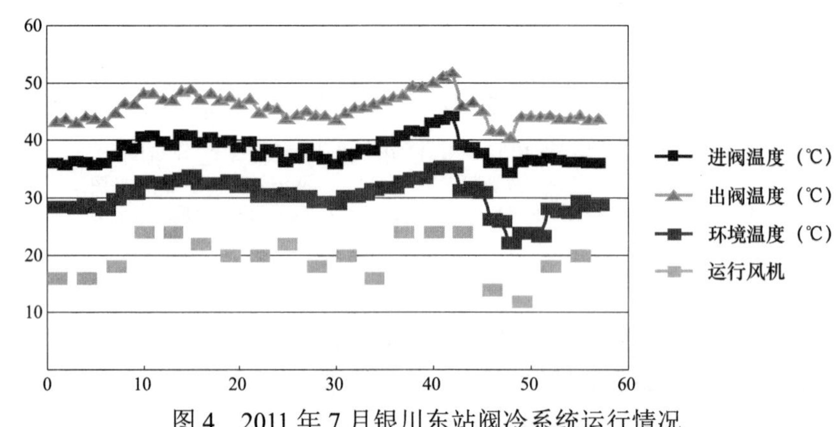

图 4　2011 年 7 月银川东站阀冷系统运行情况

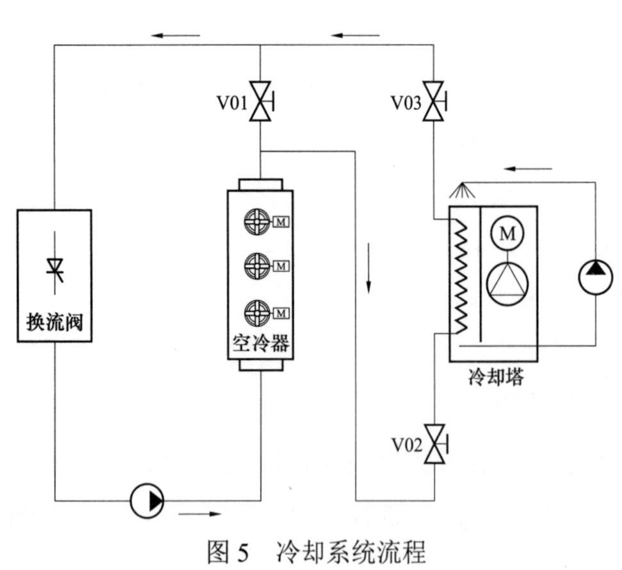

图 5　冷却系统流程

3.2　空冷器+冷却塔串联的外冷系统

冷却水在换流阀内吸收可控硅元件的热量后，内冷水温度将升高，升温后的热水进入室外换热设备的换热盘管，在换热盘管内被冷却后由循环水泵再送至换流阀，如此周而复始地循环，如图 5 所示。

当环境温度较低（<38℃）时，只需投入空气冷却器即可满足冷却要求，作为辅助冷却设备的冷却塔其进、出口处阀门 V02、V03 均关闭。

当环境温度较高（≥38℃）时，此时若仅靠空气冷却器进行冷却，其冷却能力将不再能够满足冷却需求，因此需启动冷却塔作为辅助冷却设备。

设备选型及配置：每个换流阀组冷却系统配备八跨空冷器和一台冷却塔串联冷却，按额定冷却容量冗余 20%以上设计。每台冷却塔均配备 2 台独立运行的轴流风机和一备一用的喷淋水泵，为防止喷淋水质变坏，还设置有自动加药装置以维持水质的稳定。

具体配置为：空气冷却器，8 跨；空冷器风机，32 台；密闭蒸发型冷却塔，1 台；喷淋水泵，2 台；冷却塔风机数量，2 台；加药装置，1 套。

3.3　空气冷却器设计

空气冷却器主要由换热管束、风机、电机、风筒、风箱、构架、操作检修平台、百叶窗等组成。

换热管束采用水平引风式换热管束，为不锈钢翅片管，管材选用不锈钢 304，采用水平布置形式。空冷器管程的最高点设置有排气口，配置不锈钢排气阀。最低点设置有排污及泄空口，配置不锈钢泄空阀。

空气冷却器构架、楼梯、栏杆及检修平台表面采取有效的处理措施，以防止沙尘冲刷及腐蚀。

管束进风口设置百叶窗，百叶窗为手动调节，采用优质铝合金制作，外观美观、调节使用方便、转轴运转灵活，不会有卡轴及扭曲现象产生，并能有效防止风沙进入。

空气冷却器设计输入参数：换热容量，5500kW；冷却介质，100%纯净水；冷却介质额定流量，300m^3/h；干球温度，38℃；进阀温度，43℃。

采用国际专业换热器计算软件模拟设计计算后，输出结果如下：

（1）每极阀冷系统配置 8 跨空气冷却器换热管束，换热管束为水平鼓风式；

（2）进水温度为 57.4℃，出水温度为 43℃。进风温度为 38℃，出风温度为 47.05℃；

（3）总换热面积为 32 317.9m^2，设备尺寸为 24m×15m×6m；

（4）每台空气冷却器换热管束基管数为 216 根，基管管径为 25mm，管壁厚为 2.5mm，管程、管排数均为 6，管内污垢系数为 0.000 2m^2·K/W，管外污垢系数为 0.000 352m^2·K/W；

（5）翅片直径为 57mm，每米翅片数为 358 片/m，翅化比为 18.9；

（6）总风量为 551.5kg/s，风压为 99.77Pa；

（7）每跨空气冷却器换热管束设置 4 台风机，风机直径为 2.0m，轴功率为 3.49kW；

（8）冷却容量裕度有 25.21%。

3.4　密闭蒸发型冷却塔设计

密闭蒸发型冷却塔主要包括换热盘管、换交热层、动力传动系统、水分配系统、检修门及检修通道、集水箱、底部滤网等。

冷却塔盘管采用高规格304L不锈钢管，每组换热管先经过预检和压力试验，合格后再组装，组装完成后在水中进行2.5MPa的气压试验，使得盘管在运行中可承受系统压力以确保无泄漏，同时足以承受在冬季运行设备停机期间结冰造成对盘管的压力影响。

热交换层采用具有良好的热力学性能和阻力性能的材质制作，能耐高温、抗低温，其防腐烂、抗衰减或生物侵害方面是换热界最好的，使用寿命长，平均使用寿命达10年以上；具备ASTM标准E84中第5级的火焰蔓延额定值，并具较强的强度和刚度。

每台冷却塔配置有两台能够变频调速的风机，每一台风机单独配备一台电动机。风扇电动机采用全封闭式电动机，防潮效果好。

水分配系统由喷淋水分配管道和喷嘴组成。水分配管可从设备外检视和进行维修，满负荷运行时也可以进行检查。水分配管上采用大直径360°的加固扣眼式塑料喷嘴，使喷淋水布水更加均匀，将堵塞的可能性降至最低，同时便于拆卸更换。喷嘴由于采用国际先进的优质产品，所需供水压力极低，为用户节约大量能源。

向内转动的检修门配备易于拴锁的门手柄，使设备维护检修十分方便，宽敞的内部检修通道和工作空间使设备维护检修十分方便。

冷却塔底部出水口设置有不锈钢滤网，保证进入地下水池的水干净无杂质。不锈钢滤网可拆卸，方便维护清洗。

当环境温度为43.9℃时，通过软件进行模拟计算，空冷器能够将出水温度最低降至46.7℃，剩余有2.21%的裕量。此时需要密闭蒸发型冷却塔进行辅助冷却，为了更加安全可靠，冷却塔进水选取为47℃。

密闭蒸发型冷却塔设计输入参数：冷却介质，100%纯净水；冷却介质额定流量，300m^3/h；湿球温度，28℃；进水温度，取47℃；出水温度，43℃。

每台冷却塔的技术参数：① 冷却容量为1392kW；② 冷却裕量大于20%；③ 设备外形尺寸（长×宽×高）为3690mm×2572mm×4033mm；④ 换热面积为85m^2（盘管）+2400m^2（热交换层）；⑤ 风机台数为2台；⑥ 风机直径为1.68m；⑦ 风机功率为7.5kW；⑧ 地下水池容积为100m^3，假设每天环境温度超过38℃的时间为6h，地下水池最大温升为2～3℃，不需要隔离开来；⑨ 考虑每年蒸发、浓缩、排污及其他不可预见的水损失，本站每年总耗水量为1440m^3。

3.5 冷却方案特点

（1）哈密南换流站极端环境温度为43.9℃，空冷器进风温度需与环境温度温差保持5℃以上，选取为38℃。

（2）每极阀冷系统配备八跨空冷器和一台冷却塔串联冷却，按额定冷却容量冗余20%以上设计。每台冷却塔均配备2台独立运行的轴流风机和一备一用的喷淋水泵，为防止喷淋水质变坏，还设置有自动加药装置以维持水质的稳定。

（3）每极阀冷系统配置 8 跨空气冷却器换热管束，冷却容量裕度有 25.21%。总换热面积为 32 317.9m^2，每跨空气冷却器设置 4 台风机，风机直径为 2.0m，设备尺寸为 24m×15m×6m；

（4）冷却塔进水温度为 47℃，额定冷却容量为 1392kW，裕量大于 20%，风机台数为 2 台，风机直径为 1.68m，设备尺寸为 3690mm×2572mm×4033mm。

（5）冷却塔与空冷器布置在一起时，当冷却塔运行时蒸发出的水分进入空气后，将增强空气的湿度，从而降低空气的干球温度，改善和提高冷却塔的换热效果。

（6）由于冷却塔只在环境温度最高时方投入使用，每年投入使用的时间少，由哈密站历年环境温度统计数据可知，冷却塔每年运行的时间均不会超过 50h，考虑每年所需的蒸发、浓缩、排污及其他不可预见的水损失，则单极每年消耗水量为 360m^3。

（7）在此情况下每年只增加了 50h 工作时间内 2 台冷却塔风机和 1 台喷淋泵的能耗，即每年增加的能耗为 1300kW。

4 空冷器布置方案

哈密南换流站布局紧凑，夏季自然风主导风向主要为 NE，夏季风速偏大，空气冷却器布置于不同位置时，换热效率、设备管路的设计也会不一样。

4.1 建筑物对空冷器的影响

当空冷器距离建筑物距离较近时，可能会形成热风循环，周围的环境温度会上升，图 6 是用专业软件对空冷器周围环境温度分布情况的模拟。

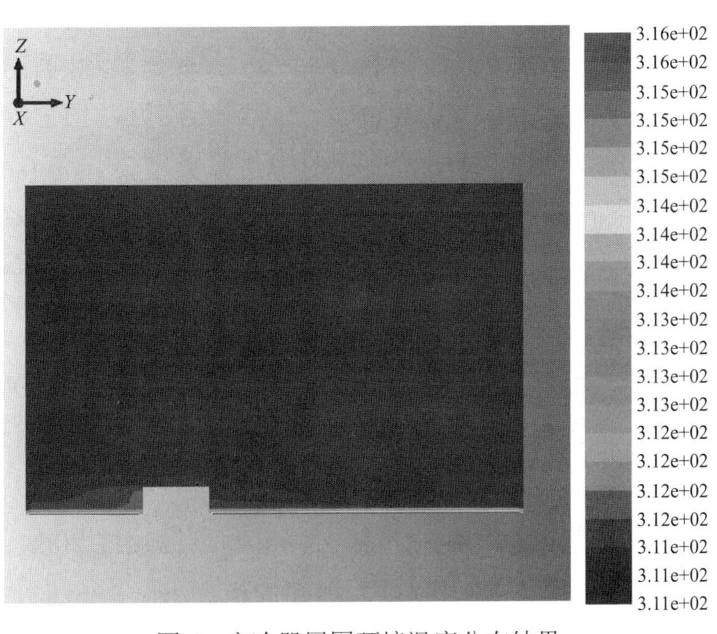

图 6 空冷器周围环境温度分布结果

当空冷器距离建筑物的距离为 17m，假定建筑物内空调系统向外散发的热量为 50kW 时，空气冷却器周围的环境温度最大会上升 0.3℃。空气冷却器进风温度按 38.6℃进行计算，空冷器的冗余量有 20.24%，冷却容量略微有降低。空冷器底部进风温度为 38.6℃，与翅片管内的内冷水换热升温后，最后空冷器出风温度为 47.65℃。

空冷器管束温度分布如图 7 所示。

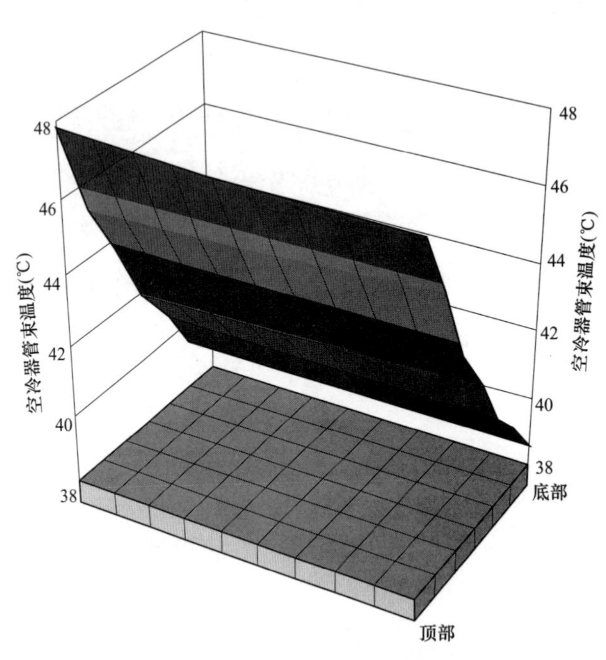

图 7　空冷器管束温度分布结果

4.2　换流变压器运行时对空冷器的影响

当换流变压器布置在空冷器附近，假定换流变压器没有做任何隔离措施，换流变压器运行时，其产生的热量会随空气的流动带入空冷器附近，使空冷器周围的温度升高。当空冷器与换流变压器的距离小于 15m 时，进风温度会升高 0.6℃；当空冷器与换流变压器的距离超过 30m 后，换流变压器运行散发的热量不会影响空冷器周围的环境温度。换流变压器运行时空气温度分布结果如图 8 所示。

4.3　自然风对空冷器的影响

哈密南换流站夏季自然风主导风向主要为 NE，风速最大为 1.7m/s，会影响进风效果，经过专业软件模拟，会导致空冷器换热效率降低 5%左右，如图 9 所示。

4.4　空冷器与空冷器之间的影响

当空气冷却器集中布置时，每组空冷器之间的距离应超过 20m，这样才能保证空气冷却器相互之间不会影响。当每组空冷器之间的距离小于 20m 时，极易形成热风循环而且对相互的进风会有影响，换热效率会降低 10%左右。

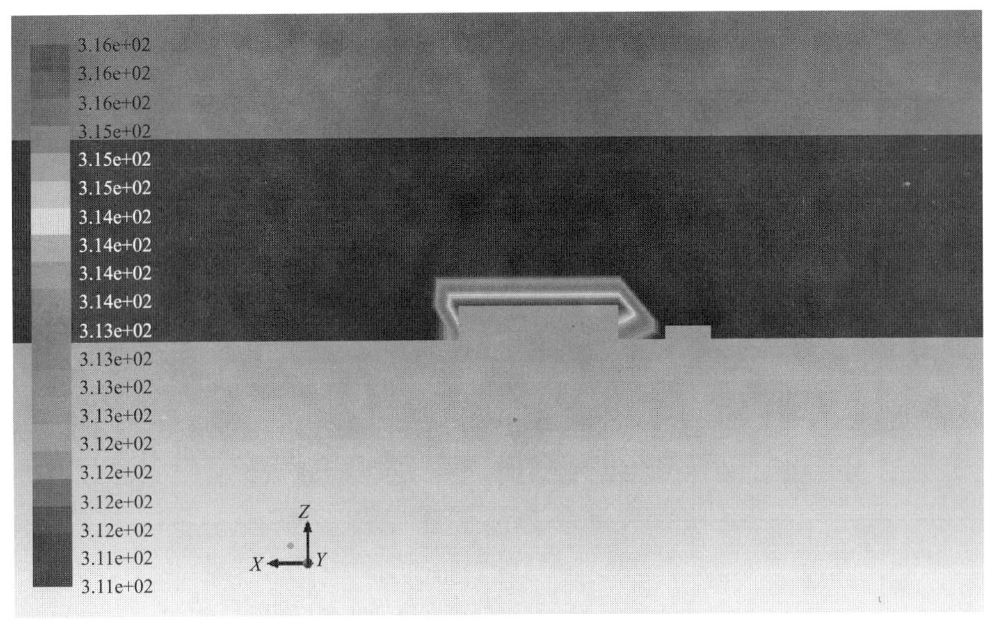

图 8　换流变压器运行时空气温度分布结果

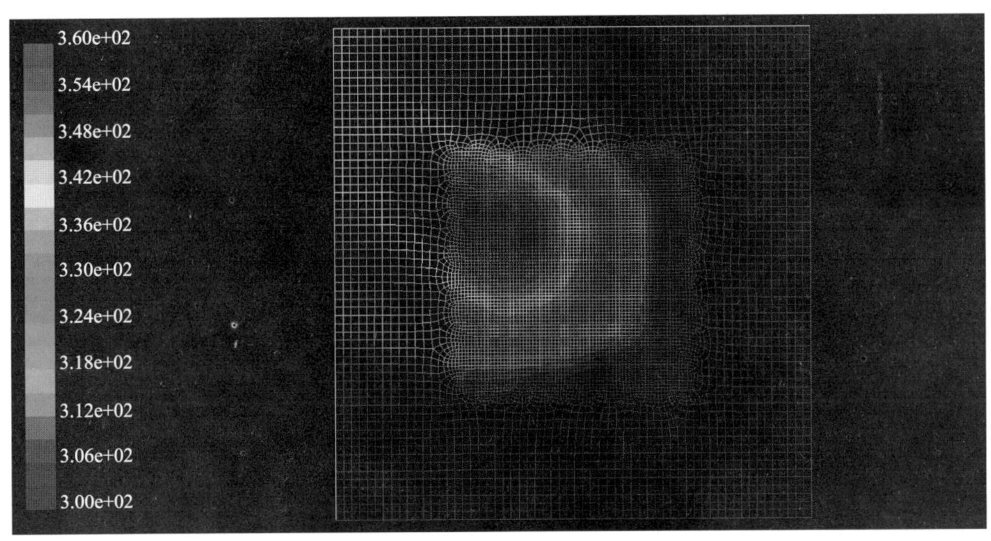

图 9　自然风对空冷器换热效率的影响

4.5　不同布置方案的对比

空冷器不同布置方案的技术、经济对比如表 7 所示。

表 7　空冷器不同布置方案的技术、经济对比

序号	对比项	阀厅西侧 ①	直流场西侧 ②	备品备件库南侧 ③	极二低端阀厅南侧 ④	控制楼顶部 ⑤
1	对空冷器换热效率的影响	与主控楼相隔较近，易形成热风循环，换热效率会降低 5%	受自然风影响大，换热效率会降低 5%	空冷器之间布置较近会相互影响，受自然风影响大，换热效率降低会超过 15%	与主控楼相隔较近，易形成热风循环，换热效率会降低 8%	空冷器之间布置较近会相互影响，受自然风影响大，换热效率降低会超过 15%

续表

序号	对比项	阀厅西侧 ①	直流场西侧 ②	备品备件库南侧 ③	极二低端阀厅南侧 ④	控制楼顶部 ⑤
2	是否需要砌墙以降低自然风对空冷器的进风影响	不需要	需要	需要	不需要	需要
3	减振措施	不需要	不需要	不需要	不需要	主控楼需要做非常充分的减振、降噪措施，并需充分考虑设备长期运行对建筑的耐受力的影响
4	增加投资费用（以阀厅西侧布置形式为标准）	不增加	1200万元	1500万元（若阀冷设备间布置在阀厅东侧，则不增加投资）	阀冷设备间在阀厅西侧时，增加3510万元；阀冷设备间在阀厅东侧时，增加2310万元	不增加，但砌墙挡风、主控楼减振、降噪的施工措施费用也会不低

注 管道每增加1m，成本增加按1万元考虑，各方案的布置如图10、图11所示。

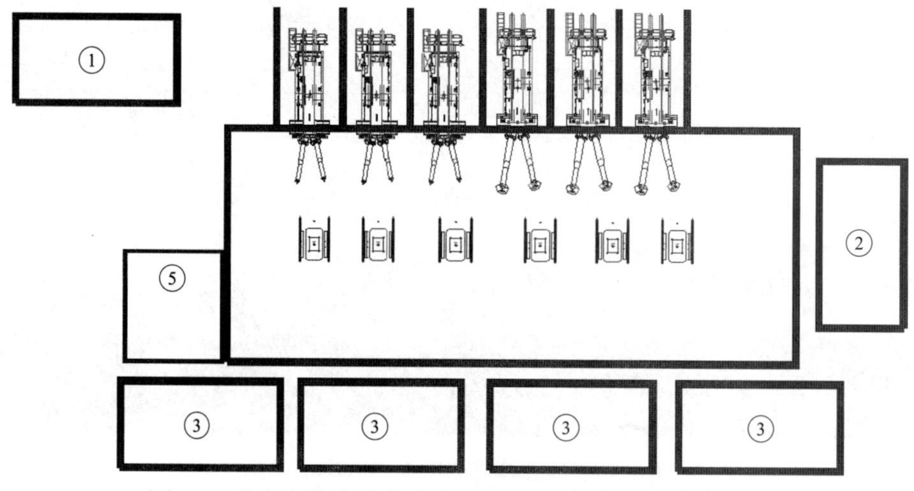

图10 哈密南换流站空冷器不同布置方案示意图（一）

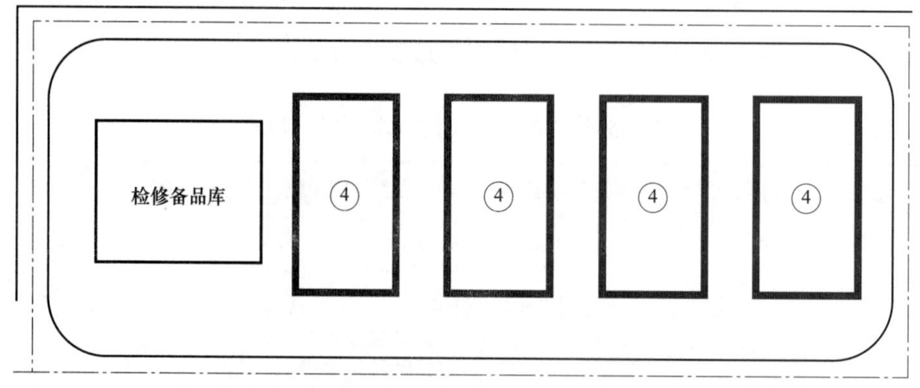

图11 哈密南换流站空冷器不同布置方案示意图（二）

4.6 空冷器布置方案选择

通过以上分析和比较，推荐选用空冷器与冷却塔布置在阀厅西侧。这是因为换热效率虽然降低 8%，但可以通过增加冷却塔的冷却裕量来弥补降低的换热效率。一次性投资最小、节省成本，较短的管道布置也极大地减少了泄漏的可能性，而且不需要单独再砌墙以阻挡自然风对空冷器进风的影响。

5 结论

根据对换流站阀冷设备的运行情况调研，对以上方案、数据的研究、对比分析，得出如下结论：

（1）由于哈密环境条件的特殊性，空冷器出水温度比极端环境温度还低，仅靠单一的空气冷却器进行冷却，是无法达到冷却要求的，必须采取空气冷却器辅助冷却设备才能将冷却介质温度降低到所需的目标值。

（2）采用空冷器串联冷却塔的冷却模式，冷却塔与空冷器布置在一起时，当冷却塔运行时蒸发出的水分进入空气后，将增强空气的湿度，从而降低空气的干球温度，改善和提高冷却塔的换热效果。

（3）每极阀冷系统配备八跨空冷器和一台冷却塔串联冷却，按额定冷却容量冗余20%以上设计。每台冷却塔均配备 2 台独立运行的轴流风机和一备一用的喷淋水泵，为防止喷淋水质变坏，还设置有自动加药装置以维持水质的稳定。

（4）由于冷却塔只在环境温度最高时方投入使用，每年投入使用的时间少，且节水效率高，耗水量小，故不会给当地水资源带来任何负担。由哈密站历年环境温度统计数据可知，冷却塔每年运行的时间均不会超过 50h，考虑每年所需的蒸发、浓缩、排污及其他不可预见的水损失，则全站每年消耗水量为 1440m^3。

（5）从运行安全性考虑，空冷器与冷却塔串联的冷却系统不仅有容量上的冗余，还有安全性的冗余，空冷系统运行时间长，检修几率（包括加注润滑油、更换传动皮带等）高，此时可利用冷却塔的运行进行空冷系统的检修。

2012

特高压直流输电技术研究成果专辑

第6章

±800kV、8000MW特高压直流输电线路工程专题研究

第 1 节　线路过电压和绝缘设计深化研究

1　引言

为解决我国能源资源分布不均衡，负荷中心远离能源丰富地区的问题，将有多回长距离、大容量的特高压直流输电工程陆续投入建设。从已投运的向家坝—上海±800kV 特高压直流输电示范工程（简称向上工程）的 6400MW，到锦屏—苏南±800kV 特高压直流输电工程（简称锦苏工程）的 7200MW，再到溪洛渡—浙西±800kV 特高压直流输电工程（简称溪浙工程）和哈密南—郑州±800kV 特高压直流输电工程（简称哈郑工程）的 8000MW，输电容量逐步提升。

本节通过开展哈郑工程和溪浙工程超长线路的沿线过电压分布计算，结合空气间隙放电特性和海拔校正的试验结果，给出沿线不同过电压水平下和不同海拔下的空气间隙距离推荐值，并研究提出差异化绝缘配合的技术方案。同时，通过可靠性分析，提出重冰区重污秽区绝缘配置方案，为线路绝缘配合提供数据支持。

2　哈郑工程直流线路过电压研究

2.1　研究条件

（1）直流主接线。哈郑工程线路长度 2189km，整流和逆变站均采用双极、每极 400kV+400kV 两个 12 脉动换流器串联接线方式。

（2）直流系统参数。

1）直流功率：额定值，2×4000MW；最小值，2×400MW（10%额定值）。

2）直流电压：额定值，±800kV；最大值，±816kV；最小值，±784kV。

3）直流电流：额定值，5000A；最小值，500A。

4）平波电抗器：275mH（极线 3×55mH，中性线 2×55mH）。

5）触发角：额定值，15°；稳态控制范围，±2.5°；最小限制角，5°。

6）关断角：额定值 17°。

7）接地极电阻：送端 0.217Ω，受端 0.026Ω。

（3）直流线路和接地极线路参数。哈郑工程直流线路与接地极线路的杆塔和导线、地线参数如表 1 所示。研究中，直流线路和接地极线路均采用频率相关模型。

表 1　　哈郑工程直流线路和接地极线路杆塔与导线、地线参数

<table>
<tr><td colspan="2">项　次</td><td>直流线路</td><td colspan="2">接地极线路</td></tr>
<tr><td colspan="2">架空地线型号</td><td>JLB4-150</td><td colspan="2">GJ-80</td></tr>
<tr><td rowspan="5">导线</td><td>型号</td><td>6×JL/G3A-1000/45</td><td>2×4×LGJ-500/35（整流侧）</td><td>2×4×LGJ-500/35（逆变侧）</td></tr>
<tr><td>分裂间距（m）</td><td>45</td><td>45</td><td>45</td></tr>
<tr><td>水平距离（m）</td><td>20</td><td>10</td><td>10</td></tr>
<tr><td>塔上悬挂高度（m）</td><td>42</td><td>20</td><td>20</td></tr>
<tr><td>弧垂（m）</td><td>25.5</td><td>10</td><td>10</td></tr>
<tr><td colspan="2">线路长度（km）</td><td>2189</td><td>147</td><td>42</td></tr>
<tr><td colspan="2">大地平均电阻率（Ω・m）</td><td colspan="3">100～1000</td></tr>
</table>

2.2　直流线路内过电压研究

（1）线路沿线过电压分布。针对双极额定运行方式下线路沿线发生接地故障，对直流线路沿线过电压进行了仿真研究。研究中将直流线路共分为 30 段，靠近线路中部分段较多，最小段距离为 10.5km，靠近线路两端分段较少，最大段距离为 110km。从整流侧出口沿直流线路每段间均进行线路接地故障仿真计算，接地电阻为 10Ω，详细地研究了直流线路沿线过电压分布，图 1 给出了直流线路沿线过电压水平的包络线。

研究结果表明，线路过电压最高值仍然出现在线路中点。但与已投运直流工程不同的是，该最高值的出现并不是由于波的折反射造成的，而是出现在折反射叠加后的第一个摆动。这就造成线路中点附近 30～50km 过电压水平不能像其他直流一样很快降低。

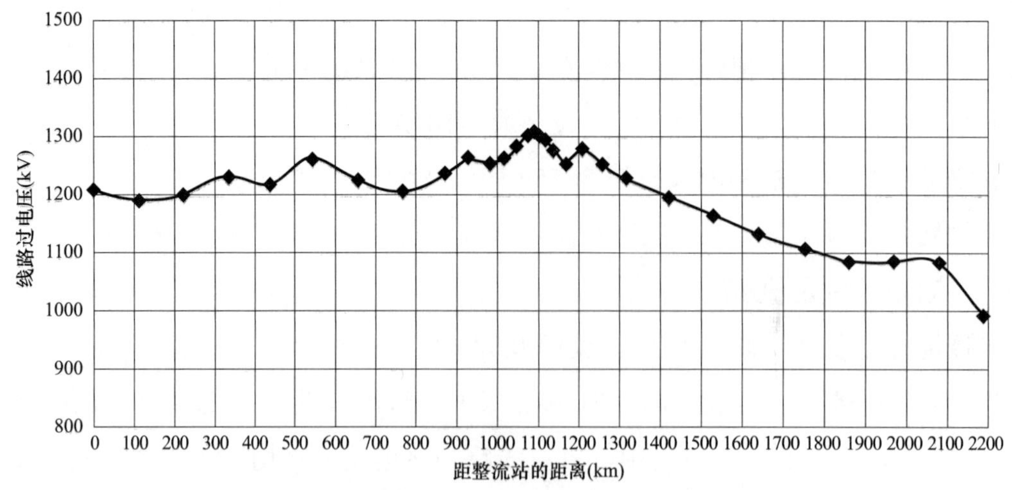

图 1　哈郑工程线路沿线过电压水平包络线

（2）线路过电压水平仿真研究。通过沿线过电压分布研究结果可以看出，线路过电压最高仍出现在线路中点对地故障时的非故障极。考虑到通常情况下在直流输送最小负荷时线路过电压水平比额定负荷时高，在直流系统双极平衡最小功率（0.1p.u.）方式下，对直流线路中点对地短路故障进行了仿真研究。直流线路沿线大地平均电阻率考虑 1000Ω・m 和 100Ω・m 两种情况，当大地平均电阻率为 1000Ω・m 时，非故障极直流线路中点过电压值为 1323kV；当大地平均电阻率为 100Ω・m 时，非故障极线路中点过电压为 1283kV。

3　溪浙工程直流线路过电压水平研究

3.1　研究条件。

（1）直流主接线。溪浙工程线路长度约 1700km，整流和逆变站均采用双极、每极 400kV+400kV 两个 12 脉动换流器串联接线方式。

（2）直流系统参数。直流功率、直流电压、直流电流、触发角、关断角参数同哈郑工程。

平波电抗器：6×50mH（极线 3×50mH，中性线 3×50mH）。

接地极电阻：送端 1.80Ω，受端 0.61Ω。

（3）直流线路和接地极线路参数。溪浙工程直流线路与接地极线路的杆塔和导线、地线参数如表 2 所示。研究中，直流线路和接地极线路均采用频率相关模型，其中直流线路导线考虑了 JL/G3A-900/40 和 JL/G2A-900/75 两种型号。

表 2　溪浙工程直流线路和接地极线路杆塔与导线、地线参数

项　次		直流线路		溪洛渡侧接地极线路	浙西侧接地极线路
架空地线型号		JLB4-150		GJ-100	JLB20A-100
导线	型号	6×JL/G3A-900/40	6×JL/G2A-900/75	2×2×NRLH60GJ-500/45	2×2×JNRLH60/G1A-500/45
	分裂间距	45cm	45cm	50cm	40cm
	水平距离	20m	20m	6.6m	7m
	塔上悬挂高度	42m	42m	22m	24m
	弧垂	21m	21m	11.5m	15.52m
线路长度		475km	1140km	103km	23.6km
大地平均电阻率		300～600Ω・m		1000Ω・m	20～1500Ω・m

3.2 直流线路内过电压研究

（1）线路沿线过电压分布。双极额定运行方式下，对直流线路沿线发生接地故障时线路沿线过电压进行了仿真研究。计算时将线路分为 24 段，靠近线路中部分段较多，最小段距离为 10km；靠近线路两端分段较少，最大段距离为 100km。从整流侧出口沿直流线路每段间均进行线路接地故障仿真计算。研究中杆塔接地电阻选用 10Ω，直流线路沿线大地平均电阻率取 600Ω·m，图 2 为直流线路沿线过电压水平的包络线。

研究结果表明：直流线路过电压出现在线路中点接地故障时非故障极线路的中点处，线路过电压水平沿着线路中点到两侧换流站方向呈下降趋势，但略有起伏。

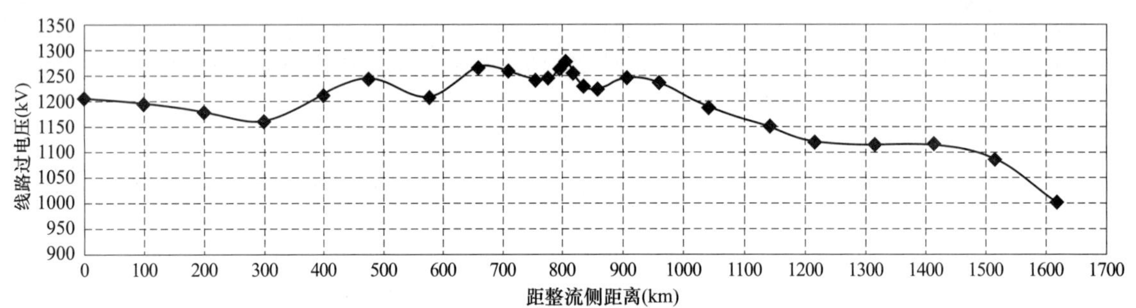

图 2 溪浙工程直流线路沿线过电压水平的包络线

（2）线路过电压水平。在直流双极平衡最小功率（0.1p.u.）方式下，对直流线路中点对地短路故障进行仿真研究。直流线路沿线大地平均电阻率考虑 300Ω·m 和 600Ω·m 两种情况，当大地平均电阻率为 300Ω·m 时，非故障极直流线路中点过电压值为 1302kV；当大地平均电阻率为 600Ω·m 时，非故障极线路中点过电压为 1310kV。

4 输电线路塔头空气间隙放电特性和间隙距离的选择

4.1 ±800kV 直流输电线路塔头空气间隙冲击放电特性

近年来，针对±800kV 特高压直流输电线路杆塔空气间隙的选择，中国电力科学研究院在北京（海拔 55m）、宝鸡（海拔 900m）和青海硝湾（海拔 2200m）的试验场地进行了 V 型绝缘子串的 6 分裂导线塔头空气间隙的 50%操作冲击放电特性试验，结果见图 3。

同样试品结构布置的±800kV 塔头空气间隙雷电冲击放电特性试验中，正极性雷电冲击电压施加于 6 分裂导线，以模拟负极性雷击塔顶的情况。通过试验，获得了三组不同空气间隙距离的 50%雷电冲击放电电压数据，如图 4 所示。图中同时画出了 20 世纪 80 年代经试验得到的±500kV 直流线路塔头空气间隙正极性 50%雷电冲击放电电压曲线。将两者进行比较，可以看出雷电冲击放电电压与空气间隙距离保持着较好的线性关系，±800kV 与±500kV 塔头间隙的雷电冲击放电特性曲线有较好的延续性。

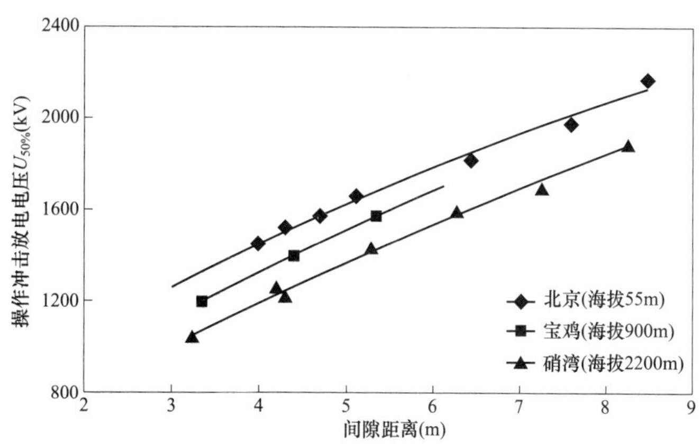

图 3　不同海拔地区±800kV 塔头空气间隙试验结果

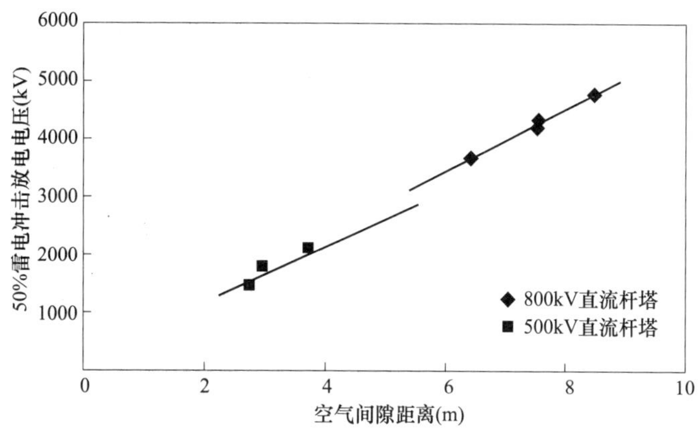

图 4　直流线路杆塔塔头空气间隙雷电冲击放电特性

雷电冲击的放电路径集中在均压环到横担以及均压环到塔身的空气间隙上，没有沿复合绝缘子放电的记录。由于试品布置的原因，均压环到塔身的空气间隙距离比均压环对横担的空气间隙距离略短一点（相差 0.5%～0.7%），均压环到塔身的放电几率约占 75%～100%，反映出雷电冲击放电路径主要沿最短间隙距离发展的特性。

4.2　操作冲击要求的最小间隙距离计算

根据北京、宝鸡和青海硝湾的试验结果，采用插值法计算，得到海拔 0、500、1000、1500、2000m 和 2300m 等地区的 50%操作冲击放电特性曲线，如图 5 所示。

根据图 5 计算得到不同海拔地区的海拔校正系数，如表 3 所示。

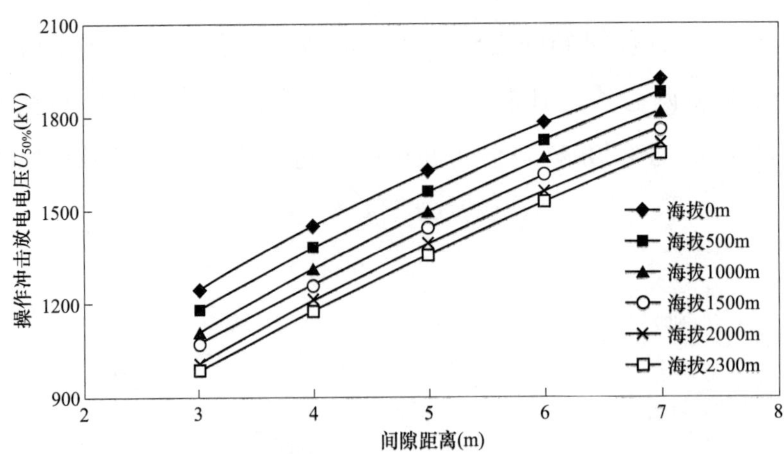

图5　哈郑工程直流线路不同海拔高度空气间隙放电特性试验曲线

表3　不同海拔地区的50%操作冲击海拔校正系数

海拔校正系数	500	1000	1500	2000	2300
海拔校正系数	1.04	1.08	1.11	1.14	1.16

哈郑工程和溪浙工程输电线路的最高运行电压取 816kV，计算的过电压倍数按1.55、1.60、1.65和1.70倍考虑。

参照电力行业标准DL/T 436—2005推荐的操作过电压间隙距离的计算公式，直流杆塔空气间隙的正极性50%操作冲击放电电压应符合式（1）的要求（当采用V型绝缘子串时，计算取3倍变异系数）

$$U_{50\%\cdot s}=\frac{K_2'K_3'}{(1-3\sigma_s)K_1'}U_m \tag{1}$$

式中　U_m——最高运行电压，kV；

K_1'，K_2'——操作冲击电压下间隙放电电压的空气密度、湿度校正系数；

K_3'——操作过电压倍数；

σ_s——空气间隙在操作电压下放电电压的变异系数，取5%。

根据式（1），可求得不同过电压倍数时的50%操作冲击放电电压值。查图5曲线，可得到不同海拔地区±800kV直流输电线路杆塔在不同操作过电压下所需要的最小空气间隙距离，如表4所示。

表4　不同海拔下的操作过电压所需要的最小空气间隙距离　　m

过电压倍数	$U_{50\%}$（kV）	海拔（m）					
		0	500	1000	1500	2000	2300
1.70	1632	5.10	5.50	5.80	6.20	6.50	6.70
1.65	1584	4.80	5.20	5.50	5.90	6.20	6.40

续表

过电压倍数	$U_{50\%}$（kV）	海拔（m）					
		0	500	1000	1500	2000	2300
1.6	1536	4.50	4.85	5.20	5.60	5.90	6.10
1.55	1488	4.30	4.60	5.00	5.30	5.60	5.80

5　哈郑工程、溪浙工程线路绝缘配置方案研究

5.1　特高压直流线路绝缘子污闪特性研究

通过对超特高压直流线路用的不同材质、不同伞型、不同串型和不同机械强度的绝缘子进行污秽试验，得到了各类直流绝缘子在不同污秽条件下的人工污秽闪络特性，如图 6 所示。采用雾中耐受的升降法，进行至少 10 次有效试验获得某种试品在一种污秽度下的 50%闪络电压。

5.2　瓷绝缘子单 I 串和耐张、V 串绝缘子片数和串长推荐

直流线路绝缘子的选择根据直流污耐受法进行。根据直流年度污秽度的预测和直流绝缘子人工污秽试验结果，获得长串绝缘子 50%直流污闪电压，经有效盐密的修正、灰密与等值盐密比值的修正、污秽不均匀分布修正（哈郑工程根据绝缘子北方自然积污特性，不进行此项修正），给出长串绝缘子的直流污耐受电压（50%直流污闪电压减去 3 倍的标准偏差）。在此基础上计算盘形绝缘子的片数及复合绝缘子的串长。以污闪特性为基础，根据污耐受法，可以计算出哈郑、溪浙工程直流线路单 I 串、V 串在不同海拔不同污秽度下 400、550、760kN 典型直流线路绝缘子的片数以及串长。

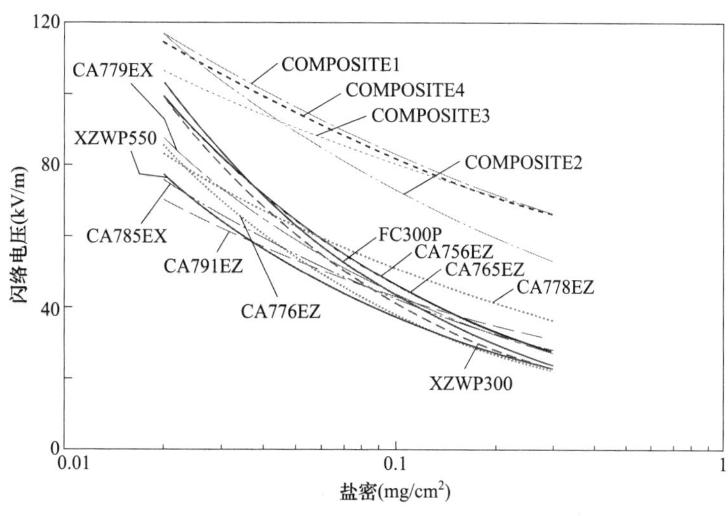

图 6　大吨位直流绝缘子人工污秽特性曲线

5.3　复合绝缘子长度优化研究

（1）不同憎水性状态下 V 型复合绝缘子的污闪试验。试品采用向上工程用 300kN

直流棒形悬式复合绝缘子，型号为 FXBW3/300。本次试验按向上工程伞型定制了结构高度为 4m 的复合绝缘子，试品见图 7，其伞型参数见表 5。

图 7　复合绝缘子伞型结构及试品

表 5　复合绝缘子伞型参数

伞型	试品结构高度（mm）	盘径（mm）	爬距（mm）	伞间距（mm）	绝缘高度（mm）
一大二小	4050	222/155/40	12 560	127/38/38	3360

试验中复合绝缘子按 V 型串布置，如图 8 所示。试验分别在亲水性下和在弱憎水性下进行，具体试验条件如表 6 所示。

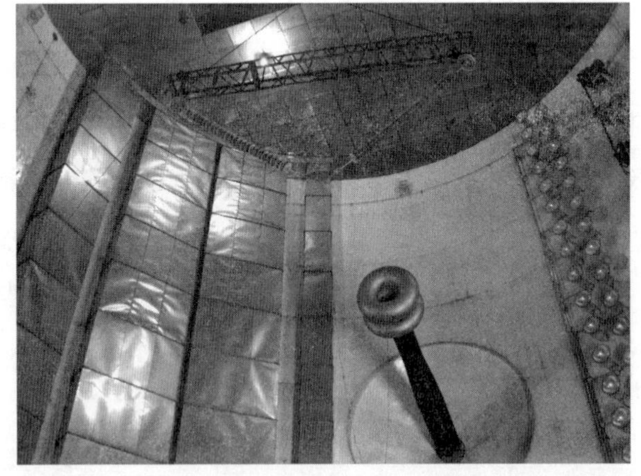

图 8　复合绝缘子 V 串直流人工污秽试验试品布置

表 6　复合绝缘子 V 型串不同憎水性条件下污闪试验条件

串型	串长（m）	盐密（mg/cm²）	灰密（mg/cm²）	表面憎水性
V 串	4	0.08	1.0	HC7
				HC5-6

通过与亲水性表面复合绝缘子 I 串的数据进行对比，在相同试品、同种污秽度、不同串型布置情况下，两者 50%闪络电压相差不到 1%，在污秽试验误差范围之内，因此可以认为复合绝缘子 I 串布置和 V 串布置的污闪电压没有明显差别。从中可以看出对于弱憎水性表面的复合绝缘子，在采用 V 型串布置时，其污闪电压比亲水性条件下高 11.11%。

（2）按复合绝缘子弱憎水性特性推荐复合绝缘子串长。考虑到试验本身的分散性，增加线路安全运行的裕度，建议按 5.5%考虑，同样按照污耐受法，可计算出±800kV 直流输电线路所需复合绝缘子串长，如表 7 所示。

表 7　　特高压±800kV 直流输电线路所需复合绝缘子串长　　m

伞型	弱憎水性污闪电压提高幅度	钟罩绝缘子直流盐密（mg/cm^2）	海拔（m）				
			0	1000	1500	2000	2300
一大二小	按 5.5%考虑	0.05	8.00	8.51	8.79	9.09	9.30
		0.08	9.01	9.59	9.91	10.25	10.47
		0.15	9.95	10.60	10.95	11.33	11.56
		0.25	12.13	12.93	13.36	13.84	14.11

（3）线路直线塔绝缘子选择。哈郑工程直线塔绝缘子串（包括耐张塔跳线串）采用 V 型复合绝缘子（重冰区除外）。根据特高压直流复合绝缘子在弱憎水性下的人工污秽试验结果，伞型采用一大二小伞型，不同海拔与不同污秽地区复合绝缘子的长度选择按锦苏工程处理，如表 8 所示。

表 8　　±800kV 哈郑工程线路直线塔 V 型串所用复合绝缘子的长度　　m

钟罩绝缘子直流盐密（mg/cm^2）	海拔（m）				
	0～500	501～1000	1001～1500	1501～2000	2001～2300
0.05	8.00	8.51	8.79	9.09	9.25
0.08	9.01	9.59	9.91	10.25	10.43
0.15	9.95	10.60	10.95	11.33	11.53

建议±800kV 直流输电线路 V 串复合绝缘子的串长不低于按弱憎水性考虑推荐的复合绝缘子串长（见表 8），即在综合考虑塔头尺寸、空气间隙后，其串长也应不低于按弱憎水性表面考虑推荐的复合绝缘子串长。

5.4　耐张塔耐张绝缘子选择

目前，±800kV 直流线路耐张串设计要求使用盘形绝缘子。结合调研结果和长串直流盘形绝缘子的人工污秽试验结果，推荐±800kV 直流线路耐张串采用 550kN 通用型（钟罩型）盘形绝缘子。同爬电比距的三伞型绝缘子也可按表 8 选择使用。由于三伞型绝缘子具有更好的自清洗效果，可优先选用。根据±500kV 线路的多年运行经验，当直流绝缘子的爬电比距为邻近安全运行的交流线路绝缘子爬电比距的 1.8～2.5 倍时，直流线路通常可以保障安全运行。考虑哈郑工程线路沿线直交流积污比大部偏高，直流线路与交流线路的爬电比距之比取 2.2，据此获得哈郑工程线路沿线各区段耐张串绝缘子片数。而溪浙工程线路直接采用污耐受法计算得出推荐片数。

5.5 覆冰区±800kV 直流输电线路推荐绝缘子片数和串长

（1）基于恒压升降法的覆冰闪络试验。采用恒压升降法，开展了 0.05mg/cm^2 盐密下、全尺寸绝缘子串在重覆冰条件下的覆冰闪络试验（如图 9 所示），并得出了±800kV 绝缘子串的 50%覆冰闪络试验电压。

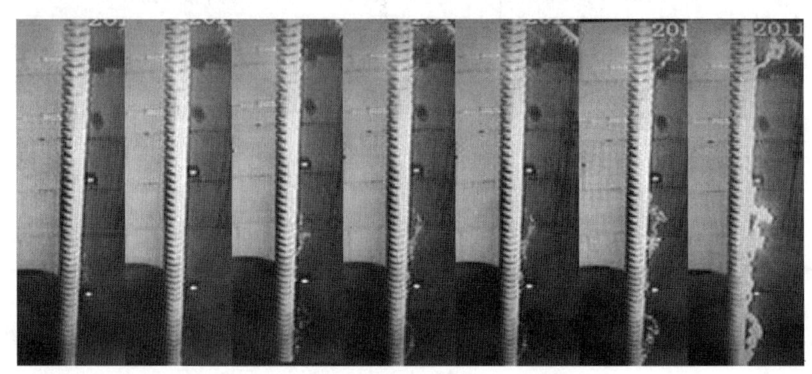

图 9 ±800kV 绝缘子串融冰过程中的覆冰闪络图片（电压恒定不变）

（2）推荐绝缘子片数和串长。根据试验结果，考虑 3 倍标偏，在 0.05mg/cm^2 直流盐密下重覆冰条件下，±800kV 直流输电线路悬垂串的片数为 101 片，串长为 19.70m。试验结果显示，在同样的试验环境下，V 串覆冰闪络电压梯度比 I 串高，最小高 21%。因此，V 串串长按 I 串的 3/4 考虑。推荐重覆冰、0.05mg/cm^2 直流盐密条件下，±800kV 直流输电线路 V 型串的片数为 76 片，串长为 14.82m。

考虑不同污秽等级条件下，不同绝缘子的积污差别（按 2/3 考虑）和不同串型积污（按 3/4 考虑）差别，推荐重覆冰区±800kV 直流输电线路推荐绝缘子片数和串长如表 9、表 10 所示。

表 9　覆冰区 300kN 外伞形（双伞型、三伞型）V 型绝缘子串推荐配置

直流污区分级	等值盐密（mg/cm^2）	外伞形积污（mg/cm^2）	V 串积污（mg/cm^2）	推荐绝缘配置	
				片数（片）	串长（m）
轻污秽	0.05	0.033	0.025	70	13.65
中等污秽	0.08	0.053	0.04	74	14.43
重污秽	0.15	0.100	0.075	84	16.38

表 10　　覆冰区 300kN 直流钟罩型 V 型绝缘子串推荐配置

直流污区分级	等值盐密（mg/cm²）	V 串积污（mg/cm²）	推荐绝缘配置	
			片数（片）	串长（m）
轻污秽	0.05	0.037 5	73	14.24
中等污秽	0.08	0.06	79	15.41
重污秽	0.15	0.09	89	17.36

另外，以上推荐串长及片数为 1000m 及以下海拔覆冰绝缘配置。根据高海拔下初步覆冰试验结果，对于海拔 1000m 以上地区，绝缘配置修正按每千米 7.6%考虑。

第 2 节　Y 型绝缘子串工程应用关键技术研究

1　引言

Y 型绝缘子串是一种新型的架空线路绝缘子串布置方式，它的使用可以减小风偏，改善合成绝缘子受压状态，压缩输电线路走廊，对工程将具有重要实用价值。本节研究的主要内容为：① Y 型绝缘子串的结构布置及力学分析；② Y 型绝缘子串联接金具研究；③ Y 型绝缘子串冲击放电特性试验研究；④ 串长对 Y 型绝缘子串操作冲击放电特性的影响；⑤ ±800kV 直流输电线路 Y 型绝缘子串塔头空气间隙距离的选择。

2　Y 型绝缘子串力学特性研究

2.1　脉动风模拟和风载荷计算

在计算作用在绝缘子-金具-导线系统上的风荷载时，风的时程曲线一般包含两种成分：一种是长周期部分，其值常在 10min 以上；另一种是短周期部分，常仅有几秒钟左右。由于风的长周期远远大于一般结构的自振周期，其对结构的作用相当于静力作用。脉动风是由于风的不规则引起的，它的强度是随时间按随机规律变化的，由于它的周期较短，因而其作用性质是动力的，会引起结构的振动。采用我国规范所采用的顺风向水平脉动风速谱为 Davenport 谱。通过计算得到操作过电压和大风工况时的脉动风速时程，将风速换算为作用在导线系统上的风荷载，其中涉及的各系数均根据我国现行规范取值。

2.2　不同工况下绝缘子串的力学特性计算

绝缘子-金具-导线系统的风偏在不同荷载特性下可分为静态风偏和动态风偏，且由于导线属于柔性结构，对其进行分析过程中应考虑大位移、小变形的几何非线性问题。同时，导线系统的初始静平衡位置是静、动力分析的初始条件，它对计算结果影响非常显著，因此首先进行导线系统的静平衡分析。对于绝缘子动态风偏，采用瞬态动力学分析方法，从导线初始静平衡状态到非线性振动结构响应的求解均应用成熟的分析软件，根据绝缘子串组装图建立计算模型。Y 型绝缘子串组装图如图 1 所示。

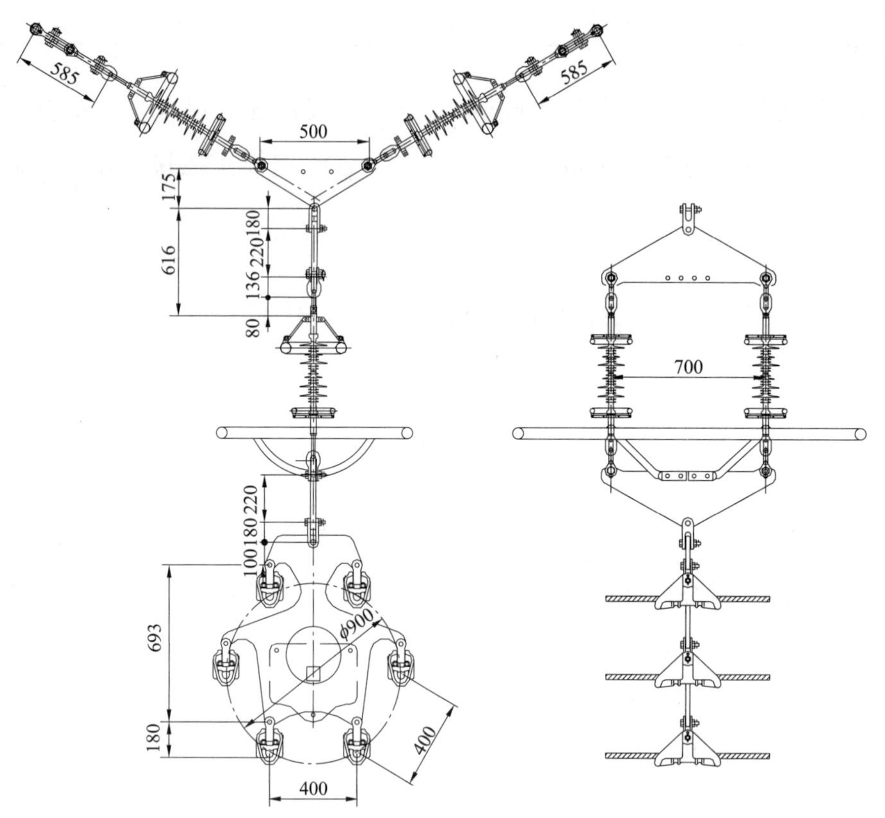

图 1　Y 型绝缘子串组装图

整个合成绝缘子串长度取 11.0m，Y 型绝缘子串 V 串为单联的模型见图 2，Y 型绝缘子串 V 串为双联的模型见图 3。对 Y 型绝缘子串不同夹角 100°、110°、120°、130°、不同串长条件下的受力特性进行计算分析。静风荷载作用下，风偏角满足设计要求，主要针对脉动风作用下的风偏进行研究。

考虑操作过电压时，一般取线路最大风速的 1/2，此种工况下 Y 型绝缘子串受脉动风作用，Y 型绝缘子没有发生屈曲现象。不同串型比例下，风偏角满足设计要求。在最大风速的工况下 V 串受脉动风作用，V 串夹角为 100°、110°、120°、130° 的 V 型绝缘子均发生屈曲现象。水平档距不变，改变垂直档距对风偏计算结果有影响。垂直档距越大，风偏角越小。

从力学计算中，可以总结出：I 型绝缘子串为双联，两联受力情况相同；V 型绝缘子串迎风侧和背风侧受力不同，背风侧绝缘子的受力明显小于迎风侧；V 串为双联时，迎风侧绝缘子受力最大值约为单联 V 串绝缘子的一半，背风侧绝缘子受力最大值约为单联 V 串绝缘子的一半。

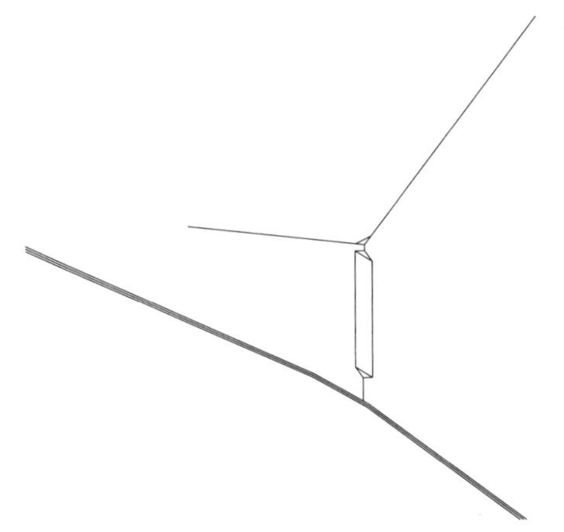

图 2　Y 型绝缘子串 V 串为单联的数值计算模型图

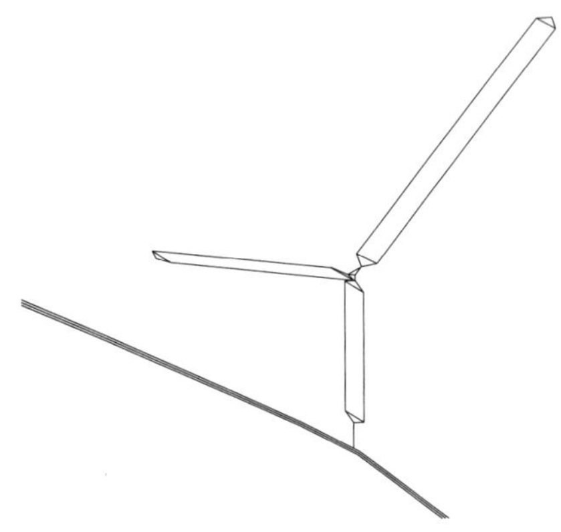

图 3　Y 型绝缘子串 V 串为双联的数值计算模型图

最大风速的工况、脉动风作用下，V 串、Y 串的受力特性有所不同。大风工况下 Y 型绝缘子串的 V 串夹角为 100°、110°、120°，V 串单联时，绝缘子屈曲程度比相同夹角的 V 串屈曲程度低；V 串夹角为 120°，V 串双联时，绝缘子屈曲程度比相同夹角的V串屈曲程度相比，2:1 时屈曲程度降低，7:3 时屈曲程度提高；V 串夹角为 130°、V 串双联时，V、Ⅰ串比例为 1:1，绝缘子屈曲程度比相同夹角的 V 串屈曲程度减低，V、Ⅰ串比例为 2:1、4:1、9:1，绝缘子屈曲程度比相同夹角的 V 串屈曲程度高；V 串夹角为 100°、110° 时，绝缘子屈曲程度比 V 串夹角为 120°、130° 时严重。

2.3　Y 型绝缘子串连接方式研究

Y 型绝缘子串联接金具的连接方式主要有环-环，球-碗及槽型三种连接结构。我国 500kV 及以上交直流线路使用复合绝缘子均要求采用压接式端部连接方式。目前多采用压接性能良好且质量稳定的合金钢，作为复合绝缘子终端金具的制造材料。通过对芯原材料的控制，如芯棒尺寸公差、弹性模量、金具强度及金具强度偏差等重要参数的控制，以及压接工艺的控制，合成绝缘子端部金具在压接后具有较高的可靠性及质量的稳定性。环-环，球-碗及槽型三种连接结构的金具，其连接结构变化不影响金具与芯棒的压接结构及压接性能。从绝缘子生产制造的角度分析，三种连接结构均可制造满足其机械性能指标的合成绝缘子。

槽型连接的绝缘子终端金具，未有大范围运用的经验。主要原因是槽型连接结构，金具的自由度少，每个连接点只有一个自由度，使用时需多增加几个金具以增加其自由度。如不增加金具，这种连接结构的绝缘子运行过程中遭遇较大扭矩时这一个自由度也可能卡死失效，从而导致绝缘子芯棒承受较大扭矩，绝缘子芯棒及金具易出现破坏。如增加金具，则悬垂串长度必须增长，而需要加大塔头尺寸，导致 V 型绝缘子串的经济性降低而不适用。Y 型绝缘子串的设计同样出现这样的问题，因此建议在 Y 串中不使用槽型连接的绝缘子终端金具。

球-碗连接的绝缘子终端金具，在我国 500kV 及 750kV 输电线路 V 型绝缘子串上有着广泛的运用经验，但是，经过几年的运行，出现了多起 V 型复合绝缘子吊串事故。分析吊串的原因主要是大风工况下，背风侧复合绝缘子受到压力，导致复合绝缘子球头自碗头中脱出，严重的还将碗头中的销冲击变形。在运行的线路中往往采用了加装碗头抱箍或者更换 R 销为 L 销等措施，采取措施后虽然从结构上避免了球头从碗头中脱出的可能性，但复合绝缘子在大风工况下受到压力而发生屈曲的情况并未得到缓解，存在一定的安全隐患。因此在与其有相似受力特点的 Y 型绝缘子串设计时建议不采用球-碗连接的绝缘子终端金具。

环-环连接的绝缘子终端金具，是我国目前超、特高压工程中 V 型绝缘子串运用较为广泛的连接形式，在宁东—山东±660kV 直流输电示范工程、向上线路、锦苏线路等工程中均有运用。环-环连接受压时可有一定的活动距离，在此范围内金具不受挤压力。同时环-环连接结构转动自由度较多，且设计时采用了复合绝缘子两端金具环呈 90° 布置的结构，有效缓解了运用过程中可能遇到的扭矩。Y 型绝缘子串受力特点与 V 型绝缘子串有许多相同点，因此 Y 型绝缘子串的绝缘子终端连接金具推荐采用环-环连接结构。

绝缘子终端金具为环-环结构的 Y 型合成绝缘子金具串，连接结构简洁，背风侧合成绝缘子受力合理，满足 Y 串受力特点，设计出了符合 Y 型绝缘子串力学及电气特性的连接金具。根据研究成果提出了连接金具技术条。Y 型合成绝缘子金具串中所涉及金具多数可从“哈密南—郑州±800kV 直流输电线路金具统一设计”研究中选用，互相性良好，便于线路的建设、运行与维护，屏蔽环的安装简单可靠。

3 ±800kV 特高压 Y 型绝缘子串塔头的冲击放电特性

3.1 串长比例 2:1 时的 Y 型绝缘子串塔头间隙的操作冲击放电特性

在 Y 型串 2:1 的条件下进行了模拟塔头的操作冲击放电特性试验，其布置示意图如图 1 所示。

因为 Y 型绝缘子串独特的结构特点，跑道型均压环到模拟横担的最小距离为 10.05m，跑道型均压环到模拟塔身的最小距离为 7.45m。此时由于跑道型均压环离塔身的距离比离上横担的距离大很多，所以放电路径总是沿均压环外沿到塔身的路径放电。试验结果表明此种布置形式可满足 1.7 倍操作过电压的要求，并且还有较大裕度。

3.2　Y 型串下半部分不同长度对上横担放电特性的影响

为研究 Y 型串下半部分不同长度对上横担放电特性的影响，保持 Y 型串上半部分不变，改变 I 型串部分的长度，得到均压环–上横担不同间隙距离时的 50%操作冲击放电电压。

绘制间隙距离和 50%操作冲击放电电压曲线，如图 4 所示。作为对比，图 4 还给出了 V 型绝缘子串的塔头空气间隙的操作冲击放电特性曲线。通过对比可知，在 6.7～9.35m 的间隙范围内，Y 型串下半部分不同长度对上横担放电电压和 V 型绝缘子串的放电电压基本一致。可以认为 Y 串中间节点处的金具对空气间隙的放电特性影响不大。但随着间隙距离的减小，是否对 Y 串跑道均压环对上横担的放电电压有影响，还需进一步的试验验证。

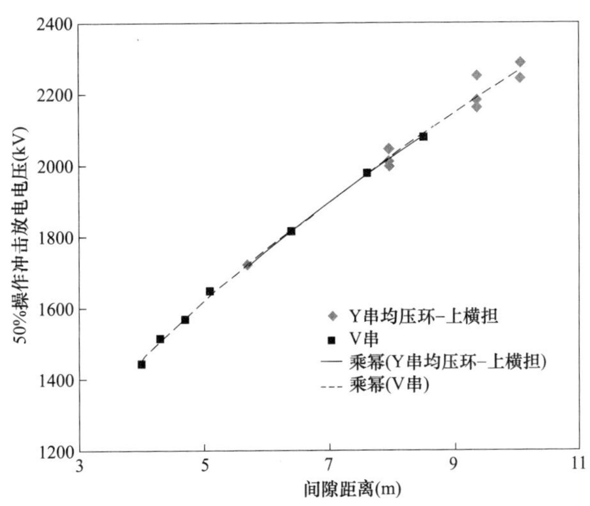

图 4　Y 串下半部分不同长度时均压环–上横担的操作冲击放电特性曲线

若采用 11m 长的绝缘子，按照 2:1 的比例配比，Y 型绝缘子串在 120° 夹角时，跑道型均压环到上横担的间隙距离约为 8m，此时的 50%操作冲击放电电压满足 1.7 倍过电压要求。

3.3　±800kV 直流输电线路塔头 I 型绝缘子串冲击放电特性

为研究 Y 串在对塔身的放电特性，采用 I 型绝缘子串对塔身的电极形状，进行 I 型绝缘子的±800kV 塔头空气间隙放电特性试验。

通过试验，得到如图 5 所示的操作冲击放电试验结果和图 6 所示的雷电冲击放电特性试验结果。

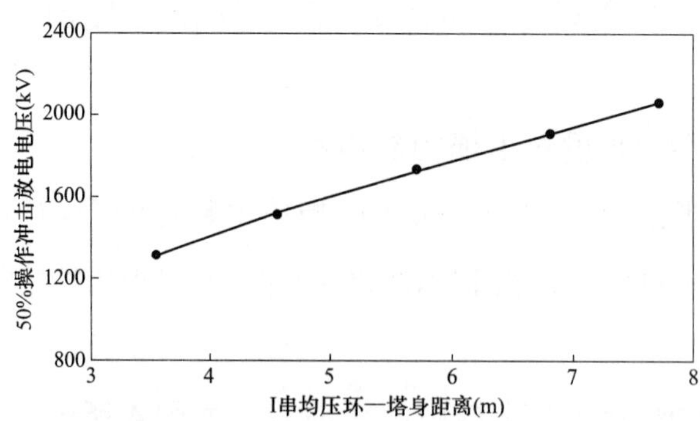

图5　±800kV 直流输电线路 I 型绝缘子串塔头空气间隙操作冲击放电特性曲线

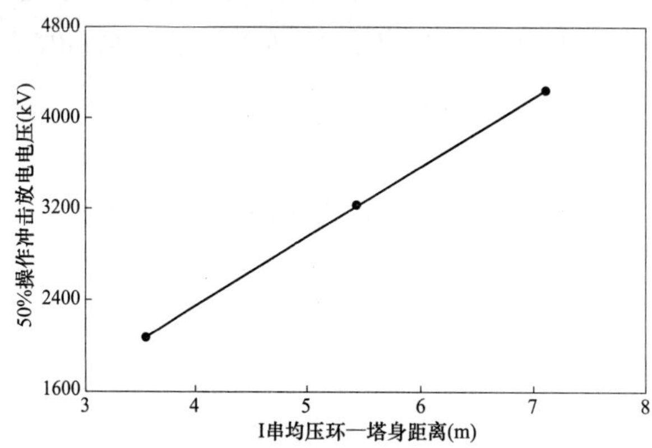

图6　±800kV 直流输电线路 I 型绝缘子串塔头空气间隙雷电冲击放电特性曲线

3.4　Y 型绝缘子所需最小空气间隙距离的选择

根据电力行业标准 DL/T 436—2005 中的公式，导线对杆塔空气间隙的直流 50%放电电压应符合式（1）的要求

$$U_{50\%\cdot\mathrm{N}}=\frac{K_2K_3}{(1-\sigma_\mathrm{N})K_1}U_\mathrm{e} \tag{1}$$

式中　U_e——为最高运行电压，哈郑线按 816kV 考虑；

K_1，K_2——直流电压下间隙放电电压的空气密度、湿度校正系数；

K_3——安全系数，取 1.15；

σ_N——空气间隙直流放电电压的变异系数，取 1%。

由此可求得不同海拔地区杆塔的直流电压最小空气间隙距离。计算结果表明，直流电压要求的空气间隙距离远小于冲击电压要求的间隙距离，在杆塔间隙距离的设计中不起控制作用。

针对采用 V 型绝缘子串的±800kV 直流线路杆塔，曾分别在位于北京昌平的国家电网公司特高压直流试验基地户外试验场和青海高海拔试验站、陕西宝鸡 750kV 变电站等地针对其空气间隙放电特性试验做过相应的研究。采用 V 型绝缘子串的海拔校正系数对 Y 型绝缘子串在不同海拔地区的操作冲击放电电压进行海拔校正。

参照电力行业标准 DL/T 436—2005 推荐的操作过电压间隙距离的计算公式，直流杆塔空气间隙的正极性 50% 操作冲击放电电压应符合式（2）的要求（当采用 V 型绝缘子串时，计算取 3 倍变异系数）

$$U_{50\%\cdot s}=\frac{K_2'K_3'}{(1-3\sigma_S)K_1'}U_m \tag{2}$$

式中 U_m——最高运行电压，kV；

K_1'，K_2'——操作冲击电压下间隙放电电压的空气密度、湿度校正系数；

K_3'——操作过电压倍数；

σ_S——空气间隙在操作电压下放电电压的变异系数，取 5%。

根据式（2），可求得不同过电压倍数时的 50%操作冲击放电电压值。根据试验得到的 50%操作冲击放电特性曲线，推荐了不同海拔地区±800kV 直流输电线路杆塔在不同操作过电压下所需要的最小空气间隙距离，并和哈郑工程线路 V 型绝缘子串时所要求的最小空气间隙距离值进行了对比。结果表明，在海拔 1000m 及以下地区，Y 串均压环到塔身所需的最小空气间隙距离值比 V 串所需的最小空气间隙距离大 0.10m。在海拔 2000m 地区其取值和 V 串基本一致。

4 结论

（1）考虑操作过电压时，一般取线路最大风速的 1/2，此种工况下 Y 串受脉动风作用，Y 型绝缘子没有发生屈曲现象。不同串型比例下，风偏角满足设计要求。

（2）最大风速的工况下 Y 串受脉动风作用，V 串夹角为 100°、110°、120°、130°的 Y 型绝缘子均发生屈曲现象，并且和 V 串有所不同

（3）推荐 Y 型绝缘子终端金具为环-环结构的 Y 型合成绝缘子金具串，此连接结构简洁，背风侧合成绝缘子受力合理，满足 Y 串受力特点，所涉及金具多数可从“哈密南—郑州±800kV 直流输电线路金具统一设计”研究中选用，互相性良好，便于线路的建设、运行与维护，屏蔽环的安装简单可靠。

（4）按串长 2:1 的比例进行的 11m 长绝缘子组成的 Y 串塔头间隙的放电特性试验，间隙的放电路径总是沿均压环外沿到塔身的路径放电。50%放电电压满足±800kV 直流输电线路塔头的要求。

（5）Y 型串下半部分不同长度对上横担放电电压和 V 型绝缘子串的放电电压基本一致，可以认为 Y 串中间节点处的金具对空气间隙的放电特性影响不大。

（6）若 Y 串绝缘子的串长为 11m，若按 2:1 的比例选取，导线上方的跑道均压环

离上横担的距离将大于6.7m，可以认为此间隙距离在Y串设计中不起控制因素。

（7）直流电压要求的空气间隙距离远小于冲击电压要求的间隙距离，在杆塔间隙距离的设计中不起控制作用。

（8）建议采用V串的海拔校正系数对Y串在不同海拔地区的操作冲击放电电压进行海拔校正。

（9）在海拔1000m及以下地区，Y串均压环到塔身所需的最小空气间隙距离值比V串大0.10m。在海拔2000m地区其取值和V串基本一致。

第3节 提高特殊气象条件下线路金具可靠性与耐久性研究

1 引言

研究金具连接的结构，分析了环-环、球-碗、槽型连接结构在特殊气象条件下的适用性，提出合理连接方案并进行优化，推荐了哈郑工程导地线金具串型。通过耐磨材料选择，耐磨金具制造工艺研究、耐磨金具试制试验、真空渗锌工艺在金具制造中的可行性研究，提高了输电线路金具可靠性与耐久性，对确保线路的长期安全稳定运行具有重要的意义。

2 特殊气候条件下金具磨损的原因分析

2.1 金具磨损的摩擦学原理

磨损是由摩擦引起的、在日常生活和国民经济的各个领域中普遍存在的现象，像电力工业、冶金矿山、机械工业、国防工业及航空、航天等，处处存在摩擦，处处都有磨损。材料磨损是两个以上的物体摩擦表面在法向力的作用下，在相对运动及有关介质、温度环境的作用下使其发生形状、尺寸、组织和性能变化的过程，在相对运动的过程中，引起物体表面材料产生迁移的现象，使材料表面不断地消耗，最后导致零件失效等问题。磨损是造成金具损坏失效的原因之一，对金具的寿命、可靠性有极大地影响。

磨损是一种系统工程，磨损量取决于所有参与磨损的构件和物料在各种负荷作用下相互作用的结果。影响材料磨损的元素有很多，如材料种类、弹性模量、抗拉强度、硬度、表面粗糙度、表面接触几何尺寸、接触表面层覆盖物、化学成分、微观结构、表面加工制作方法及润滑等。金具的磨损也是多因素作用的结果，且特殊气象条件下的架空输电线路金具具有相对运动频繁、载荷大（表面法向力大）及无润滑剂等诸多不利条件，提高其耐磨性能以提高金具的可靠性与耐久性具有重要意义。

2.2 金具磨损原因

输电线路在运行中，金具不仅承受正常运行荷载的作用，而且还要承受由于大风摆动引起的附加荷载。这个由大风摆动引起的附加荷载，虽然比正常运行荷载小得多，但由于频繁出现的长时间和周期性交变荷载，造成金具的严重磨损及疲劳损坏，甚至引发断线、掉串事故。连接金具的磨损主要是由于顺线路方向的偏转运动和横线路方向的风偏运动造成的，悬垂线夹和船体挂板之间的磨损主要是受到顺线路方向的偏转运动。

目前我国金具的连接结构的摩擦类型均为滑动摩擦，且没有润滑，为干摩擦，加之金具承受的机械载荷很大，若金具偏转运动与风偏运动频繁的话，金具之间会存在较严重的磨损。金具的制造材料多为普通碳素结构钢、低合金钢、合金结构钢等，材料本身耐磨性能一般。造成金具磨损严重的原因较多，主要因素有外部因素，即环境因素、线路设计参数选择因素、金具串型设计因素等；也有内部因素，即金具本身耐磨性能的因素。

2.3 输电中易出现磨损的金具类型

通过对途经大风、多风区域的输电线路，尤其是对西北大风区，以及微地形、微气象等特殊地区的输电线路金具磨损情况的调研，分析了金具磨损的情况，从调研资料来分析，耐张金具串由于直接安装在耐张塔上，受到大风时其偏转幅度较小，磨损情况不严重。在西北大风区 750kV 输电线路导线串，由于其垂直荷载较大，其偏转幅度较小，且其串长较长连接金具多，大风时可偏转金具较多，导线串金具磨损程度较轻。出现磨损情况较严重的主要是地线、光缆悬垂串，分析其主要原因是地线及光缆悬垂串较短，连接金具较少，因此多采用环-环连接结构以实现较多的自由度，但这种连接形式接触应力较大，其耐磨性能相对较差。调研中出现磨损最为严重的金具为地线、光缆悬垂串中的 U 型挂环。

3 提高金具可靠性与耐久性研究

金具是关系到架空输电线路安全运行的重要部件，耐磨金具在提高金具的耐磨性能的同时，其机械强度、耐腐蚀性不能够降低。所研制出的耐磨金具必须满足一般金具的技术条件和相关国家标准的要求。

通过金具串连接结构研究、材料选择、材料工艺研究、金具表面处理工艺、产品试制及试验研究，得到满足哈郑工程线路特点大风区条件的输电线路耐磨金具，为工程的设计和建设提供技术支持。

3.1 地线金具串连接结构研究

输电线路金具的连接形式有主要三种，即环-环（U 型挂环、延长环、耐张线夹钢锚等）、球-碗（球头挂环、碗头挂板等）、槽型（直角挂板、EB 挂板、GD 挂板、平行挂板、悬垂联板、延长拉杆）连接。根据调研情况分析及摩擦学中磨损因素的分析，本课题应重点解决地线串中连接金具的磨损问题。原大风区 750kV 出现磨损较为严重的地线悬垂串见图 1。通过改变金具环-环连接结构为槽型连接结构，根据哈郑工程线路特点设计了两种地线技术方案供设计选用。两种方案分别为挂点金具双头螺栓垂直于线路走向及挂点金具双头螺栓平行于线路走向的技术方案。地线单悬垂金具串组装图见图 1，地线双悬垂金具串组装图见图 2，地线直转单悬垂金具串组装图见图 3，地线直转双悬垂金具串组装图见图 4。

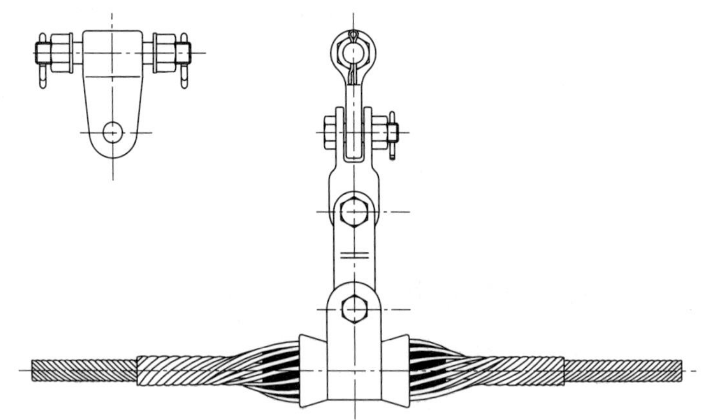

图 1　地线单悬垂金具串组装图

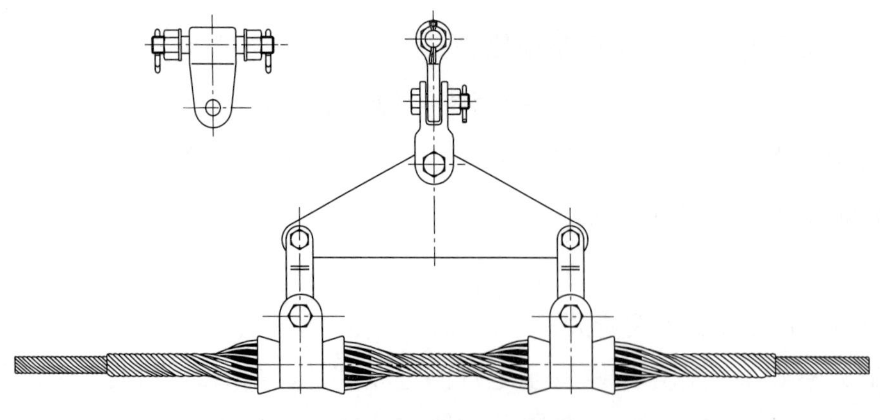

图 2　地线双悬垂金具串组装图

通过改变金具串连接结构，降低了金具之间接触应力，可提高金具的耐磨性能。同时根据所设计的地线悬垂串金具特点，推荐在哈郑工程改 160kN 的直角挂板及直角单板使用锻造工艺进行生产，以提高其质量，保证线路的安全稳定运行。

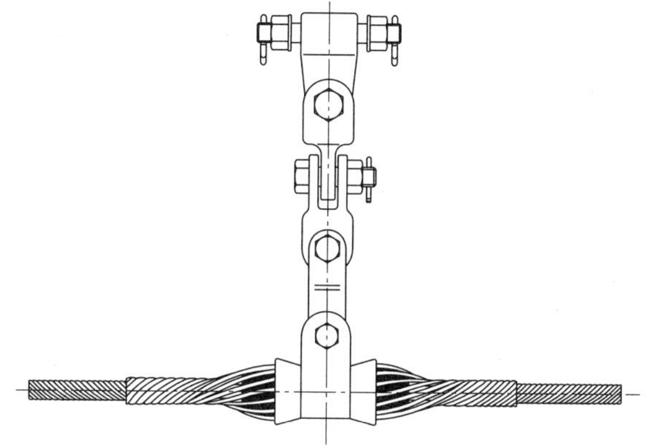

图 3　地线直转单悬垂金具串组装图

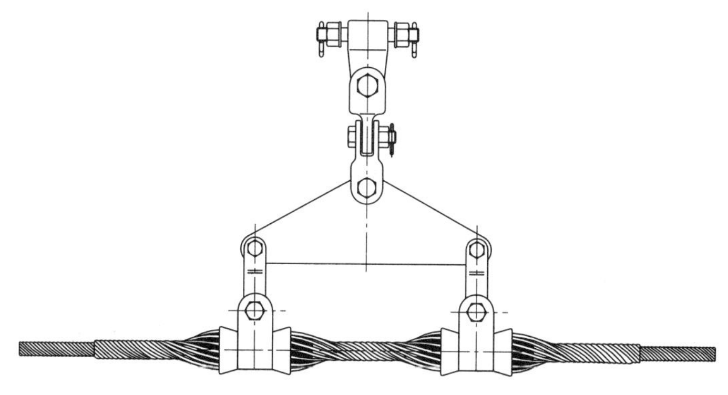

图 4　地线直转双悬垂金具串组装图

3.2　金具耐磨材料选择

目前我国线路连接金具多采用碳素结构钢、优质碳素结构钢及合金结构钢制造，所选钢牌号主要考虑其强度及韧性，耐磨性能一般，常用材料如 35 号。

在耐磨材料的选取中需考虑不同材料的耐磨性能，金具设计、制造工艺要求以及材料的经济性。选取合适的耐磨材料，可有效增加耐磨性，提高金具的寿命。在众多的耐磨材料中选取材料性能、经济性好的材料是提高金具耐磨性能的关键。

3.3　钢耐磨性能研究

耐磨钢是指具有高耐磨性的钢种，广义上也包括结构钢、工具钢、轴承钢等。在各种耐磨材料中，高锰钢是具有特殊性能的耐磨钢。它在高压力和冲击负荷下能产生强烈的加工硬化，因而具有高耐磨性，高锰钢属于奥氏体钢，所以又具有优良的韧性。因此高锰钢广泛被用来制造在磨料磨损、高压力和冲击条件下工作的零件。一般对于无很大工作压力而只要求耐磨的零件，不应该选用高锰钢。在很多情况下可采用中碳低合金钢，甚至低碳低合金钢。

在初步选取的三类材料（高锰钢、低合金钢和滚动轴承钢）中，执行的国家标准为 GB/T 5680—2010《奥氏体锰钢铸件》、GB/T 3077—1999《合金结构钢》、GB/T

18254—2002《高碳铬轴承钢》，初步选定的牌号为高锰钢 ZGMn13、合金结构钢 35CrMo、45Mn2 及高碳铬轴承钢 GCr15，各种材料的摩擦磨损试验结果如表 1 所示。

表 1　　摩擦磨损试验结果

样品名称		45Mn2		35CrMo		GCr15		35 号
		未处理	热处理	未处理	热处理	未处理	热处理	
试验结果	摩擦因数	0.391 7	0.470 3	0.616 3	0.491 1	0.499 2	0.383	0.686 7
	上试件质量磨损（g）	0.052 9	0.002 2	0.120 9	0.001 3	0.181 5	0.061 4	0.116 5
	下试件质量磨损（g）	0.046 7	0.021 2	0.122 4	0.014 6	0.001 9	0.000 3	0.112 1

由表 1 试验结果可知，同种材料对磨，热处理后 35CrMo、45Mn2 及 GCr15 的耐磨性能明显优于 35 号钢。

3.4 耐磨金具制造工艺研究

选取 U 型挂环 U-21S、耳轴挂板 LT-21S、直角单板 ZBD-16100S、直角挂板 Z-16100S 作为典型的金具进行试制。

根据各种材料的工艺特性，制订了相应的工艺流程，如表 2 所示。

表 2　　典型金具的不同材料的工艺流程

名称	材料	工艺流程
U 型挂环（U-21S）	35 号	下料—镦头—打柄—钻孔—热弯—镀锌
	GCr15	下料—镦头—打柄—退火（790℃保温 3h，720℃保温 3h）—钻孔—热弯—淬火（850℃，12min）+回火（180℃，240min）—镀锌
	35CrMo	下料—镦头—打柄—钻孔—热弯—调质（850℃油淬 30～40min+550℃回火 1～1.5h）—镀锌
	45Mn2	下料—镦头—打柄—钻孔—热弯—淬火（840℃，油冷）+回火（550℃，水冷）—镀锌
耳轴挂板（LT-21S）	35 号	下料—锻造—钻孔—镀锌
	GCr15	下料—锻造—退火—钻孔—淬火（850℃，12min）+回火（180℃，240min）镀锌
耳轴挂板（LT-21S）	35CrMo	下料—锻造—钻孔—调质（850℃油淬 30～40min+550℃回火 1～1.5h）—镀锌
	45Mn2	下料—锻造—钻孔—淬火（840℃，油冷）+回火（550℃，水冷）—镀锌

续表

名称	材料	工艺流程
直角单板（ZBD-16100S）直角挂板（Z-16100S）	35 号	下料—自由锻—铣槽—钻孔—镀锌
	GCr15	下料—自由锻—退火—铣槽—钻孔—淬火（850℃，12min）+回火（180℃，240min）镀锌
	35CrMo	下料—自由锻—铣槽—钻孔—调质（850℃油淬 30～40min+550℃回火 1～1.5h）—镀锌
	45Mn2	下料—自由锻—铣槽—钻孔—淬火（840℃油冷）+回火（550℃水冷）—镀锌

按照表 2 所规定的生产工艺进行了金具的试制，并对试制金具进行了破坏荷载试验，试验最大拉力设定为 1.5 倍标称荷载，如不发生破坏不再加大拉力。

根据试验结果，除 GCr15 材料制造的 U 型环达不到标准要求外，其余材质的 U 型环均能达到试验相关要求。按照第二次试验结果，调整了热处理温度，将回火温度由 180℃提高到了 550℃，并进行了试制，破坏荷载试验能满足要求。

GCr15 在不进行热处理的条件下，完全不能达到试验要求，考虑到此材料若应用在生产中，生产程序复杂，需先退火进行机加工，然后再淬火和回火，生产成本大，且其材料具有脆性，不建议直接用于金具的生产。

3.5　真空渗锌工艺运用于金具生产的研究

（1）渗锌的概念。渗锌是用热扩散方法在钢铁表面获得锌铁合金层的表面保护工艺。

在钢铁化学热处理中“渗”的概念可以表述为在一定的温度下一种金属或非金属原子向钢铁基体转移的现象，是一种金属原子或非金属原子向钢铁基体扩散的过程。若这种扩散原子为金属原子，这种工艺被称为钢铁渗金属处理。

按照上述概念，在一定的温度下，钢铁表面外富集的活性锌原子受热获得能量，向钢铁制件表面内扩散，同时钢铁制件内的铁原子也向外表面扩散，在钢铁表面形成连续的锌铁合金层，这个工艺过程称为钢铁渗锌处理，表面形成的锌铁合金层则称为渗锌层。

（2）电力线路金具渗锌工艺。电力线路金具真空渗锌工序为：前处理（除油、除锈）、渗锌、后处理。

（3）质量要求及检测方法。

1）渗锌前处理质量要求及检测方法。钢铁工件在渗锌前经过除油除锈处理以后，表面应无残锈迹、积碳和油污，焊接件的焊缝处应无焊渣，铸造件表面应无残留型砂。

2）渗锌件的外观要求。钢铁工件渗锌后采用目测方法观察表面，其外观应达到以下要求：① 渗锌层表面应平整、均匀，采用旋转渗锌设备渗锌的工件表面允许有轻微的擦伤；② 渗锌工件表面呈灰色或银灰色；③ 经钝化、磷化和后处理的渗锌工件因工艺不同呈不同的颜色，经有机涂层后处理应达到供需双方约定的色泽要求。

（4）渗锌层的附着强度。我国标准 JB/T 5067—1999《钢铁制件粉末渗锌》和英国标准 BS 4921《钢铁粉末渗锌》对渗锌层的附着强度均未做明确的定量要求，仅要求渗层与基体结合良好，不得起皮、脱落，并能承受制件规范条件下的操作，或由供需双方协商。

（5）力学性能要求。对于适合渗锌的钢铁材料，即回火温度高于渗锌温度的材料，经渗锌后，材料的力学性能仍然要达到原材料的指标要求。

（6）渗层厚度。由于渗锌层的耐腐蚀寿命与渗锌层的厚度成正比，所以渗层厚度是渗锌最重要的技术要求。要获得较长的使用寿命，应选择较厚的渗锌层厚度，但是，增加渗锌层厚度的同时也增加了工件的几何尺寸，对于有配合要求的零件，在考虑其使用寿命的同时也要考虑零件的配合要求。为了满足不同的要求，按照不同的厚度将渗锌层分成几个等级，每个等级的渗锌层应达到相应的厚度要求，如表 3 所示。

表 3　　渗锌层厚度要求

等　级	1	2	3	4	5
厚度（μm）	≥15	≥30	≥50	≥65	≥85

4　结论

本节结合特殊气象条件下线路金具技术要求，对 V 型绝缘子串多自由度连接金具结构、提高金具可靠性与耐久性开展了研究，取得了多项的技术成果，并直接运用于工程或为其提供技术支持。取得的主要研究成果如下：

（1）通过研究推荐具有多自由度结构的环-环连接结构的 V 型合成绝缘子悬垂串，作为哈郑工程线路轻冰区合成绝缘子 V 型金具串的型式，其具有自由度多，结构高度较小，能有效缓解合成绝缘子运行过程中可能遇到的屈曲及扭矩的特点。

（2）通过改变金具串连接结构，降低了金具之间接触应力，提高了金具的耐磨性能。推荐哈郑工程地线金具串采用槽型连接结构。同时推荐地线串用直角挂板 ZBD-16100S、Z-16100S 使用锻造工艺进行生产，以提高其质量，保证线路的安全稳定运行。

（3）通过耐磨材料的比选、产品试制、耐磨试验、破坏荷载试验，确定金具材料。35CrMo、45Mn2 合金结构钢具有较好的耐磨性能，且易于采购、制造及热处理工艺成熟。并结合低温性能，推荐 35CrMo 替代 40Cr 作为锻造球头的材料，35CrMo 替代 40Cr 锻造碗头、替代 35 钢锻造联塔金具和直角挂板等锻造类金具、替代 45 钢等材料制造螺栓紧固件。

第 4 节　特高压直流线路与同走廊交直流线路接近距离研究

1　引言

本节选取工程种常用各电压等级导线形式及铁塔型式，通过计算±800、±1100、1000、750、330kV 的电磁环境，提出多回交直流输电线路并行方案的最小、最优距离，并针对国家电网公司 2015、2020 年特高压电网规划，提出河西走廊内线路规划布置。

本节对合理规划河西走廊路径紧张地段线路路径方案有极大的指导作用，并对各种电压等级输电线路并行架设时最小、最优距离提供原始计算数据，对减少走廊宽度、降低拆迁量、提高工程质量、确保工程的安全稳定运行起到了积极的作用。

2　工程概况

哈郑工程起于新疆维吾尔族自治区哈密南市境内哈密南换流站，途经新疆、甘肃、宁夏、陕西、山西、河南六省，止于河南省郑州市中牟县郑州换流站，线路全长 2208.2km。

河西走廊多回特高压输电线路并行通道布置研究，主要是依托于哈郑工程现已形成的走廊，围绕该工程对河西走廊内通道现状进行研究。

建设中的哈郑工程设计包 3～包 12 起止点为甘新交界—甘宁交界段，基本覆盖了甘肃河西走廊全境，也是多回直流线路长距离平行的路径段。根据目前取得的通道各方面障碍物分析，哈郑工程的主要影响物为房屋和地震台站。

房屋的拆迁主要集中在包 6、包 10 和包 11。特别是包 11，线路路径经过多段房屋密集区域，且较分散，即便大量采用 F 型塔，减少的拆迁比例并不大。

表 1 简单统计了使用 F 型塔增加工程造价以及使用普通增加房屋拆迁量的投资差异，根据表中比较结果，在包 11 段采用 F 塔，经济性较差，而包 6 和包 10 的经济性相对较高，同时避免了因房屋拆迁产生的不良社会影响风险。

表 1　　　　走廊压缩及房屋拆迁方案经济对比

工程设计包	使用 F 型塔工程造价增量（元）	使用普通塔房屋拆迁投资增量（元）
6 包	4300 万	2066 万
10 包	4500 万	1571 万
11 包	5.1 亿	6886 万

根据现场踏勘及路径图选线，包 11 路径小范围绕行房屋密集区也会产生其他问题，建议该段线路结合施工图阶段实际情况，参考哈密—重庆±800kV 特高压直流输电线路南方案路径，考虑向西南大范围绕行的可能性，选择更加合理的路径方案。

考虑地方规划发展，后续工程送出路径方案，哈郑工程需与多回特高压直流线路在河西走廊段出现同走廊架设的情况，并且平行距离较长。因此，具体研究多回特高压直流及交流线路河西走廊布置是十分有必要的。

本节研究包括三部分内容：

（1）特高压直流输电线路与其他线路同走廊并行电磁环境研究；

（2）特高压直流输电线路与其他线路同走廊最小、最优距离；

（3）河西走廊规划布置及路径方案。

本节研究结果将为确定特高压直流输电线路与其他线路同走廊并行、河西走廊规划布置及后续线路方案提供技术支持。

3 计算模型及原则

3.1 导线模型

±800kV 和±1100kV 特高压直流线路分别采用 6×JL/G3A-1000/45、8×JL/G3A-900/40 导线，参数如表 2 所示。

表 2　　导 线 参 数

使用条件		±800kV	±1100kV
导线型号		JL/G3A-1000/45	JL/G3A-900/40
分裂数		6	8
分裂间距（mm）		450	450
铝股	股数	72	72
	直径（mm）	4.21	3.99
	截面积（mm²）	1002.28	900.26
钢股	股数	7	7
	直径（mm）	2.8	2.66
	截面积（mm²）	43.1	38.9
总量	直径（mm）	42.08	39.9
	截面积（mm²）	1045.38	939.16
单重（kg/m）		3.1	2.79
直流电阻 20℃（Ω/km）		0.028 6	0.031 9
拉断力（kN）		226.2	203.4

续表

弹性模量（MPa）		60 800	60 800
膨胀系数（×10⁻⁶，1/℃）		21.4	21.5
相序		－ ＋	－ ＋
导线串长（m）		12	17
高温/大风/操作弧垂（m）	档距 500m 时	20/18/18	20/18/18
导线串型式		V V	V V

3.2　铁塔模型

±800kV 和±1100kV 特高压直流线路分别采用的代表塔型如图 1～图 3 所示。

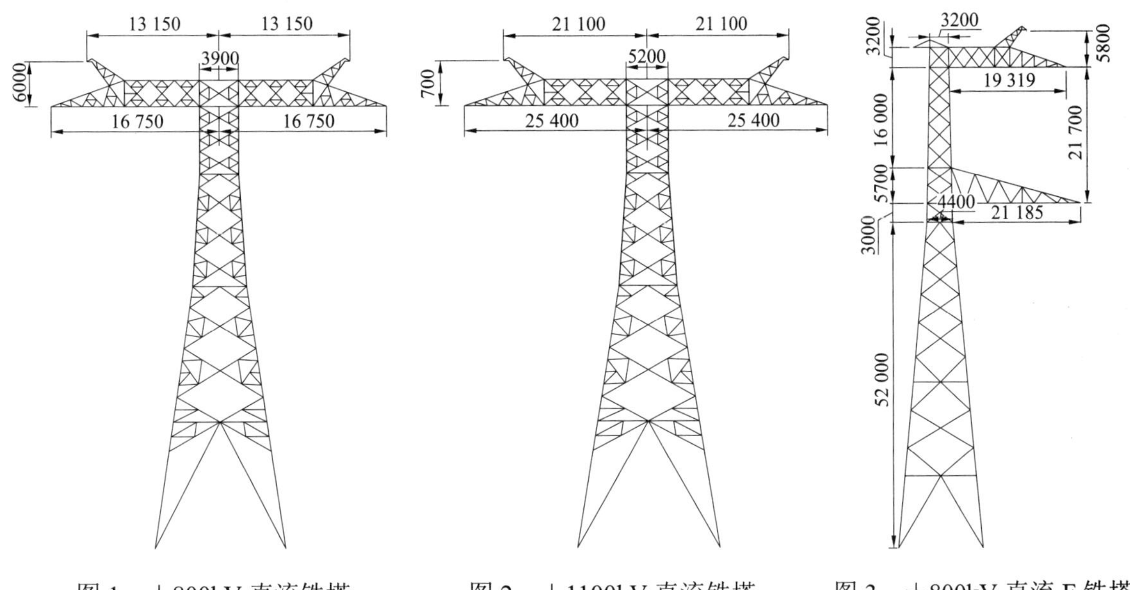

图 1　±800kV 直流铁塔　　图 2　±1100kV 直流铁塔　　图 3　±800kV 直流 F 铁塔

3.3　计算原则

两条并行线路的塔位布置分两类：同步布置和不同步布置。同步布置是相邻两条线路档距相同，铁塔位于同一平面上，如图 4 所示；不同步布置是一条线路的铁塔位于另回线路的档距中，如图 5 所示。

3.3.1　两回线路塔位布置同步

两回线路中心距离时需考虑以下三种情况，取其大者作为两回线路间距：

（1）两回输电线路相邻横担相碰时，两回线路铁塔中心间距离。

（2）满足两回输电线路导线水平线间距离要求时，两回线路铁塔中心距离

$$D = k_{\mathrm{i}} L_{\mathrm{k}} + \frac{U}{110} + 0.65\sqrt{f_{\mathrm{c}}} \quad \text{（交流线路）}$$

$$D = k_{\mathrm{i}} L_{\mathrm{k}} + \sqrt{2}\frac{U}{110} + 0.65\sqrt{f_{\mathrm{c}}} + A \qquad (\text{直流线路})$$

式中 D——导线水平线间距离，m；

k_{i}——悬垂绝缘子串系数；

L_{k}——悬垂绝缘子串长度，m；

U——系统标称电压，kV；

f_{c}——导线最大弧垂，m；

A——增大系数。

（3）满足在各个地形环境下电磁环境要求时，两回线路铁塔中心距离。

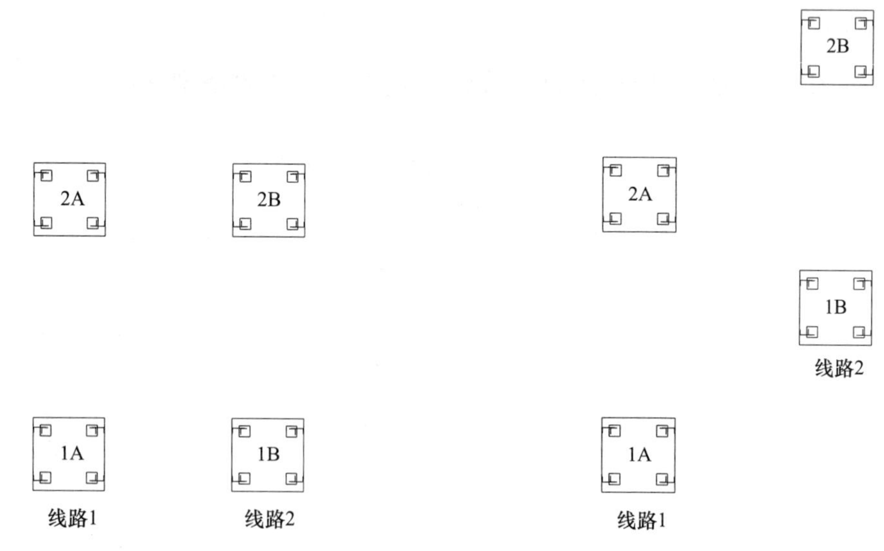

图 4 两条线路塔位布置同步　　图 5 两条线路塔位布置不同步

3.3.2 两回线路塔位布置不同步

考虑两回线路中心距离时需考虑以下三种情况，取其大者作为两回线路间距：

（1）一回线路导线风偏后，满足对另一回线路铁塔电气安全距离。

（2）满足两回输电线路导线水平线间距离要求时，两回线路铁塔中心距离。

（3）满足在各个地形环境下电磁环境要求时，两回线路铁塔中心距离。

4 结论

4.1 走廊宽度及布置方式

（1）走廊宽度的主要控制因素包括电磁环境、电气距离、横担长度、塔位布置等。其中，电气距离起主要控制作用。根据现场实际情况，塔位布置以不同步方式为主。

（2）特高压直流线路并行时，并行线路的电磁环境与塔位布置无关。

（3）±800kV 采用普通塔并行：塔位同步布置时，线路中心距离由铁塔的横担长度控制，线路中心最小距离推荐取 40m；塔位不同步布置时，线路中心距离由电气距离控制，线路中心最小距离推荐取 50m。采用普通塔时，建议按塔位不同步布置情况考虑两回线路中心距离。

（4）±800kV 采用 F 型塔并行：塔位同步布置时，线路中心距离由铁塔横担长度控制，线路中心最小距离推荐取 30m；塔位不同步布置时，线路中心距离由导线风偏电气距离控制，线路中心最小距离推荐取 35m。采用 F 型塔时，建议按塔位不同步、面对背布置考虑两回线路中心距离。

（5）±800kV 和±1100kV 并行：采用普通塔，塔位同步布置时，线路中心距离由电磁环境控制，线路中心最小距离推荐取 50m；塔位不同步布置时，线路中心最小距离推荐取 55m。采用普通塔时，建议按塔位不同步布置情况考虑两回线路中心距离。

（6）±800kV 和±1100kV 并行：采用 F 型塔，塔位同步布置时，线路中心距离由横担长度控制，线路中心最小距离推荐取 40m；塔位不同步布置时，线路中心最小距离推荐取 45m。采用 F 型塔时，建议按塔位不同步、面对背布置考虑两回线路中心距离。

（7）在走廊宽度方面：当采用普通塔时，4 回特高压直流线路走廊通道最小宽度为 235m；当采用 F 型塔时，4 回特高压直流线路走廊通道最小宽度为 170m。

4.2 建设时序及推荐路径

（1）从目前工程施工时序来看，哈郑工程最先建成投运，考虑到在拥挤走廊段其他后续建设线路邻近哈郑工程施工时需要采用各种机械，从施工安全、施工单位工效、青苗征地难易程度等方面考虑，将剩余三回特高压直流线路在拥挤地段一次性建成比较有利。

（2）综合技术经济比较，四回特高压直流线路通道布置路径推荐方案有三个：

1）第一推荐方案：四回线路均布置在河西走廊哈郑工程的通道内，可按照由北向南依次为哈密南—郑州±800kV、酒泉—湖南±800kV、哈密—重庆±800kV、准东—成都±1100kV 依次布置。

2）第二推荐方案：四回线路均布置在河西走廊哈郑线的通道内，由北向南依次为酒泉—湖南±800kV、哈密南—郑州±800kV、哈密—重庆±800kV、准东—成都±1100kV，即将酒泉—湖南±800kV 直流线路布置在最北边，在古浪县军事设施以东跨越哈郑线。

3）第三推荐方案：选择青海通道方案。但是青海方案路径长，海拔高，重冰区长，地质条件较差，交通条件一般，地形起伏较大，综合经济性较差，可作为备选方案。

第 5 节　特高压直流线路取消人工接地装置研究

1　引言

接地系统是输电线路建设的重要环节之一。特高压交直流输变电工程线路跨区长，杆塔多，传统接地装置包括方环和射线，其配置花费了大量的人力、物力及财力。特高压线路杆塔基础尺寸大、埋设深、钢筋多，具有较强的散流能力，可以进一步开拓其在接地方面的作用。若可以将杆塔基础作为散流的主体，而优化甚至取消人工接地装置配置，将具有显著的经济效益。实践上，DL/T 621—1997《交流电气装置的接地》中已指出，对于高压架空输电线路，土壤电阻率小于等于 100Ω·m 的潮湿地区，在居民区，当自然接地电阻符合要求时，可不另设人工接地装置。

2　特高压杆塔基础和接地装置结构

杆塔基础结构：依据钢筋的布置包络形状，特高压线路杆塔基础可分为两大类（见图 1）：① A 类，钢筋包络线断面为多根或单根圆柱形状，主要引导电流向下扩散，如灌注桩式、掏挖式、岩石、锚杆基础等，其中灌注桩式基础埋设较深，其他基础埋深相对较浅；② B 类，底盘较大，底部断面分梯形和台阶形两种，包括大板式和直柱式等，埋深较浅。

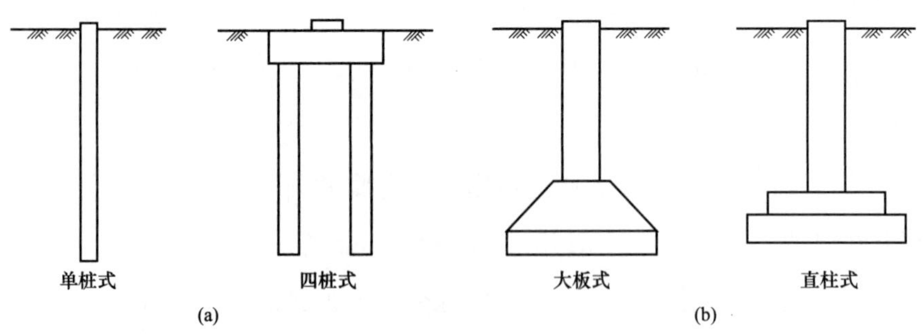

图 1　特高压线路杆塔基础钢筋包络线断面示意图

（a）A 类；（b）B 类

杆塔接地装置结构：特高压线路杆塔接地装置由方环和射线组成，随着土壤电阻率的增加，射线长度和根数逐渐增加。

3　杆塔基础自然接地电阻分析

3.1　接地电阻预期限值

输电线路的接地设计主要从防雷角度进行，以接地电阻为主要控制指标。依据“哈密南—郑州±800kV 特高压直流输电线路工程之直流输电线路雷电性能的研究”结论：可将西北地区的接地电阻控制在 40Ω 以下［对应反击闪络率为 0.028 次/100（km • a）]，非西北地区线路杆塔的接地电阻限制在 15Ω 以下［对应反击闪络率为 0.043 次/100（km • a）]。其中的电阻是冲击接地电阻，在 0.7 的冲击系数下，对应的工频接地电阻限值为：在非西北地区可取 20Ω，在西北地区可取 55Ω。若杆塔基础的自然接地电阻在该值以下，则可以考虑取消人工接地装置。

3.2　基础自然接地电阻计算

3.2.1　A 类基础的自然接地电阻

图 2 为 N70 杆塔基础自然接地电阻随土壤电阻率（ρ_e）和混凝土电阻率（ρ_c）的变化曲线。随着ρ_e和ρ_c的升高，接地电阻几乎成线性增加。由于混凝土体积有限，ρ_c的影响相对较弱，对 N70 基础，ρ_c升高带来的增量约为ρ_e同样变化引起的增量的 40%以下。

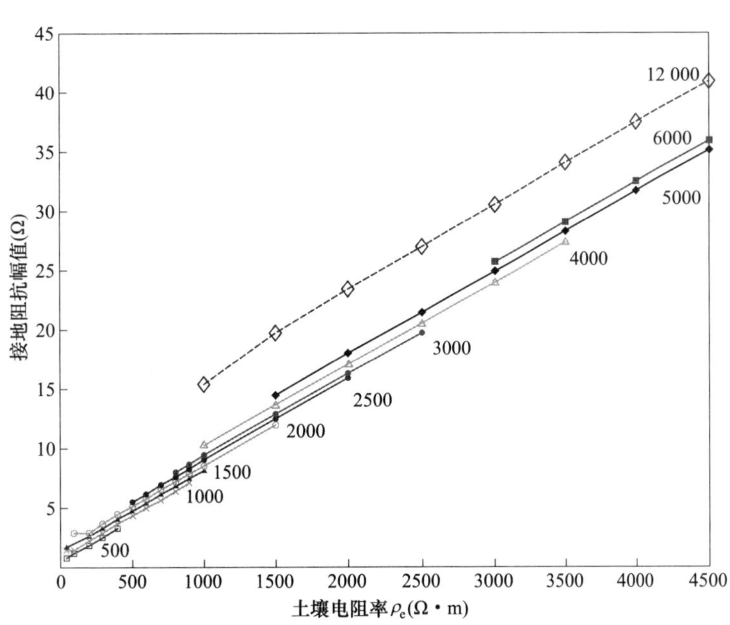

图 2　随着ρ_e和ρ_c的变化，N70 基础接地电阻的变化

注：图中数字表示各条曲线对应的ρ_c，单位 Ω • m。

地下埋深、根开等因素对接地电阻有一定的影响，随着地下埋深和根开的增加，接地电阻减小，但减小程度逐渐降低。在 N70 基础典型参数下，地下埋深由 14m 增加一倍时，接地电阻减小 26.3%；根开在 15～30m 变化时，接地电阻约在±15%内变化。

其他灌注桩和承台的尺寸参数，如桩数、桩径等，由于变化范围小或导体间的屏蔽作用等原因，对接地电阻的影响不大，使接地电阻的变化量约为±5%。

3.2.2 B 类基础的自然接地电阻

不同地区的大板式和直柱式基础在横、纵方向的尺寸有所变化，通常当基础纵向尺寸较小时，横向尺寸就会相对大些。图 3 给出了 T0604A 基础上、中、下部的水平边长变化时接地电阻变化情况，下部大小对接地电阻的影响相对较大。

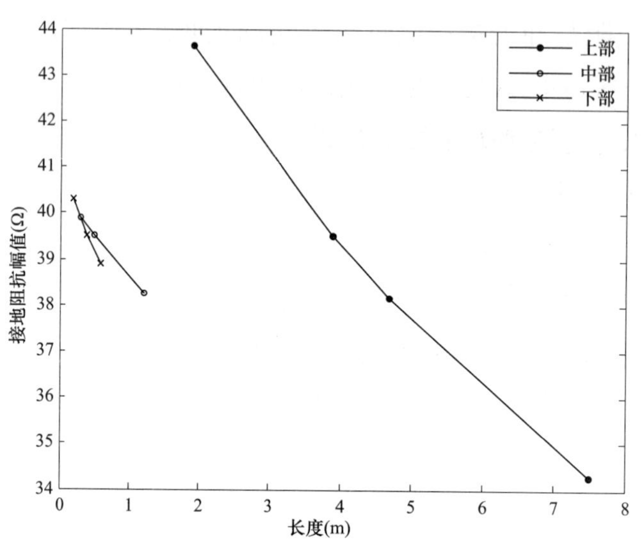

图 3　接地电阻随不同部分水平边长变化情况（T0604A 基础，ρ_e 取 2500Ω·m）

表 1　典型杆塔基础自然接地电阻计算结果（根开 20m）　Ω

土壤电阻率（Ω·m）	混凝土电阻率（Ω·m）	A 类			B 类	
		N70 四桩基础	GZ18100 掏挖基础	Z21Y3C 岩石基础	T0604A 大板基础	ZP21C3C 直柱基础
100	200	0.9	1.9	3.6	1.7	2.3
500	1000	4.3	9.6	18.2	8.3	11.4
1000	1500	8.1	18.4	32.7	16.6	21.5
1500	2250	12.2	27.6	49.1	25.0	32.2
2000	3000	16.2	36.8	65.4	33.3	43.0
2500	2500	19.2	43.7	72.5	39.5	50.5

通过对多种结构和尺寸的杆塔基础的接地电阻计算（见表 1），归纳可得：

（1）当非西北地区土壤电阻率小于 500Ω·m，西北地区土壤电阻率小于 1500Ω·m 时，自然接地电阻可分别控制在 20Ω 以下和 55Ω 以下，此时不装设人工接地装置即可以满足反击要求。

（2）当基础尺寸相对较大时，取消人工接地装置的土壤电阻率范围可适当放宽。如：A 类基础桩长在 6m 以上（或桩径在 1.5m 以上），西北地区土壤电阻率小于 2000Ω·m 时，自然接地电阻约小于 55Ω。B 类基础地下埋深在 7.5m 以上，或者下部边长在 8m 以上时，西北地区土壤电阻率小于 3000Ω·m，自然接地电阻约小于 55Ω。

3.3 人工接地装置的降阻效果

人工接地装置随着其射线长度的增加，接地电阻显著下降，且在土壤和混凝土电阻率越大时，下降程度越显著。基础尺寸越小，人工接地装置降阻效果相对更优。

3.4 接地电阻的现场测量

对±800kV 锦苏直流工程 9 基典型杆塔接地电阻进行了现场测量，测量值与计算值偏差在±15%内，如图 4 所示，平均偏差为 7.4%。

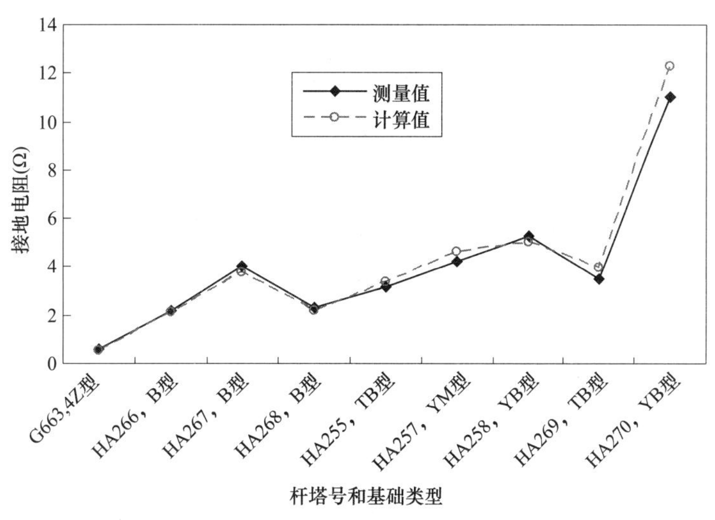

图 4　典型杆塔基础接地电阻测量和计算结果

4 杆塔附近电位分布

4.1 杆塔分流水平

接地故障时，部分故障电流经避雷线分流返回两端换流站接地极线路，故障极线路电容的放电电流通过故障杆塔和邻近杆塔入地。沿线接地故障中，整流站线路侧单极接地故障电流最大，因此计算出整流站线路侧正极极线雷电绕击闪络时，流经杆塔空气间隙的直流放电电流波形，如图 5 所示，故障电流最大峰值为 10.6kA，从故障开始到故障电流降为零的持续时间为 16ms。

建立电路模型，采用数值计算的方法计算故障杆塔分流。换流站侧接地电阻一般较小，变化范围有限，其对故障杆塔的分流影响不大，计算时取 0.5Ω。几种典型杆塔接地电阻时故障塔分流系数如表 2 所示。

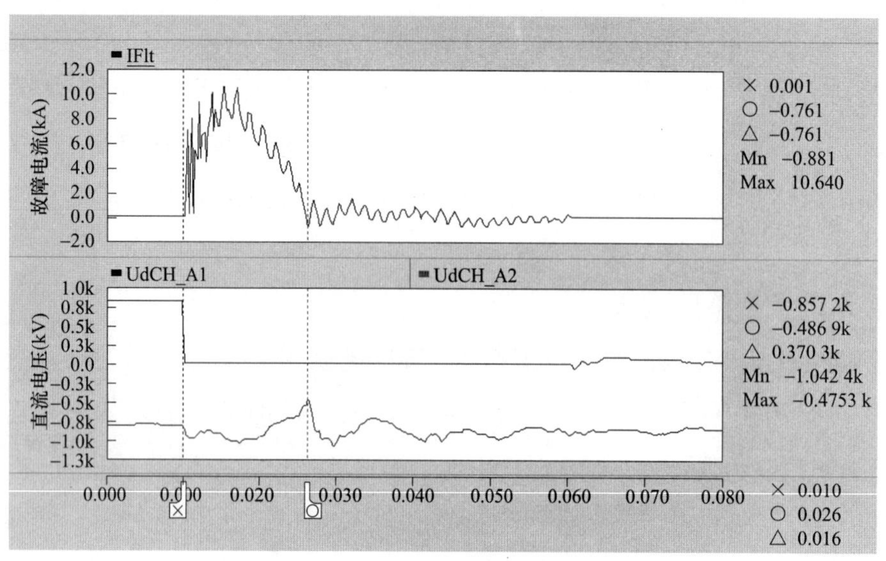

图 5　哈郑工程直流线路整流站侧接地故障下，极线电压和接地故障电流波形

表 2　　故障塔分流系数计算结果

故障塔接地电阻（Ω）	其余杆塔接地电阻（Ω）	故障塔分流系数
5	5	6.6%
5	10	8.8%
5	20	11.8%
5	30	13.7%
10	10	4.7%
10	20	6.4%
10	30	7.6%
20	20	3.3%
20	30	4.0%

故障塔分流系数随其本身接地电阻的增加而减小，随其他杆塔接地电阻的增加而增加。故障塔分流系数一般不超过 10%。下节评估接触电势、跨步电势时，故障塔分流系数取 10%。

4.2　电位分布

电流从塔脚注入基础，以球状向四周土壤中散流，基础上方的地表电位最高，向外发展地表电位逐渐降低。图 6～图 8 给出了 Z21Y3C 岩石基础，在根开 12m，ρ_e=500Ω · m，注入电流 1A 时，在不同方环和射线尺寸下，沿四个塔脚对角线方向的电位、接触电势、跨步电势分布。

加设人工接地装置减小了最大地电位升，同时具有均压作用，接地装置的尺寸越大，均压的效果越明显，对接触电势和跨步电势的减小效果也越显著。

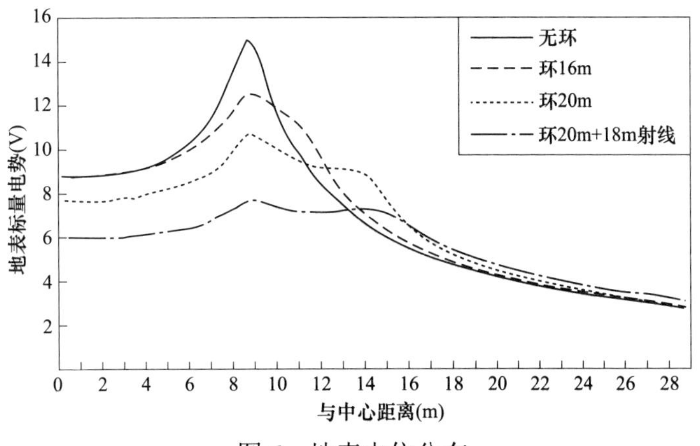

图 6　地表电位分布

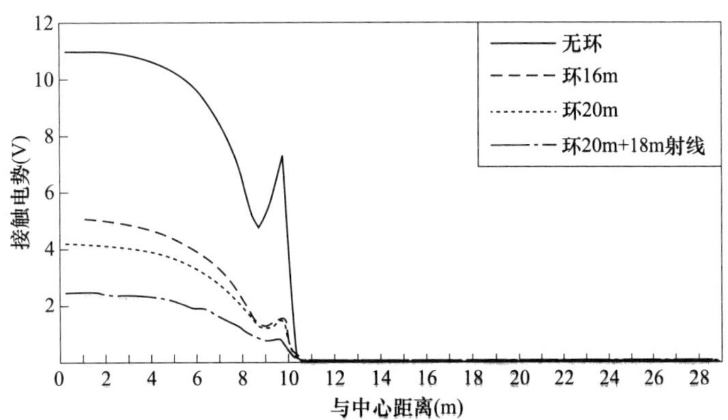

图 7　接触电势分布

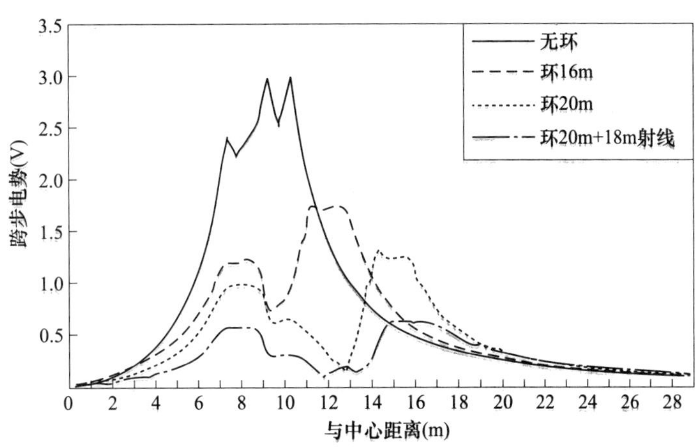

图 8　跨步电势分布

4.3　入地电流限值和人身安全场合

由于输电线路多架设在野外，因此输电线路杆塔一般不考虑接触电势和跨步电势要求。在人口密集区，为了保障人身安全，杆塔的接地设计有时需要兼顾低频接地故障时入地电流所引起的接触电势和跨步电势，应在人体可承受范围内。DL/T 621—1997中对变电站地网指出

最大接触电势为 $$U_{\mathrm{j}}=\frac{174+0.17\rho_{\mathrm{f}}}{\sqrt{t}} \tag{1}$$

最大跨步电势为 $$U_{\mathrm{k}}=\frac{174+0.17\rho_{\mathrm{f}}}{\sqrt{t}} \tag{2}$$

式中 ρ_{f} ——人脚站立处地表面的土壤电阻率，Ω • m；

t ——接地短路电流的持续时间，s。

图 9～图 10 给出了 GZ18100 基础在根开 16m，t=0.02s 时，分别依据最大接触电势和最大跨步电势要求，在无接地装置以及有 T1～T5 各种接地装置时的最大允许入地电流曲线。

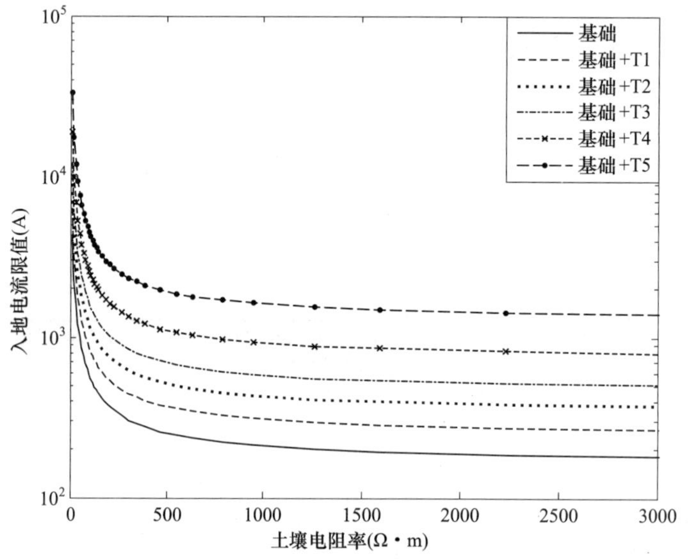

图 9 基于最大接触电势提出的入地电流限值

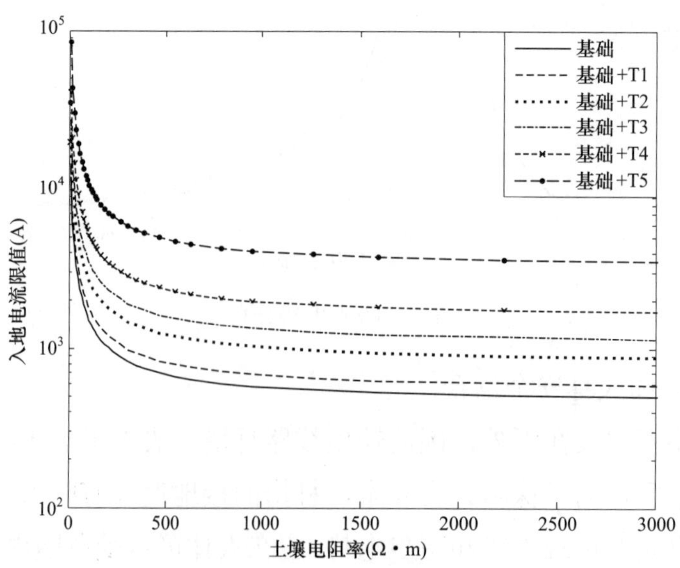

图 10 基于最大跨步电势提出的入地电流限值曲线

可见：① 土壤电阻率越高，入地电流限值越小，具有饱和趋势；② 接触电势相比跨步电势对入地电流的要求更严，在同样的入地电流下，接触电势更先达到最大限值；③ 加装人工接地装置后，入地电流限值提高；④ 杆塔入地电流为 1.1kA 时，GZ18100 基础自然接地时接触电势可以满足要求的最大土壤电阻率为 245Ω·m；⑤ 基础尺寸越大，接地电阻越小的杆塔接地，入地电流限值越大。

综上，特高压直流线路杆塔取消人工接地装置时，若对接触电势和跨步电势有要求，在土壤电阻率较小时，可以满足安全要求，在土壤电阻率较大时，则需要设计人工接地装置或者采取在地表敷设高土壤电阻率介质等措施。

5　哈郑工程杆塔基础的自然接地性能校核

5.1　取消了人工接地装置的杆塔基础结构和尺寸

哈郑工程 12 标段的 20 基杆塔取消了人工接地装置，这些杆塔基础根开主要为 12～16m，附近的土壤电阻率为 22～95Ω·m，共包含 12 种基础型式，均为直柱式类型。

5.2　接地电阻校核

B10A 基础的尺寸相对最小，自然接地电阻最大。该基础在根开 12m，ρ_e＝100Ω·m 时的自然接地电阻为 2.832Ω。可见，各基础的自然接地电阻均较小，不装设人工接地装置可满足反击闪络率要求。

5.3　接触电势和跨步电势校核

根据式（1）和式（2），在 ρ_e＝100Ω·m，t=0.02s 时，接触电势和跨步电势的允许值分别是 1.35、1.73kV。B10A 基础在 ρ_e＝100Ω·m、注入电流 1A 时的电位、接触电势和跨步电势分布见图 11～图 13。当注入电流 1.1kA 时，最大接触电势和最大跨步电势分别为 1.30、0.32kV，均在人体安全限值范围内。

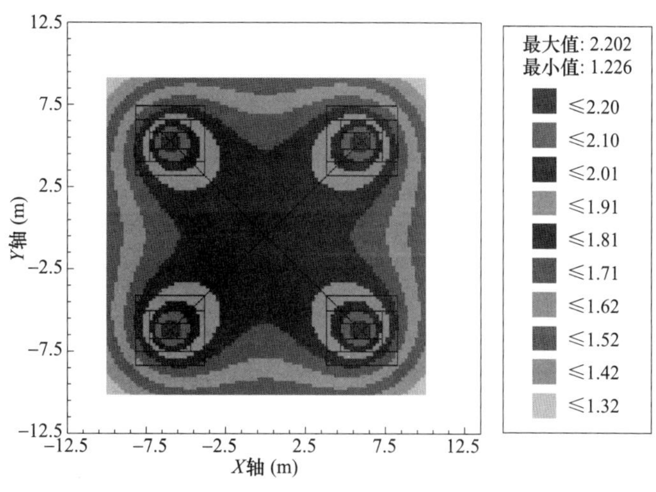

图 11　B10A 基础的地面电位分布

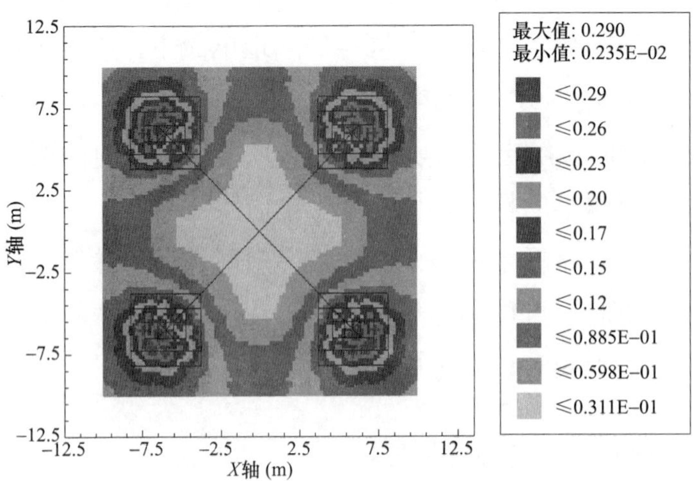

图 12　B10A 基础的地面跨步电势

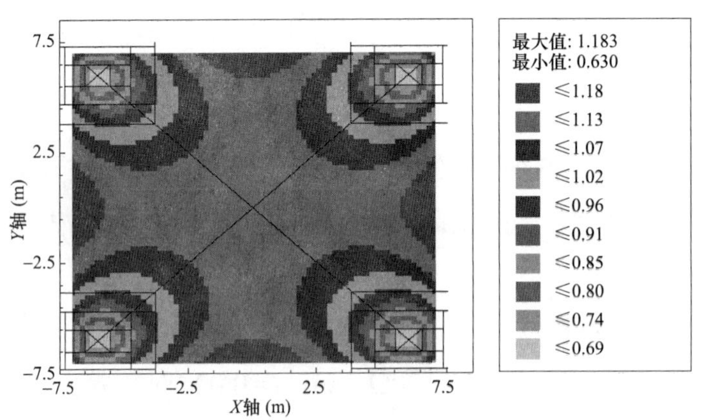

图 13　B10A 基础的地面接触电势

依据最大接触电势，B10A 基础在 1.1kA 注入电流下，最大安全土壤电阻率为 108Ω·m。根开增加时，最大接触电势增加，对应的最大安全土壤电阻率减小。B10 基础在根开 16m 时的最大安全土壤电阻率为 95Ω·m。

上述杆塔基础中，B70A 基础尺寸最大，其在 12m 根开、$\rho_e = 100\Omega \cdot m$ 时，在 1.1kA 注入电流下，最大安全土壤电阻率为 850Ω·m。

其他杆塔基础的最大安全土壤电阻率在上述两者之间。各杆塔基础的实际土壤电阻率范围均低于此值，可见，取消人工接地装置后可以满足人身安全要求。

5.4 结论

哈郑线已取消杆塔接地装置的 12 标段的 20 基杆塔的自然接地电阻较小，不装设人工接地装置可以满足反击闪络率要求，接触电势和跨步电势也在人身安全范围内。

第 6 节　基于真型试验的旋转 90° 双十字组合角钢铁塔设计研究

1　引言

特高压线路工程铁塔所受荷载较大，普遍采用组合断面构件作为塔身和塔腿的主要受力杆件。双十字组合角钢断面构件施工安装简便，是应用最多的组合断面形式。其采用填板和螺栓将两个角钢组合在一起，可近似看作实腹式构件或格构式构件。目前输电铁塔中此种构件的断面设计方法仍处于积累经验和探索阶段，通过铁塔的真型试验发现，双十字组合断面的承载力设计值与试验值存在一定偏差。

结合以往相关铁塔真型试验，溪浙工程在 JC27202 铁塔真型试验的过程中，将双拼组合十字主材按旋转 90° 布置。试验结果验证了采用旋转 90° 布置方式，在一定程度上能够使两分肢间的受力更为均匀合理，有效提高构件承载力。同时通过理论计算及试验结果的比较，分析了承载力计算的长细比优化及提升构件承载力的最优填板布置。

2　双十字组合角钢断面布置形式分析

以往工程设计试验研究及使用过程中，发现截面实际承载力并不能达到理论承载力，分析双拼组合角钢承载力折减原因及折减影响大小成为影响铁塔设计的新课题。以往研究理论主要基于钢结构规范对格构式构件设计要求进行控制，对双拼十字截面角钢长细比控制、填板设置等方向进行分析，采用控制长细比、调整填板设置距离等方式，为铁塔设计选材提供依据。同时也采用有限元程序对构件实际受力情况进行模拟分析，取得了一定的研究数据。

从现有双拼角钢使用情况看，双拼角钢布置主要为内外布置形式，即组合的两根角钢中内侧一根开角面向塔中心，另一根开角朝向外侧。这种布置方式可简化构件与斜材及隔面的连接，方便施工安装控制，为现阶段双拼角钢的常用设置形式。但主材受力均匀性方面，斜材传力主要通过内侧角钢，再由填板分配至外侧角钢，出现受力差异。同时，内侧角钢肢得到斜材及连板的支撑较好，外侧角钢则只能通过填板进行支撑，侧向支撑刚度较弱。可见，现有双拼角钢布置方式对两角钢受力均匀有一定影响。

基于上述因素，可以对主材截面布置形式进行调整，采用旋转 90° 布置，理论上可有效减小偏心影响。

新型的布置方法（如图 1 示）相对于常规的双拼组合角钢布置方法（如图 2 示）具有如下优势：

（1）截面特性。根据以往的铁塔真型试验，双拼组合角钢的破坏大多发生在腿部，角钢均向铁塔内屈曲失稳，即最小轴失稳。相对于常规的布置方法，旋转 90° 双十字组合角钢截面具有更大的惯性矩，对构件的承载力往往有一定程度上提高。

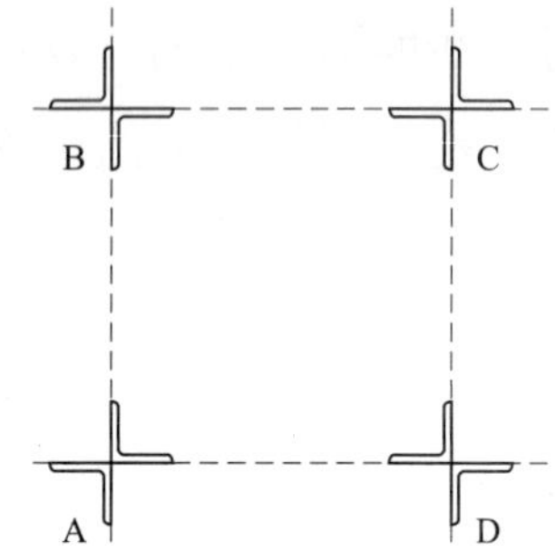

图 1　常规双组合角钢布置方法

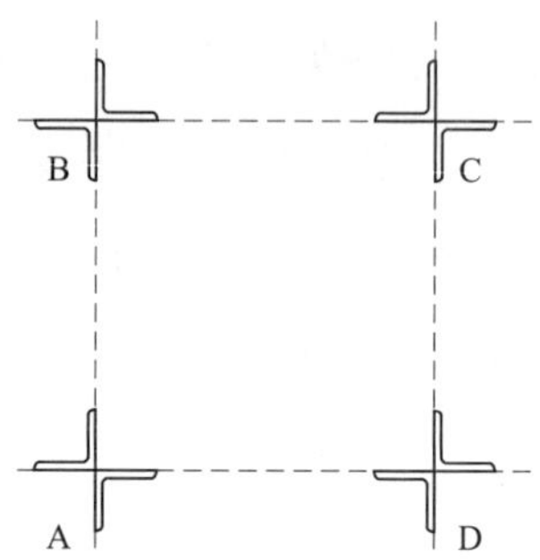

图 2　双拼组合角钢旋转 90° 布置方法

（2）传递力的路径。常规的双拼组合角钢布置时，正侧面的交叉斜材往往只与内侧的角钢连接，另外一侧角钢的受力往往需要通过连接两侧角钢的填板来传递，这样无疑增加了传力的复杂性。而在新型的旋转 90° 双拼组合角钢布置中，正侧面的交叉斜材与双拼组合角钢的双肢角钢都有连接，传力的路径相对比较清晰简单。

（3）局部承载力的影响。如前所述，采用常规的双拼组合角钢布置时，正侧面的交叉斜材只与内侧的角钢连接，内侧角钢螺栓的减孔数无疑会增加，对内侧角钢的局部承载力折减相对较大，采用旋转 90° 的双拼组合角钢布置方法可在一定程度上可避免该问题。

双拼组合角钢的双肢受力不均匀难以避免，如何改善双肢受力不均匀性，从而使构件实际承载力与理论值更加接近，对于双拼组合角钢的设计来说，是很有必要的。

3　溪浙工程双角钢十字主材新型布置试验

溪浙工程对 JC27202 铁塔进行真型试验，通过对双角钢十字主材两种布置形式进行对比试验，分析研究更利于双拼组合角钢受力均匀的截面布置形式。

JC27202 转角塔试验选择了控制杆件较多和具有代表性的工况：导地线安装工况、事故断线工况、不均匀冰和正常运行（覆冰、大风）工况等 8 个控制工况作为试验工况，并选择荷载最大、控制主要杆件最多的覆冰工况进行超载试验。

试验通过了方案预定的所有工况 100%设计荷载试验，杆塔各部构件均未发现异常，符合所试工况试验方案要求。

4 长细比对双角钢承载力影响

4.1 双角钢承载力计算长细比修正

JC27202 试验塔塔腿双组合角钢内力比较如表 1 所示。可见试验承载力往往达不到理论的计算内力值。

表 1　　双组合角钢计算内力与试验内力对照表

角钢材质及型号	试验内力（kN）	计算内力（kN）	相对误差
2×Q420×180×16	−1816.70	−2356.83	22.9%
2×Q420×200×16	−2840.95	−3102.06	8.4%
2×Q420×200×16	−2508.83	−3173.89	21.0%

注　100%设计覆冰荷载。

在计算双拼十字组合角钢承载力时，往往将之认为是实腹式构件。对于实腹式构件来说，板件局部稳定临界应力与构件整体扭转屈曲临界应力相同，只要在计算时满足板件局部稳定要求，就不会发生扭转屈曲，而我国钢结构规范对构件局部稳定角钢肢厚度比 b/t 有一定的限制。换句话说，实腹式十字断面构件满足板件局部稳定的构造要求就可以保证不发生扭转失稳。因此，如果某实腹式十字断面构件既满足板件局部稳定的构造要求，又符合长细比小于 $5.07b/t$ 的条件，此时就会出现矛盾。从试验结果来看，构件实际承载力与理论计算值存在较大偏差。

把双角钢十字截面构件看作格构式构件，则按钢结构规范要求，采用长细比修正构件承载力，计算公式为

$$\frac{N}{A\varphi} \leqslant f \tag{1}$$

双肢组合角钢在轴心受压时，其承载力会受到剪力引起的杆件变形影响。在铁塔理论计算中未考虑这些因素，组合角钢受压长细比的取值及修正按构件两端的约束情况而定。在美国、英国和欧洲规范中，对于这样的影响作用都是通过修正组合构件的整体长细比来完成的。这样的修正原则都是通过大量的试验、理论研究以及工程实践得来的。由于目前我国对这方面的研究较少，也缺乏相关的理论总结，建议借鉴格构式组合角钢的整体长细比修正方法。构件长细比改为换算长细比，对双肢组合构件，有

$$\lambda_0 = \sqrt{\lambda_x^2 + \lambda_1^2} \tag{2}$$

式中　λ_0——换算长细比；

λ_x ——整个构件长细比；

λ_1 ——分肢对最小刚度轴的长细比，其计算长度取相邻两填板间螺栓的距离。

现对格构式组合角钢（2×Q420L160×16）整体不同长细比进行修正前后承载力分析对比，计算表格如表 2 所示，根据表 2 数据绘出双肢组合角钢整体长细比修正承载力影响曲线，如图 3 所示。

表 2　　双肢组合角钢整体长细比修正承载力影响

长细比	修正前稳定系数	修正后前稳定系数	承载力比值
25.0	0.923 7	0.898 2	1.028
30.0	0.898 3	0.864 6	1.039
35.0	0.870 6	0.826 9	1.053
40.0	0.840 1	0.784 5	1.071
45.0	0.806 5	0.737 3	1.094
50.0	0.769 4	0.686 2	1.121

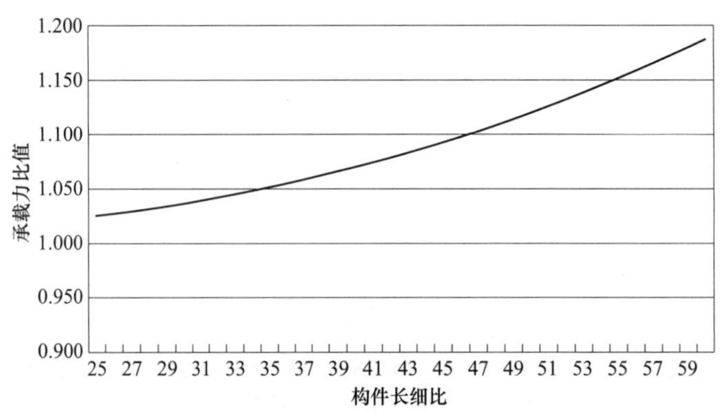

图 3　双肢组合角钢整体长细比修正承载力影响曲线

通过对以上数据分析可知，长细比越长，修正前后承载力差别越大；长细比在 35 以内时，承载力差别基本在 5%以内，且长细比越小差别越小。

4.2　长细比对双角钢承载力影响分析

为了增加杆件的承载能力，提高高强钢屈曲稳定系数，通常在设计计算中要使用较大回转半径的截面，以减小长细比。随着肢厚比的增加，构件整体稳定性越来越好，但局部稳定性越差，双组合十字型截面的整体扭转失稳也日趋突出。这样，长细比较小时，就有可能在发生整体弯曲失稳前先发生角钢肢边缘处的局部屈曲或者整体扭转失稳。因此构件长细比的选取成为制约组合十字角钢的重要因素。

从以往的铁塔真型试验得知，长细比对主材稳定强度存在决定性影响，控制长细比后，双组合十字型截面的承载能力能得到有效保证。葛沪直流 SJ2A 试验塔经过两次真型试验，前后两次腿部的长细比有所调整，调整后构件长细比使得双组合十字型截面的承载力有所提高，如表 3 所示。

表 3　长细比调整对构件承载力的影响

调整前	构件应力（N/mm²）	调整后	构件应力（N/mm²）	提高比例
主材分 4 节	324.8	主材分 7 节	249.2	30.3%
计算长度 2943mm		计算长度 1962mm		
规格 Q420，2160×16	313.7	规格 Q420，2180×16	270.7	15.9%
长细比 48		长细比 28		

晋东南—南阳—荆门 1000kV 特高压交流输电工程 ZBSJ 铁塔真型试验也同样能够说明问题，试验在加载大风工况荷载 90%时，双组合十字截面角钢主材因变形过大而发生倒塔破坏。

JC27202 铁塔在设计时充分考虑了以往真型试验关于双组合十字截面角钢长细比的研究成果。在设计时，优化构件长细比。试验结果证明，控制长细比后，双组合十字型截面的承载能力能得到有效保证。

结合以往的铁塔真型试验，建议塔身主材长细比控制在 35 以内，塔腿主材长细比控制在 30 以内，主材应力可以不再按常规设计习惯控制在 0.9 以内，可以适当放宽。

5 双角钢填板布置优化分析

JC27202 试验塔在设计时填板采用了一纵一横间隔布置的单填板方式，试验结果表明，除节点位置外该填板布置方式能满足要求，且能有效节约钢材，该种布置方式在葛沪直流 SJ2A 试验塔中也得到了验证。SJ2A 试验塔设计采用十字填板型式，为比较单填板和双填板对组合截面承载力的影响，在同一种工况荷载作用下，对十字型双填板和一纵一横单填板（十字型填板现场拆除变成单填板方式）进行了对比试验。

试验在进行 90° 大风超载工况前拆除塔腿部分填板，以检测改变填板布置后的受力效果，铁塔同一点应变值数据如表 4 所示。

表 4　双拼组合角钢同一点应变数值

应变测点	未拆除填板			拆除部分填板		
加载分级	应变值	应变值	比例	应变值	应变值	比例
50%	−627	−439	1.43	−729	−514	1.42
75%	−933	−639	1.46	−992	−676	1.47
90%	−1109	−756	1.47	−1134	−781	1.45

续表

应变测点	未拆除填板			拆除部分填板		
加载分级	应变值	应变值	比例	应变值	应变值	比例
95%	–1155	–770	1.50	–1184	–779	1.52
100%	–1219	–797	1.53	–1237	–799	1.55
平均值			1.48			1.48

通过表 4 数据可知，试验塔塔腿拆除部分填板后组合角钢双肢的受力不均匀性基本不变。结合有限元分析表明，一般情况下组合角钢的承载力随着填板数量的增加而逐渐提高。当$\lambda \leqslant 30$时，由于构件长细比较小，轴心受压承载力接近于强度控制，此时不论一字型填板还是十字型填板，增加填板数量都不能有效地提高构件承载力。当$\lambda \geqslant 40$时，十字型填板体现出优势，此时虽然随着填板数量的增加，组合构件轴心受压承载力逐渐提高，但是当填板增加到一定数量后，承载力提高的幅度逐渐下降，同等条件下一字型填板的最佳间距比十字型填板的最佳间距略小。综合一字型填板和十字型填板的最佳间距可得，填板最佳间距约为$20i \sim 40i$（i为单个角钢绕其最小轴的回转半径），小长细比构件取较小值，大长细比构件取较大值。

6 双组合十字角钢旋转 90° 布置受力分析

为比较组合角钢按常规布置和旋转 90° 布置两种方法的实际受力情况，通过在 JC27202 铁塔真型试验采用这种新型的截面布置，探讨采取新的布置方式是否在双肢受力均匀方面具有优势，从而提高构件承载力。

为比较常规十字型双角钢截面和旋转 90° 后的新型十字型双角钢截面的受力特性，应变片位置在 C、D 两腿的位置基本相当，其中 54、55、57、60、61 五点为旋转 90° 后的新型十字型双角钢截面。为能在试验中更清晰表现塔腿处两种截面型式的受力分布，在试验中特将 C 腿和 D 腿两塔身主材进行应变片加密，特别是塔腿处，58、59、60、61 四处每个十字型截面的双角钢截面均布置了 8 个应变测点。

本次试验铁塔破坏发生在设计覆冰（超载工况）的加载试验中，D 腿（常规十字型双角钢截面）隔面以上第二个塔身主材节间发生屈服破坏，随后整塔失稳破坏。试验后，经现场查实，横担、塔身主材填板、节点板及塔腿均完好。

为了能直观比较常规十字型双组合截面与旋转 90° 后十字型组合截面的受力特性，本次试验选择了最大扭（正扭）和反扭两种对比工况，同时覆冰超载工况时 C 腿和 D 腿理论受力也是相同的，同样也能成为对比工况，覆冰超载的应变对比如表 5 所示，最大扭（正扭）和反扭对比情况如表 6 所示。

表 5　覆冰工况塔身主材 8 贴片点应变比较

编号	一肢应变值					另一肢应变值					比值
	1	2	3	4	平均	5	6	7	8	平均	
75%荷载											
58	−504	−624	−590	−552	−567.5	−706	−572	−670	−746	−673.5	1.19
59		−548	−561	−558	−555.7	−516	−679	−702	−719	−654.0	1.18
60	−748	−605	−567	−538	−614.5	−675	−624	−546	−424	−567.3	0.92
61	−654	−628	−595	−601	−619.5	−525	−603	−617	−613	−589.5	0.95
100%荷载											
58	−690	−896	−839	−763	−797.0	−994	−789	−934	−1059	−944.0	1.18
59		−758	−783	−784	−775.0	−679	−970	−976	−982	−901.8	1.16
60	−1024	−849	−783	−751	−851.8	−954	−890	−759	−540	−785.8	0.92
61	−881	−893	−863	−857	−873.5	−705	−867	−893	−888	−838.3	0.96
125%荷载											
58	−852	−1249	−1100	−909	−1027.5	−1361	−979	−1225	−1487	−1263.0	1.23
59		−1015	−1094	−1135	−1081.3	−766	−1375	−1292	−1244	−1169.3	1.08
60	−1340	−1128	−1044	−1001	−1128.3	−1279	−1258	−1020	−681	−1059.5	0.94
61	−1082	−1218	−1173	−1196	−1167.3	−889	−1179	−1253	−1248	−1142.3	0.98
145%荷载											
58	−886	−1666	−1380	−977	−1227.3	−1635	−1158	−1465	−1855	−1528.3	1.25
59		−1236	−1449	−1541	−1408.7	−805	−1827	−1536	−1340	−1377.0	0.98
60	−1543	−1463	−1296	−1183	−1371.3	−1444	−1617	−1237	−812	−1277.5	0.93
61	−1180	−1539	−1492	−1579	−1447.5	−978	−1466	−1598	−1592	−1408.5	0.97

表 6　最大扭（正向、反向）工况塔身主材 8 贴片点应变比较

编号	一肢应变值					另一肢应变值					比值
	1	2	3	4	平均	5	6	7	8	平均	
最大扭 75%荷载											
58	−162	−229	−235	−231	−214.3	−243	−225	−273	−315	−264.0	0.81
59	/	−164	−134	−82	−126.7	−210	−230	−125	−71	−159.0	0.80
60	−236	−252	−182	−133	−200.8	−321	−180	−195	−178	−218.5	0.92
61	−243	−195	−223	−260	−230.3	−114	−260	−213	−200	−196.8	1.17
反向最大扭 75%荷载											
58	−352	−169	−195	−174	−222.5	−148	−238	−173	−192	−187.8	1.19
59		−204	−295	−364	−287.7	−71	−285	−327	−362	−261.3	1.10

续表

编号	一肢应变值					另一肢应变值					比值
	1	2	3	4	平均	5	6	7	8	平均	
60	−292	−95	−151	−238	−194.0	−276	−221	−143	−88	−182.0	1.07
61	−188	−330	−243	−234	−248.8	−260	−137	−313	−392	−275.5	0.90
最大扭 100%荷载											
58	−243	−343	−340	−329	−313.8	−375	−328	−401	−464	−392.0	0.80
59	/	−256	−231	−174	−220.3	−301	−375	−264	−187	−281.8	0.78
60	−370	−353	−278	−238	−309.8	−446	−294	−301	−268	−327.3	0.95
61	−334	−334	−339	−356	−340.8	−222	−379	−330	−304	−308.8	1.10
反向最大扭 100%荷载											
58	−265	−306	−279	−245	−273.8	−363	−275	−304	−336	−319.5	0.86
59	/	−309	−400	−439	−382.7	−150	−413	−453	−487	−375.8	1.02
60	−438	−210	−262	−344	−313.5	−403	−340	−251	−188	−295.5	1.06
61	−308	−461	−368	−355	−373.0	−358	−253	−452	−546	−402.3	0.93

通过上述表 5 及表 6 两个表格比较分析可知：

（1）从表 5 可知，覆冰超载工况下，C 腿与 D 腿理论受力一样，但旋转 90°后的新型十字型双角钢截面其两肢间的不均匀程度仅为 8%，而常规截面最大达到 25%。从表 6 中可知，在正向最大扭和反向最大扭对比试验中，在同样荷载级别时，旋转 90°后的新型十字型双角钢截面其两肢间受力分布明显比常规十字型截面均匀，新型十字型双角钢截面不均匀程度最大 17%，而常规十字型截面最大 22%。这充分说明了旋转 90°后的新型十字型双角钢截面的优越性。

（2）从超载破坏的部位来看，常规双组合十字型截面主材先行破坏，旋转 90°后的新型十字型双角钢截面其承载及超载能力也较常规十字型截面强。

7 双角钢布置优化研究结论

（1）节点构造设计是铁塔设计的关键环节之一。在特高压杆塔设计时应对主要节点受力及构造进行充分考虑、合理优化，同时通过设计构造尽量减小构造偏心。

（2）把双角钢十字截面构件看作格构式构件，组合角钢受压长细比的取值及修正按构件视两端的约束情况而定，对于这样的影响作用可通过修正组合构件的整体长细比来完成。通过试验计算，发现考虑修正与否承载力变化规律，长细比越长，修正前后承载力差别越大；长细比在 35 以内时，承载力差别基本在 5%以内，且长细比越小差别越小。

（3）如果将塔身主材长细比控制在 35 以内，塔腿主材长细比控制在 30 以内，能充分保证双组合截面的承载力满足设计要求。主材应力可以不再按常规设计习惯控制在 0.9 以内，可以适当放宽。

（4）双组合十字型截面其填板除节点位置外完全可以采用一纵一横间隔布置的方式，试验证明，该填板方式能满足要求。当 $\lambda \leqslant 30$ 时，增加填板数量都不能有效地提高构件承载力。当 $\lambda \geqslant 40$ 时，十字型填板体现出优势，此时虽然随着填板数量的增加，组合构件轴心受压承载力逐渐提高，但是当填板增加到一定数量后，承载力提高的幅度逐渐下降，同等条件下一字型填板的最佳间距比十字型填板的最佳间距略小。

（5）根据 JC27202 耐张塔真型试验的数据可知，旋转 90° 后的新型十字型截面较常规截面应变分布更加均匀，承载能力有所提高。但在本次试验中，只在铁塔的一个腿中采用了新型的截面布置，从一定程度上说明了旋转 90° 后的新型十字型截面在受力均匀性上具有优势。建议进行四个腿全部采用新型十字型截面的铁塔真型试验，对旋转 90° 后的新型十字型截面的受力均匀性开展进一步深入研究。

第 7 章 ±1100kV 特高压直流输电关键技术研发与设备研制

2012 年 3～4 月，国网经研院（网联）对±1100kV 准东—成都工程设备研制情况赴国内各制造厂商进行实地调研。调研的设备包括换流变压器、换流阀、平波电抗器、直流开关、支柱绝缘子、避雷器等。

第 1 节　换 流 变 压 器

1　引言

国内具备设计、制造换流变压器的设备制造商包括中国西电集团公司（简称西电）、天威保变电气股份有限公司（简称保变）、沈阳沈变所变压器有限公司（简称沈变），上述公司均具有国内常规直流、±800kV 特高压直流的供货业绩，具有独立设计高端换流变压器的能力。国外制造商包括 ABB、SIEMENS、Alstom 等。ABB 公司、SIEMENS 公司的换流变压器产品在国内直流乃至特高压直流有普遍应用，成为换流变压器的两大流派。相对来说 Alstom 进入国内市场较晚。

由于±1100kV 输电容量和绝缘水平的提升，高端换流变压器将远远超过铁路运输能力，因此现场组装换流变压器势在必行。国家电网公司组织设计单位，和国内大型制造商，经过近半年的时间，形成了利用高端阀厅进行特高压换流变压器现场组装的方案，在征求国外变压器制造商意见下，达成了组装方案协议，确定了准东换流站换流变压器的设计制造采取现场组装方案。

由于准东换流站地处西北地区，存在交流侧接入 750kV 电网的可能性，各换流变压器也针对 750kV 网侧端部出线进行了详细设计。同时也对换流变压器直接接入 750kV 和接入 500kV 进行了技术经济比较，直接接入 750kV 交流系统方案要比接入 500kV 方案造价高出 8 亿元人民币，因此采取网侧接入 500kV 方案更具有优势。因此各方均建议准东换流站采取网侧接入 500kV 方式，以减少换流变压器的制造难度和降低工程造价。

下面介绍国内换流变压器的调研情况。

2　西电

（1）基本情况。西安西电变压器有限责任公司（简称西电西变）隶属于中国西电集团公司，产品年生产能力达到 80 000MVA，具有专有技术研发平台，掌握了国际先进水平的输变电设备设计制造核心技术，具备独立开发具有国际先进水平的新产品、新技术的能力。

西电西变拥有完善的变压器软件设计平台，开发了专家系统软件包，可以进行变压器的量化计算、分析和优化设计，完成变压器电、磁、热、力等场量的分析计算，以及进行冲击电压作用、故障短路电流、地震等作用下的动态模拟。拥有变压器三维CAD 系统，实现三维产品设计、三维装配模拟、快速自动生成工程图纸。主要制造设备和工艺装备能够满足 1000kV 大容量巨型变压器、并联电抗器以及±800kV 特高压换流变压器产品的生产要求。

2008 年西电西变常州生产基地（常称常变）基本具备制造±1100kV 高端换流变压器的生产能力，拥有起吊能力为 800t 码头，水陆交通便捷。

西电西变常州基地特高压厂房主要包括线圈车间、装配车间及试验大厅。线圈车间装备有 40t 立式绕线机，是目前行业内承载能力最大、输出力矩最大的立式绕线机，配备有线圈真空烘房 3 套，400t 线圈压床 1 台，该设备是目前行业内技术最先进、压力最大的线圈压床。装配车间现装备有 400、300t 铁芯叠装台 2 台，有 600kW 气相干燥设备 2 套，同时还有单台承载能力 400t、可双车联动 800t 的气垫运输车，设有 2 台 350t 吊车，可抬吊 660t，用于产品的吊运。

西电西变常州基地特高压试验大厅目前基本能满足±1000kV 特高压直流输电设备的例行、型式和特殊试验的要求，其试验大厅的净空间尺寸和主要试验设备如表 1 所示。

表 1　　西电西变常州基地特高压试验大厅的净空间尺寸和主要试验设备

主要试验设备	主要性能参数	试验能力
试验大厅净空间尺寸	长 60m、宽 37m、高 36m	满足
冲击电压发生器成套装置	本体 4800kV、720kJ；截波 3600kV；分压器 4800kV	满足
直流电压发生器	DC±2000kV、30mA	满足
工频试验变压器	容量 1000MVA、高压 1252kV、低压 80kV	目前高压套管使用的是 1000kV，更换成 2000kV 即可满足
发电机组	30MVA、10.5kV、50/ 60Hz	满足
	15MVA、10.5kV、50Hz	
	7.5MVA、10.5kV、200Hz	
中间变压器	360MVA、150kV	满足
	30MVA、110kV	
	15MVA、110kV	
补偿电抗器组	6400kvar×3	满足
补偿电容器组	360Mvar	满足
标准电容器	1000kV	满足
高空升降车	20、16m 各一台	满足

西电西变在±1100kV 特高压换流变压器生产和试验条件方面进行了技术改造，现有技术、厂房设备、生产环境基础上再添置必备专业制造装备、先进的测试仪器，完全具备±1100kV 直流输电工程用流变压器的生产和试验要求。

（2）设备研制组织落实情况。通过对外的国际合作，西电西变掌握了特高压换流变压器研制的核心技术，具备了研究制造±1100kV 换流变压器的科研人才队伍。西电西变现已开展±1100kV 特高压现场组装式换流变压器产品的科研攻关工作，计划依托准东—成都±1100kV 直流输电示范工程完成样机制造，±1100kV 换流变压器现场组装研究工作如下：

1）特高压直流电压作用下±1100kV 级换流变压器绝缘特性、主绝缘结构的研究。

2）直流运行中产生的陡波对±1100kV 级换流变压器绕组纵绝缘的作用和影响的研究。

3）±1100kV 级大容量换流变压器直流偏磁、杂散损耗以及局部过热的研究。

4）±1100kV 换流变压器的抗短路能力研究。

5）交、直流复合电场作用下±1100kV 换流变压器局部放电发生机理及预防措施的研究，通过该项研究，掌握了复合电场作用下局部放电发生机理，并给出了控制局部放电的预防措施。

6）±1100kV 直流输电工程用换流变压器阀侧出线装置研究，通过该项研究，给出了建议的±1100kV 阀侧出线装置结构。

7）±1100kV 级换流变压器冷却结构及油流带电的研究。

8）±1100kV 换流变压器油箱结构的研究，通过该项研究，提出了油箱的现场制造方案，并给出了现场油箱制造的工艺流程、工位布置及厂房要求。

9）±1100kV 级换流变压器容量提升带来的运输问题的研究。

10）±1100kV 换流变压器的现场组装方式及相应的变压器结构研究。

11）设计了全新的适用于 750kV 的端部出线结构，并通过生产制造试验模型进行验证。

12）±1100kV 换流变压器试验方法研究。

（3）进度安排见表 2。

表 2　　进 度 安 排

时　　间	工 作 内 容
2012 年 2 月～2012 年 12 月	开展关键技术研究和样机方案论证
2013 年 1 月～2013 年 6 月	开展关键技术研究，样机设计、评审
2013 年 7 月～2014 年 9 月	根据依托工程研制样机
2014 年 10 月～2014 年 12 月	编写报告及项目验收

（4）项目研制过程中遇到的重大问题及解决方法。西电西变针对±1100kV 换流变压器开展相关科研攻关工作，在产品的设计过程中不存在重大问题，在产品的生产过程中有部分设备不能满足±1100kV 换流变压器产品生产的需求，但是可以通过设备升级，如增加气相干燥、整体喷砂室、涂装生产线等设备，将完全满足±1100kV 换流变压器研制需要。

在±1100kV 换流变压器研制过程中遇到的最大问题是直流阀侧套管，需要国家电网公司协调，并在国内外套管厂家支持下解决±1100kV 阀侧套管的问题。

3 保变

（1）基本情况。天威保变（秦皇岛）变压器有限公司（简称天威秦变）是保定天威保变电气股份有限公司（简称天威保变）与河北建设投资集团有限责任公司 2004 年共同组建的出海口生产基地，建设总投资 3.45 亿元，占地面积 16 万 m^2。天威秦变主要产品为：换流变压器、大容量三相和单相发电机主变及出口产品、电抗器等超高压、大容量电力设备。

总装配厂房：长 147m，宽 36m。进口 300t 天车 2 台，并车使用可完成 600t 起吊。有 50t 和 30t 天车各一部，煤油气相干燥设备一套，3 台卧绕机床和 8 台立绕机床。25t 立式绕线机 2 台，35t 立式绕线机 4 台，40 t 立式绕线机 2 台。现有三相可升降整套工作台 1 套，单相整套工作台 3 套，可同时进行六相绕组的套装作业。横剪线 3 条（其中 2 条为乔格公司产品），纵剪线 2 条，可完成各种规格矽钢片的剪切。现有 180t 和 450t 叠装台各 1 套，铁芯自动绑扎机 1 套。进口真空滤油机 3 套，进口真空机组 3 套，进口干燥空气发生器 1 套，进口压紧装置 2 套，进口 280t 气垫车 3 台。

试验设备包括：

1）冲击电压发生器：额定电压 4000kV，冲击能量 600kJ。

2）直流高压发生器：额定电压±2000kV，额定电流 30mA。

3）串联谐振装置：额定电压 1200kV，额定电流 6A。

4）冲击阻容分压器：额定雷电冲击电压 3600kV，额定操作冲击电压 2400kV。

5）补偿电容器参数：总容量 336Mvar。

6）试验中间变压器：额定容量 31 500kVA。

7）发电机组 3 套：30 000kVA、50Hz 同步发电机组；7500kVA、200Hz 同步发电机组；15 000kVA、50/60Hz 同步发电机组。

综上所述，天威秦变厂房和制造设备完全能满足直流 1100kV 产品的制造要求，同时试验室的试验设备和试验能力完全能满足直流 1100kV 产品所有型式试验、例行试验、特殊试验的试验要求。天威秦变完全具备生产制造 1100kV 直流产品的能力。

（2）设备研制情况。2011 年设计了容量为 271.1MVA、网侧电压 770kV、阀侧电压±1100kV 的换流变样机模型，其容量为此次设计的±1100kV 换流变压器的一半，电压水平完全一致。2011 年 3 月该模型样机通过了评审，已完成此产品的施工图设计工作。

（3）主要问题：由于直流±1100kV 阀侧套管未落实，因此阀侧出线的设计无法开展。

4 沈变

（1）基本情况。沈变公司为国内大型换流变压器生产制造厂家，具备设计、制造±1100kV 换流变压器的能力。各种生产工序经过技术改造后能进行±1100kV 的设计制造。公司拥有下列软件供变压器设计：变压器线圈冲击电压分布计算程序；电场计算程序；变压器线圈短路机械力计算程序；变压器温升计算程序；变压器磁场及附加损耗程序；变压器噪声计算程序。

试验大厅及设备情况如表 3 所示。

表 3　　试验大厅各设备主要参数

设备名称	主要性能参数
直流电压发生器	额定电压：±2250kV 额定电流：35mA
冲击电压发生器	型号：CDY-6000kV/810kJ 额定电压：6000kV 级电容：0.9μF
冲击电压分压器	额定电压：3600kV
可控式多级截波装置	型号：JB-3600/400 额定电压：3600kV
工频试验变压器	额定容量：600kVA 额定电压：300kV 额定电流：2A
串联谐振电抗器成套装置	额定电压：1500kV 额定容量：12 000kVA 额定电流：8A
冲击电压发生器	型号：CDY-600kV/30kJ 额定电压：600kV 级电容：1.0μF
高压试验变压器	型号：DFP-630 000/1700 额定电压：1700/（2×66）kV 额定电流：641.87/9545.45A 额定频率：50Hz
50Hz 机组	60 000kVA 发电机
200Hz 机组	10 000kVA 发电机

对试验设备进行改造后可进行1100kV换流变压器试验。各设备改造项目如表4所示。

表4 设备改造项目

改造项目	改造原因
冲击设备改造	分压器改造
直流设备改造	解决局放问题
串联谐振装置	解决局放问题
空载滤波装置	解决空载波形畸变问题
局放设备改造	解决局放电流补偿问题
辅助材料	均压环、软连接等

绕线模具最大外径2850mm，高度3000mm，承重40t（包括模具）模具外径不够，需要制造新的绕线模具；立式绕线机地坑最大外径3500mm，可以容下线圈主体，但辐向出头位置不够，需要进行扩建改造；线圈干燥炉高度3500mm，可以满足需求。

叠板台为承重350t，叠装高5400mm，长13 000mm，叠板台基本可以满足需求。液压装配架承重15t，比现场组装用液压装配架承重小，但可以减少装配架上放置的上轭片重以达到要求。干燥工序中使用气相干燥炉，炉门尺寸为高6.3m，内部长度为15m，宽5.2m，长度和宽度满足入炉要求，但器身高度不能超过5.5m，否则器身不能进入到干燥炉内。如果网侧采用750kV的±1100kV换流变压器Y1初步方案器身高度超过5.5m，干燥炉需要进行更新或改造；如果网侧采用500kV的±1100kV换流变压器Y1初步方案器身高度没有超过5.5m，干燥炉满足换流变的入炉要求。真空设备及注油设备可以满足±1100kV换流变压器厂内生产要求。

（2）设备研制情况。沈变公司在下述四个方面开展了研究：

1）交流侧分别采用750kV和500kV换流变压器技术经济性分析；

2）±1100kV特高压直流输电用换流变压器的初步研制；

3）公司内部±1100kV换流变压器的生产工装工具和试验能力研究；

4）±1100kV换流变压器的阀厅现场组装、现场试验研究。

（3）主要问题：由于阀侧套管未落实，因此阀侧出线的设计无法开展。

第2节 换 流 阀

1 引言

±1100kV 换流阀相对于±800kV 换流阀主要是由于绝缘水平的提高造成串联数

增加。国内能生产制造换流阀的厂家包括西电、中电普瑞电力工程有限责任公司（简称中电普瑞）、许继集团有限公司（简称许继）。下面是各制造商研制±1100kV 换流阀具体情况。

2 西电

（1）基本情况。西安西电电力系统有限公司是我国最早开始对直流输电换流阀及其相关设备进行研制的厂家，也是迄今为止工程业绩最多的厂家。西安西电电力系统有限公司已完全具备了完整的设计、制造、试验±800kV ETT 和 LTT 晶闸管换流阀能力：具备了换流阀电气设计、结构设计（含阀内冷却水系统）、阀二次触发控制设计等设计技术，阀型式试验及例行试验、换流阀关键部件的试验检测、绝缘试验等检测技术，具有完善的换流阀设计软件及计算机平台、健全的换流阀制造工艺体系、完善的国产化认证评价体系和完善的国产化认证评价体系。

已建成 ETT 晶闸管组件的装配及出厂试验大厅。阀厅内空调、净化标准完全符合换流阀的技术规范和要求。组装用专用工装、工具，气动、电力系统完备。试验用法拉第笼及相关的冷却水系统，试验及测试装置仪器、仪表先进、性能优越。

（2）设备研制情况。2011 年初，西安西电电力系统有限公司针对±1100kV 特高压换流阀专门成立以项目经理负责制的研发项目组，项目纳入绩效考核体系实施考核。在各专业领域分别配备合适的技术人员开展研究工作。在项目研究过程中，将及时、准确、完整编报月度和年度的研究进度总结，以确保项目按照计划执行。项目结束时间为 2012 年 4 月。

换流阀研制进度计划安排时间如表 1 所示。

表 1　换流阀研制计划安排时间表

序号	内　容	完成日期
1	±1100kV 换流阀电气设计	2011-03-30
2	±1100kV 换流阀结构设计	2011-04-10
3	±1100kV 换流阀型式试验方法设计	2011-05-10
4	关键件采购规范	2011-03-20
5	设计输出评审	2011-04-15
6	换流阀组件材料成套	2011-05-20
7	组件安装、例行试验	2011-06-15
8	运行试验	2011-06-20～2011-07-25
9	换流阀阀塔材料成套	2011-08-15
10	绝缘试验	2012-02-01～2012-03-30

VCM 研制进度如表 2 所示。

表 2　　VCM 研制进度表

序号	内　　容	完成日期
1	光发射板硬件设计、生产	2011-4-15
2	光发射板软件设计、调试	2011-4-30
3	光接收板硬件设计、生产	2011-4-15
4	光接收板软件设计、调试	2011-5-30
5	主控板硬件设计、生产	2011-4-30
6	主控板软件开发	2011-5-30
7	VCM 柜体设计、生产	2011-4-20
8	VCM 插件箱设计、生产	2011-4-20
9	VCM 柜 CLC 接口板	2011-4-20
10	VCM 电气原理设计	2011-5-20
11	VCM 联调	2011-6-20

主要完成以下内容：

1）电气设计，包括±1100kV 换流阀电气设计计算书，±1100kV 换流阀绝缘设计，换流阀场强仿真及屏蔽尺寸的确定；

2）完成±1100kV 换流阀结构设计；

3）完成±1100kV 换流阀组件材料成套、组件组装、例行试验；

4）完成±1100kV 换流阀塔材料成套、组件组装、例行试验；

5）完成阀控设备 VCM 的设计（于 2012 年 1 月 10 日已通过国家能源局鉴定）；

6）完成±1100kV 换流阀运行型式试验（于 2011 年 7 月底在西安高压电器研究院大容量试验室完成）；

7）进行±1100kV 换流阀绝缘型式试验（于 2012 年 2 月初在西安高压电器研究院高电压试验室开始）。

（3）问题及建议。通过自主研发±800kV/1100kV 换流阀，已建立了换流阀电气设计及仿真平台、换流阀结构设计平台、换流阀试验平台，可集成完成换流阀电压应力设计、电流应力设计、绝缘修正、空气净距计算、损耗计算、电抗器设计及阻尼回路设计、结构设计、型式及例行试验等；设计出了一套±1100kV 换流阀高压 MVU 阀塔及阀控监测设备 VCM，并经过了型式试验的验证。

3　中电普瑞

（1）基本情况。中电普瑞已掌握±800kV 换流阀各项核心技术，研制的换流阀产品已经通过全部型式试验。在换流阀方面，已申请国内专利 200 余项（含国际发明专利 11 项），获得换流阀领域唯一一项国家发明专利优秀奖。

（2）设备研制情况。

1）成套设计：±1100kV 换流阀关键技术解析；制订成套设计、解决方案；制订相关技术规范。

2）关键零部件：研究关键零部件特性；研制关键零部件测试平台；开发关键零部件产品。

3）样机研制：换流阀电气设计、结构设计、水冷设计；试验能力建设；样机研制及试验。2012 年 1 月 13 日，完成了±1100kV 换流阀的各项型式试验。

4）样机通过型式试验，初步具备产业化条件；依托国家“863”、国家电网公司科技项目，深入开展±1100kV 换流阀产业化研究，为准东工程的建设提供技术储备。

4 许继

（1）基本情况。许继自 2010 年开始±1100kV 换流阀、阀控和水冷系统的前期关键技术研究；2011 年，根据国家电网公司 2011 年 5 月发布的《±1100 千伏特高压直流输电工程设备研制技术规范　换流阀》进行了设备研制；初步完成了换流阀阀塔，阀控样机的研制。

生产试验进度及计划如图 1 所示。

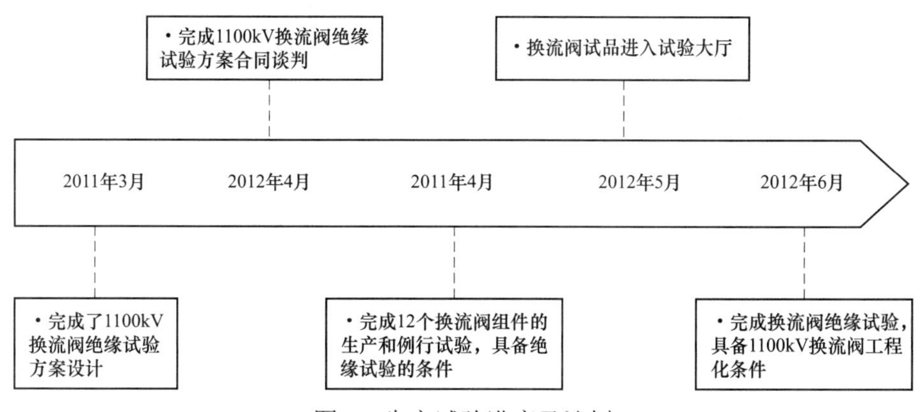

图 1　生产试验进度及计划

（2）设备研制及技术规范落实情况：

1）完成了换流阀多物理场数值分析；

2）完全掌握了换流阀的电气设计、热学设计、结构设计等技术；

3）完成了换流阀运行试验、绝缘试验、例行试验等规范的设计；

4）完成了换流阀组件及阀塔关键零部件的图纸设计、选型，并开始生产或订货；

5）完成了 12 个换流阀组件的制造和例行试验；

6）完成了5000A换流阀运行试验；

7）完成了绝缘试验的等效技术研究；

8）阀控设备已完成全部生产、测试、验证工作，现处于长期通电烤机运行状态；完成换流阀冷却系统系统工艺流程设计；完成了主设备型号及产品规格设计。

（3）研制过程中遇到的问题及采取的措施：

1）换流阀关键部分零件制造问题。1100kV换流阀为自主化设计，绝大部分零部件委托国内企业制造，量产后，产品合格率下降，影响换流阀项目的进度和产品质量。

措施：制订了关键零部件的场内检验规范和厂家监造规范。派人到厂家现场监造和指导设备的制造和试验，对生产过程进行监督，确保发到许继的产品时满足设计需求的合格产品。

2）换流阀绝缘试验时间尚不确定。由于1100kV绝缘试验要求的电压高，满足试验条件的试验室目前只有西高所一家，但是西高所试验室被其他试验设备占用，不能满足许继1100kV换流阀的试验工期。

措施：积极和西高所进行合同谈判以及试验技术方案谈判，争取在第一时间能进行许继换流阀的绝缘试验。

3）不同环境中换流阀冷却系统的设计。不同环境对换流阀冷却系统的要求各有差别，随着直流输电工程的发展，换流阀对冷却系统的要求越来越高，越来越多的换流站设置在极端环境中。不同环境中使用的换流阀冷却系统也经常有所变化。

措施：许继已针对性地研究开发出了适应西北干旱缺水地区环境特点要求的换流阀冷却系统，并在此基础上展开了针对性的设计。

第3节　平波电抗器

1　引言

具备设计制造平波电抗器的制造商包括北京电力设备总厂、西电、保变、沈变、西安中扬电气。相对于±800kV工程来说，±1100kV平波电抗器的主要设计难点在于设备绝缘的升高，提高约35%。平波电抗器的绝缘包括端子间绝缘和端对地绝缘。端子间绝缘主要决定平波电抗器本体的高度，端子间绝缘则主要由支撑绝缘子承担。提高±1100kV端子间绝缘水平，可以采取增加本体高度或者采取多台平波电抗器串联方案解决，增加本体高度将同时增加设备本体的质量，设备既没有成熟的设计运行经验，质量较重也会给设计带来困难，因此采取多台平波电抗器串联方案将会降低单台平波电抗器的绝缘水平和质量，降低设计制造难度。对于端对地绝缘则主要取决于支柱绝缘子的高度和支撑结构，因此也是±1100kV 工程需要解决的难点所在。平波电抗器制造商已完成本体的设计，需要结合绝缘子的实际情况对方案进行必要调整。

2 沈变

完成如下工作：

（1）绕组结构：24 层圆桶式并联结构。

（2）设计了绝缘子支撑结构：绝缘子支撑系统为垂直 12 柱组合支撑结构；支撑高度为 17 140mm；每柱绝缘子由 7 节复合支柱绝缘子组成；绝缘子为复合材质绝缘子；各节绝缘子间通过环形支架连接，保证支撑系统的机械强度。

（3）设计了隔声降噪装置。

（4）对产品的电场进行了计算，设计裕度大于 1.3。

（5）计算了线圈纵绝缘强度。

（6）计算了温升、短时电动力、抗震能力。

3 西电

对于±1100kV 干式平波电抗器，西电结合“特高压输变电系统开发与示范”项目进行了以下内容研究：

（1）平波电抗器在交直流共同作用下的发热计算方法，以及大型绕组的温升纵向分布规律；

（2）研制一种适用于特高压、大电流平波电抗器的绕组导线——复合轻型换位电缆；

（3）多台平波电抗器串联连接时的电压分布规律；

（4）支撑体系方案，特别是风载和地震下的机械强度、安装工艺过程和方法；

（5）研究开发一种新型金属端架，以减小高次谐波电流在金属架内部产生的涡流；

（6）特高压、大电流平波电抗器试验方法研究。

±1100kV 特高压干式平波电抗器研制工作进度安排如表 1 所示。

表 1　±1100kV 特高压干式平波电抗器研制工作进度安排

时　间	工作内容
2012 年 1 月～2012 年 12 月	前期科研攻关、技术开发准备
2013 年 1 月～2013 年 6 月	关键技术的研究，方案论证，完成样机设计、评审

续表

时　　间	工作内容
2013年7月～2014年6月	根据依托工程研制样机
2014年7月～2014年12月	编制研究报告，项目验收

第4节　直　流　开　关

1　西电

西电生产的开关类设备主要包括隔离开关、户外接地开关、阀厅接地开关等设备。

（1）隔离开关。ZGW□A-1120型隔离开关，已开展绝缘结构、机械可靠性及支柱绝缘子应力研究。产品为三柱水平翻转式结构，操动机构为CJ6□电动机构（电动或手动），额定输出转矩2500N·m，分合闸时间40s，正在开发60s的设备。隔离开关额定电压1120kV，最高电压112kV，额定电流5500A，额定短时耐受电流50kA，额定短时耐受时间2s，额定峰值耐受电流125kA，直流60min耐受电压对地和断口均为1680kV。额定操作耐受电压对地和断口均为2100kV，额定雷电冲击耐受电压为对地和断口均为2700kV。接线端子额定拉力为水平纵向3000N、垂直方向3000N、水平横向2000N，绝缘子爬电比距为45mm/kV，复合绝缘子总高度为14 850mm。产品爬电比距为50 000mm，额定机械弯曲负荷为3kN，额定机械扭转负荷为10kV·m；60min直流湿耐受电压1680kV，雷电冲击耐受电压2700kV，操作冲击耐受电压2100kV。导电杆总长为16 000mm。

西电已完成隔离开关设备的温升试验（常温下，最高环境温度下持续通5500A）、主回路电阻测量、机械操作和机械寿命试验（10 000次）和抗震计算。计划于2012年4月中旬完成短时耐受电流试验和峰值耐受电流试验，5月中旬完成绝缘试验、防护等级试验以及无线电干扰试验，需要根据试验条件开展的试验项目包括直流滤波器高压端隔离开关开合谐波电流能力试验、严重冰冻条件下的操作和极限温度下的操作。

研究重点和难点：需要确认隔离开关型式（两柱还是三柱）。

（2）接地开关。ZJW□-1120型接地开关，结构型式为折臂式，操动机构为CJ6U-I电动机构（可电动或手动）。接地开关额定电压为1120kV，最高电压为1120kV，额定短时耐受电流为50kA，额定短时耐受时间为2s，额定峰值耐受电流为125kA，额定操作耐受电压为对地2100kV，额定雷电冲击耐受电压为对地2700kV，60min额定直流耐受电压为对地1680kV，机械寿命达5000次。样机设计已经完成，计划于2012年5

月中旬完成零部件加工成套，6 月上旬完成安装调试具备，满足试验要求，8 月上旬完成型式试验。

（3）阀厅接地开关：正处于调研阶段。

（4）±1100kV 旁路开关：正在研制当中。

2　平高

2.1　基本情况

开关类设备包括直流转换开关、直流旁路开关和直流隔离开关。

直流转换开关：平高集团以研制难度最大的 MRTB 为突破口。MRTB 开断装置为双断口串联机械联动方式，操动机构为液压机构。转换电容和避雷器放置于绝缘平台上。ERTB、NBS 和 NBGS 等三种直流转换开关结构与 MRTB 类似。

直流旁路开关：采用 T 字型布置，单支柱双断口，断口并联均压电阻，支柱和灭弧室均采用复合套管，配液压操动机构。

直流隔离开关：采用双柱式结构，主闸刀采用单臂折叠式，主要由导电系统、支柱绝缘子、底座、操动机构等组成，由 CJ11A 型电动机操动机构进行分合闸操作。

目前存在问题还是集中在试验的问题上，有些产品可能国内不具备试验条件，需要联系国外的单位进行试验，或考虑采用新的方式对试验进行认可。

2.2　直流转换开关

（1）生产试验及进度计划，如表 1 所示。

表 1　直流转换开关生产试验及进度计划

序号	计划内容	时间节点（2012 年）								
		1月	2月	3月	4月	5月	6月	7月	8月	9月
1	总体方案设计及投制、成套									
2	产品装配、调试									
3	绝缘、动热稳定试验									
4	温升、机械寿命试验									
5	直流转换试验									
6	其余型式试验									
7	鉴定资料准备									

（2）完成落实情况：完成了 MRTB 方案设计及样机试制，其他三种开关已完成方案设计；进行了温升、机械寿命的摸底试验；在清华大学进行了直流转换研究性试验，用低频交流电模拟直流电流；在西高院进行了 4500、5100A 直流转换试验；

根据摸底试验情况，改进温升及寿命样机，并完成了样机设计、成套，目前正在进行装配。

（3）研制过程中遇到的问题及采取的措施。清华大学、西高院的试验回路均采用低频振荡回路模拟直流电流，等价性有待进一步研究。清华大学不具备试验验证资质，由于其他原因，西高院未给平高出具试验报告；电科院可能无法进行动热稳定试验。

应对措施：与国外试验站联系，计划在德国 IPH 试验站进行直流转换试验。

2.3 直流旁路开关

（1）生产试验及进度计划，如表 2 所示。

表 2　　直流旁路开关生产试验及进度计划

序号	计划内容	时间节点（2012年）								
		4月	5月	6月	7月	8月	9月	10月	11月	12月
1	总体方案设计图纸绘制									
2	零部件成套									
3	样机装配、调试									
4	型式试验									
5	样机鉴定资料准备									
6	样机鉴定									

（2）完成落实情况：完成了样机总体结构方案设计；完成了样机的抗震计算，满足抗震要求；完成了样机部分零部件图纸绘制及投制，样机重要外购零部件的投制，如均压电阻、支柱套管、灭弧室套管等。

（3）研制过程中遇到的问题及采取的措施。存在问题：直流旁路开关对试验设备的要求不同于交流开关，国内直流试验设备及条件尚未完善，虽然许多常规试验可以在西高院或武高院来进行，但一些特殊试验如直流电流转移试验，国内还不具备此项试验能力。关键零部件，如均压电阻、支柱套管、灭弧室套管等，在国内暂无找到生产厂家，目前均采用进口件，价格昂贵。

应对措施：与国外试验站联系，计划在国外进行直流电流转移试验。在国内继续联系有能力生产均压电阻、支柱套管、灭弧室套管的厂家，来降低产品成本。

（4）亟待解决的问题：目前，国内不具备做直流电流转移试验的条件，需要与国外试验站联系，确定有能力进行直流电流转移试验的试验站。

2.4 直流隔离开关

（1）生产试验及进度计划，如表 3 所示。

表3　　直流隔离开关生产试验及进度计划

序号	计划内容	时间节点（2012年）						
		1月	2月	3月	4月	5月	6月	7月
1	方案设计及投制、产品装配、调试							
2	绝缘试验							
3	温升试验							
4	机械寿命试验							
5	动热稳定试验							
6	鉴定资料准备							

（2）完成落实情况：完成了方案设计及样机试制；进行了绝缘摸底试验；进行电场计算分析，优化均压环设计，重新投制样机；完成绝缘试验样机安装调试。

（3）研制过程中遇到的问题及采取的措施。存在问题：目前国内具备试验条件的场所为西高院、中国电科院（武汉）等，但是以上检验机构试验任务均比较饱满，无法保证产品型式试验按计划完成。额定操作冲击耐受电压为2100kV，试验参数高，放电分散性较大；同时，摸底试验结果表明操作冲击耐受电压对断口距离的改变表现不敏感，需要进一步研究。

应对措施：与多个有资质的试验站联系，计划在武高院进行绝缘试验，在西高院进行机械寿命试验、动热稳定试验等。

第5节　支柱绝缘子

支柱绝缘子分为复合绝缘子和瓷式绝缘子。具备生产特高压直流复合绝缘子的厂家有江苏神马电力股份有限公司（简称江苏神马）和河南平高电气股份有限公司（简称平高电气），具备生产特高压瓷式绝缘子的厂家有抚瓷、唐瓷、西瓷等。

1　平高电气

（1）基本情况。直流±1100kV棒形支柱复合绝缘子结构方案是：以环氧树脂玻璃纤维材料作为芯棒，高温硅橡胶作为外绝缘材料注射成型。伞型结构经过充分的研究论证，针对特高压直流电场，按照“大、小、中、小、大”的顺序设计伞型结构。目前技术上不存在太大问题。

（2）生产试验及进度计划，如表1所示。

表1　　支柱绝缘子生产试验及进度计划

序号	任务名称	2012年					
		2	4	6	8	10	12
1	项目调研						
2	内部总体方案设计、评审						
3	产品、模具图图纸绘制						
4	零部件成套；样机装备调试						
5	样机试验						
6	总结及研究报告编制、论文撰写及专利申请，鉴定准备						

（3）完成落实情况：

1）研究分析特高压±1100kV直流输电工程招标规范的技术参数；

2）完成了产品结构设计和机械特性分析；

3）完成了电场分析；

4）完成了产品的伞型、法兰、芯棒总体结构的设计工作，并进行了投制；

5）并对产品的关键部件做了相关计算分析；

6）直流外绝缘硅橡胶材料配方开发与研究；

7）完成了外绝缘伞型结构的设计和整体注射模具的结构设计，并进行了投制。

（4）研制过程中遇到的问题及采取的措施。±1100kV棒形支柱复合绝缘子尺寸大，对芯棒的机械强度提出了更高的要求，这也是方案设计过程中遇到的最大问题。

应对措施：为了保证产品的机电性能，进行了分析计算，主要有两个内容：

1）±1100kV直流系统中的电场分析；

2）根据准东—成都±1100kV直流输电工程中接线端子所受的水平和垂直外力、轴向扭矩来分析计算产品的机械特性。

分析计算的结果能够满足工程需要。

（5）亟待协调解决的问题：

1）确定符合直流±1100kV工程实际需要的结构高度；

2）确定特高压±1100kV直流支柱复合绝缘子端部金具安装尺寸；

3）特高压直流工程对复合支柱复合绝缘子的其他特殊要求；

4）复合绝缘子在直流场耐污秽能力。

2　江苏神马

（1）基本情况。江苏神马电力股份有限公司（原南通市神马电力科技有限公司）成立于 1996 年主要从事复合绝缘子及电力设备用橡胶密封件的研发、生产与销售，是目前全国最大的高温硫化硅橡胶复合绝缘子和输变电设备用橡胶密封件制造企业。为保证该项目的顺利进行，特设立项目指导委员会、项目办公室、业务组围绕±1100kV 工程项目展开专项工作。

为研制±1100kV 特大型空心复合绝缘子，江苏神马对现有生产设备进行改制，使其能够进行长度 16m、直径 1m 的空心复合绝缘子生产，如 18m 长四维全伺服缠绕机、18m 长电脑温控烘箱、16m 长车床等。全球最大最先进的全自动橡胶注射机（满足最大直径 1.3m 产品），注射量 100 000mL，锁模力 2400t。

拥有 1500kV 工频试验变压器和 4800kV 冲击电压发生器。

（2）研制情况：

1）平波电抗器用复合支柱绝缘子，如表 2 所示。

表 2　平波电抗器用复合支柱绝缘子项目计划表

工作内容	2011									2012											
	4月	5月	6月	7月	8月	9月	10月	11月	12月	1月	2月	3月	4月	5月	6月	7月	8月	9月	10月	11月	12月
项目调研（确认技术要求）																					
项目立项																					
设计方案调整（与具体合作设备厂确认）																					
设计方案评审																					
样品试制																					
样品型式试验																					
样品供货																					
样品客户试验跟踪																					
项目结题																					

2）隔离开关用支柱绝缘子，如表 3 所示。

表 3　隔离开关用支柱绝缘子项目计划表

工作内容	2011									2012											
	4月	5月	6月	7月	8月	9月	10月	11月	12月	1月	2月	3月	4月	5月	6月	7月	8月	9月	10月	11月	12月
项目调研（确认技术要求）																					
项目立项																					
设计方案调整（与具体合作设备厂确认）																					
设计方案评审																					
样品试制																					
样品型式试验																					
样品供货																					
样品客户试验跟踪																					
项目结题																					

3）避雷器用复合绝缘子，如表 4 所示。

表 4　避雷器用复合绝缘子项目计划表

工作内容	2011									2012											
	4月	5月	6月	7月	8月	9月	10月	11月	12月	1月	2月	3月	4月	5月	6月	7月	8月	9月	10月	11月	12月
项目调研（确认技术要求）																					
项目立项																					
设计方案调整（与具体合作设备厂确认）																					
设计方案评审																					
样品试制																					
样品型式试验																					
样品供货																					
样品客户试验跟踪																					
项目结题																					

4）换流变压器用复合绝缘子，如表 5 所示。已完成了±1100kV 干式换流变压器套管用空心复合绝缘子的研制，并于 2011 年年底完成型式试验，并发样品给客户进行整机试验。其中，内压力破坏值达到 5.08MPa，抗弯强度达到 1600kN·m 未破坏，足以满足客户的技术要求。

表 5　　　　±1100kV 换流变压器用空心复合绝缘子项目计划表

工作内容	2011									2012					
	4月	5月	6月	7月	8月	9月	10月	11月	12月	1月	2月	3月	4月	5月	6月
项目调研（与客户确认技术要求）															
项目立项															
设计方案调整															
设计方案评审															
新增设备采购															
样品试制															
样品型式试验															
样品供货															
样品客户试验跟踪															
项目结题															

5）直流场支柱绝缘子，如表 6 所示。采用固体内绝缘复合支柱绝缘子：内绝缘采用电气性能优良的聚氨酯泡沫，且不存在充气绝缘子在线监测和维护的问题。采用固体内绝缘方案，由于直径的增加，能提高产品的刚性，顶端偏移量仅为实心纯复合支柱绝缘子的 1/3，且根据具体要求，可以调整内径及缠绕角度来满足不同的机械性能要求。±800kV 实心绝缘子与固体内绝缘绝缘子对比，固体内绝缘绝缘子质量仅为实心绝缘子的 68%（实心绝缘子 2.2t，固体内绝缘绝缘子 1.5t）。

表 6　　　　直流场支柱绝缘子项目计划表

工作内容	2011									2012											
	4月	5月	6月	7月	8月	9月	10月	11月	12月	1月	2月	3月	4月	5月	6月	7月	8月	9月	10月	11月	12月
项目调研（确认技术要求）																					
项目立项																					
设计方案调整（与具体合作设备厂确认）																					
设计方案评审																					
样品试制																					
样品型式试验																					
样品供货																					
样品客户试验跟踪																					
项目结题																					

针对±1100kV直流场各种设备对绝缘子的不同要求，已开展相关的深入研究并已初步形成较为成熟的技术方案。

为满足超大尺寸复合绝缘子的生产，已对相关生产和检测设备进行改制，能够满足生产工艺和质量控制要求。

江苏神马无论是在设计方案储备还是在产品制造能力上都不存在技术问题。下一步重点工作与相关设备厂家进行技术沟通，根据客户的技术要求，对设计方案进行调整并确认后进行针对性的样品验证。

3 唐瓷

唐瓷是特高压直流输电支柱绝缘子的主要供货商之一，可以生产实心绝缘子和绝缘套管。产品支柱绝缘子单节最大高度2.4m，SF_6绝缘瓷套单节最大高度2.6m，拥有湿法成型和干法成型两种工艺，等温高速烧嘴全自动抽屉窑和国内最大的干法数控修坯机，国内最大最高的15m、450kN·m电液伺服电瓷弯曲试验机。

±1100kV直流耐污型户外棒形支柱瓷绝缘子研发进度如表7所示。

表7　　棒形支柱瓷绝缘子研发进度表

序号	项目	进度	措施
1	设计输出	2012年4月	采用大中小伞伞型
2	制料	2012年5月	严格控制各种原料的化学成分，确保配方稳定；严格控制工艺参数，确保产品分散性小
3	成型	2012年5月	严格制订升压曲线
4	烧成	2012年6月	严格制订烧成曲线，确保瓷质性能
5	胶装	2012年7月	采取上下附件在胶装机上二次灌胶工艺
6	检验	2012年8月	按品种按窑次加延伸杆在450kN·m抗弯试验机（最高15.1m）上进行试验
7	型式试验	2012年10月	
8	产品鉴定	2012年12月	

4 抚瓷

抚瓷公司生产电瓷已有70多年的历史，工厂生产设备先进，制作工艺成熟，通过走引进国外先进技术和自我发展的道路，生产的新产品技术含量高，品质优良。自行开发研制建成了5条高压电瓷生产线，其中于20世纪90年代末建成了国内首条等静压生产线。

公司等静压干法生产线设备状况现在处于最佳状态，设备能力强，该生产线装备有直径ϕ1250mm、内腔高 4200mm 的大型等静压压机，能修单节瓷件 2.0～2.5m 的大型数控修坯机，有高 3m 以上的高大烘房，有有效高度 3.5～5.5m 高的高速等温全自动窑炉及配套的窑具，有适合生产大型棒形的切割机，胶装机及抗弯试验机等。工厂原料批批逐检，并定期对生产配方中泥浆坯料定期检查。试验室有原料、配方和理化试验等专门技术力量对原料、配方、瓷质等进行检查，如 X 射线荧光分析、衍射定性定量分析、偏光显微和晶片分析，对指导生产起了积极作用。

支柱绝缘子的生产线在传统上均采用湿法工艺生产。20 世纪 90 年代末期公司投产组建干法工艺生产的等静压棒形绝缘子生产线。这是当前国际上最先进的电瓷生产工艺流水线。支柱绝缘子干法生产线的特点是，工艺过程较湿法生产大为简化，绝缘子釉色纯正，光滑、色泽鲜亮、形位公差准确，产品变形小、尺寸精确、生产周期短、产品性能稳定，强度分散性小。抚瓷公司产品瓷主体杆径可达ϕ320mm，为国内独家制作工艺。绝大部分支柱绝缘子均在等静压棒形绝缘子生产线上生产。1000kV 棒形支柱绝缘子的单元件高度、最大外径及质量，在等静压生产线上生产，不论是技术力量还是设备能力都是最佳的，完全有能力大批量生产特高压交、直流棒形瓷绝缘子。

针对母线支撑、开关用支柱、开关换用操作、平波电抗器等用途进行绝缘子设计。

5 西瓷

西安西电高压电瓷有限责任公司（简称西瓷）是一家专业化研发、设计、生产和经营棒形支柱绝缘子和电器瓷套的大型国有企业。西瓷公司拥有国内一流的电瓷生产工艺和装备。先后引进了美国贝克莱窑炉公司的等温高速喷嘴抽屉窑、瑞典 IFÖ 公司的等静压成型制造技术及关键制造设备，德国ϕ750mm 立式练泥机，棒形、瓷套成型全面采用数控修坯机，所有窑炉均为全自动天然气窑炉。西瓷公司拥有全国最大的等静压瓷套生产线，可一次成形高 2.7m、直径 0.85m 的整体瓷套，同时拥有技术先进的高压试验站。一流的装备保证了西瓷公司可以生产百万伏的棒形绝缘子和各类电器瓷套。

西瓷已完成了图样设计，部分元件正在试制阶段和工艺验证，其中最下节元件正在胶装阶段。主要面临的问题是支柱绝缘子关键参数不很明确，同时大杆径产品烧成问题。

主要研制计划如下：

（1）2012 年 4 月开始针对本次会议明确的信息选择设计开发产品；

（2）与设备厂家联系，确认结构和连接尺寸；必要时，进行抗震和电场校核；

（3）试制的产品继续进行，掌握其工艺适应性和产品性能；

（4）2012 年 5 月进行产品试制；

（5）2012年12月完成产品型式试验。

6 中材高新

中材高新材料股份有限公司（简称中材高新）成功研制出直流±1100kV/16kN支柱瓷绝缘子，经中国电科院型式试验，各项性能指标均满足国网公司技术规范的要求。

本产品结构高度14.7m，抗弯强度16kN，整柱弯矩达到235.2kN·m，为目前强度最高的瓷绝缘子。

经西安交通大学进行电场分布计算，在母线侧和支架侧配置适当的均压环，能有效降低绝缘子电场强度，降低无线电干扰水平。

经郑州机械研究所进行AG3抗震分析计算，该产品满足9度烈度地震加速度的要求，安全系数为2.214。

该产品适用于1100kV直流场母线、平波电抗器和隔离开关的支撑和绝缘。

第6节 避 雷 器

目前具备设计制造直流避雷器的制造商包括电科院、西电、南阳金冠。

西电开展了±1100kV特高压直流输电工程用直流避雷器的设计技术、试验技术、电阻片制造技术的研究。收集了相关资料，开展了系统的绝缘配合及避雷器保护特性的研究；开展了避雷器技术参数研究；开展了高性能直流电阻片配方和工艺研究。通过研究，确定了避雷器的结构参数和样机研制方案，制订了避雷器的技术参数。

在已开发和应用直流避雷器电阻片的配方基础上，通过对添加剂的煅烧工艺、料浆制备、喷雾造粒、喷雾造粒含水分控制、成型工艺和成型密度的控制及烧成曲线的控制等参数的优化，提高电阻片的通流容量和均一性；通过对电阻片侧面绝缘层的研究，提高电阻片的大电流耐受特性；对直流电阻片的铋涂布与铋扩散工艺的研究，提高直流电阻片的老化特性。

西电避雷器厂已开展了对特高压直流避雷器电气结构、机械结构、压力释放结构、密封结构及芯体结构的研究，进行了特高压直流避雷器的工作图设计。开展了特高压直流避雷器外套成型技术的研究，确定了避雷器外套的结构和成型工艺，完成了避雷器外套的结构设计，进行了样机用避雷器外套的试制。开展了特高压直流避雷器试验技术研究，制订了特高压直流避雷器的试验规范和试验大纲，准备进行老化试验、能量耐受试验、伏安特性试验、均流试验、动作负载试验、热机和沸水煮试验、机械负荷试验及外套的耐电痕化和蚀损试验验证。

计划于 2012 年 6 月完成避雷器的电场优化计算和抗震优化计算，完成直流避雷器工作图设计和样机用电阻片生产。8 月前完成电阻片的试验验证和直避雷器样机的零部件加工。10 月前完成直流避雷器样机组装，并于 12 月完成直流避雷器型式试验。

研究重点及难点：电阻片通流容量及均一性的优化问题（材料及工艺），对于如何提高荷电率，减小压比，有效降低保护水平还需要进行进一步的研究。

第 8 章

锦屏—苏南 ±800kV 特高压直流输电工程系统试验研究与实践

锦屏—苏南±800kV 特高压直流输电工程（简称锦苏工程）西起四川省西昌市锦屏换流站，受端是江苏省苏州换流站，全长 2059km。额定电流 4500A，额定功率 7200MW，额定电压±800kV。特高压直流单极采用双 12 脉动换流器串联结构，双极采用 4 个 12 脉动换流器串联结构；单极单换流器可以独立运行。锦苏工程是 2012 年世界上已投入运行的输送容量最大直流工程，是金沙江电力外送华东地区的强大输电通道，是我国输电工程建设中的重要的里程碑，对加强全国电网互联和西电东送战略的实施具有重要意义。

特高压直流输电工程额定电压高、输送功率大，即使失去直流单极，也会对电网产生较大的冲击，其安全可靠运行意义重大。工程的系统试验是工程建设的最后一道工序，是对工程设计、设备性能、施工安装的最后一次系统检验。为此在总结、消化和吸收国内±500kV 直流输电工程调试和向家坝—上海特高压直流输电工程调试的经验的基础上，结合锦苏工程的设计特点和工程前期的科研成果，开展了工程系统试验的研究，编制了系统试验方案。

为了保证该工程的顺利投产和可靠运行，中国电力科学研究院对锦苏工程调试期间锦屏换流站近区电网的稳定情况进行了专题研究，主要包括大负荷试验、孤岛内若干试验时系统的稳定情况，提出了调试试验在系统控制方面的建议，为系统调试方案的制订提供依据。

锦苏工程的系统试验按计划完成了所有系统调试试验项目。在试验过程中，一次和二次设备运行良好，二次控制保护设备的功能得到了验证。在直流系统的启动/停运、电流控制、功率控制、常压运行、降压运行、大地/金属转换、扰动试验、交直流短路接地试验、单换流器过负荷运行试验过程中，控制保护功能以及冷却系统等设备的控制保护功能正常。解决了系统试验过程中发现的设备和控制保护各类技术问题，保证了系统按期投入试运行。

第 1 节　站系统试验

1　试验目的和特点

站系统调试目的是按照合同和技术规范书的要求，检查单个换流站的功能，同时也为端对端系统调试做好准备。在分系统调试完成以后，开始站系统调试，在两端换流站分别进行。

锦苏工程站调试的特点是：输送功率达 7200MW，单台换流变的容量最大达到

361MVA，故换流变压器第一次充电时的励磁涌流可能要大一些，对锦屏侧调试期间的系统有可能造成较大的冲击；小组滤波器的容量（215Mvar）也要增大，因此滤波器带电锦屏侧母线电压上升 10kV 左右。

2　试验方案编制

站系统调试工作内容包括：站调试方案编写单位和承包商合作编写站调试方案；调度单位根据站调试方案编写站调试的调度方案；站调试方案和调度方案需报启动验收委员会批准；站调试由站试验负责单位和承包商共同负责进行，运行单位进行操作，施工和监理单位配合；直流输电工程系统调试单位负责对站调试的监督检查，包括试验项目和试验报告及资料是否齐全，各站试验的试验结果是否满足合同和技术规范书的要求，给出监督检查报告，同时，根据工作需要，也可以承担部分或全部站调试项目。

3　完成的试验项目

3.1　换流站 500kV 交流场（含交流母线）的启动带电试验

（1）试验目的。完成新投产断路器带电操作试验，检查新投产线路设备状态；完成换流站交流场 500kV 开关设备带电操作试验，检查 500kV 母线设备状态；完成新投产 500kV 线路、换流站 500kV 交流母线、500kV 滤波器母线的核相试验。

（2）试验过程。按照国调、国调华东分中心编制下发的“启动调试调度方案”的调度顺序，在国调中心、网省调度的指挥下完成交流场（含交流母线）的启动带电试验。

试验结果：线路及换流站 500kV 交流场、滤波场设备运行正常，相关控制保护设备电压测量结果正常。

3.2　站用变压器充电投切试验

（1）试验目的。检验 500kV 站用变压器耐受冲击合闸性能；检查 500kV 站用变压器带电运行状况；检查 500kV 站用变压器励磁涌流对保护的影响；检查 500kV 站用变保护、测量系统接入电压正确性；核对 500kV 站用变 35kV 侧相序。

（2）试验过程。对站用电进行 3 次冲击合闸，检查 500kV 站用变压器充电后状况，观察有无异常放电、异响，记录 500kV 侧避雷器动作次数；检查测量站用变压器 500kV 侧、35kV 侧母线电压互感器二次电压幅值、相序的正确性；检查站用变压器保护、测量系统接入电压正确性；记录合、分 500kV 站用变压器时的励磁涌流和过电压情况；进行 500kV 站用变压器高低侧二次核相。

（3）试验结果。500kV 站用变压器（除锦屏换流站站用变压器 35kV 系统三相电压不对称、中性点位移现象外）投切试验正常；一次设备运行正常，与其相关的保护、控制设备电压、电流接入正确，励磁涌流未引起保护误动作。

3.3 交流保护极性校验（带负荷试验）

（1）试验目的。检查换流站 500kV 交流场各串开关电流接入保护装置幅值与极性的正确性，核查差动保护差流。

（2）试验过程。锦屏换流站利用 3 组 60Mvar 的 35kV 电抗器的负载电流提供检查保护装置电流极性的负荷电流，苏州换流站利用一组 5614 并联电容器（270MVA）组作为试验负载，两站投入负荷操作前控制换流站母线电压满足要求。试验中使负荷电流依次穿越各串开关，分别检查记录相关屏柜回路电流的表计测量值和装置显示值。

（3）试验结果。换流站 500kV GIS 及其附属一次设备带电运行正常，与其相关的保护、测量装置的电流电压信号接入正确，包括线路（含短引线）保护、断路器保护接入电流、电压值及其极性；500kV 母线保护接入电流、电压值及其极性正确；测控装置及监控系统、故障录波等装置接入的电流、电压回路正确。

3.4 交流滤波器投切试验

（1）试验目的。检查开关切断容性电流的能力，测试交流滤波器组和并联电容器的合闸涌流是否在允许范围，完成交流滤波器、无功补偿电容器组带负荷测试，检查高压设备运行状况，检查连接是否存在异常发热现象。检查交流滤波器及无功补偿电容器组的保护、控制、测控装置接入电流、电压正确性，检查电容器（含滤波器电容）不平衡电流是否控制在允许范围，检查滤波器母线差动保护电流、电压接入正确性，进行背景谐波测试。

（2）试验过程。按照国调、国调华东分中心编制下发的“启动调试调度方案”的调度顺序，在国调中心、国调华东分中心、网省调度的指挥下完成交流滤波器投切试验，每组滤波器进行 3 次投切，间隔时间 10min 以上，严格控制邻近变电站母线电压，在涉及无功设备投切前与网省调度核实系统无功是否满足要求，并配合调节。试验过程中检查包括：

1）检查交流滤波器元件运行状况，观察是否有异常电晕放电现象及异响。用红外线测温仪监测电容器、电抗器、电阻器表面温度和引线接头温度。

2）检查滤波器母线母差保护极性；检查滤波器保护电流极性和幅值；检查电容器组不平衡电流。

3）记录 500kV 母线电压；记录滤波器高压端电流、滤波器低压端电流、电抗器 L2 支路电流、电阻器支路电流、避雷器支路电流；记录监控显示电流。

4）利用外接录波仪或站内故障录波装置，录取 500kV 母线电压和交流滤波器电流在合、分闸时的暂态电流波形。

5）检查选相合闸装置合闸角控制的准确性。

6）利用外接谐波分析仪或站内配置的谐波监测设备测试背景谐波。

7）检查滤波器母线避雷器、L1过电压保护器、L2过电压保护器的动作次数。

（3）试验结果。换流站500kV滤波器场交流滤波器及电容器组充电试验结果正常；滤波器母线保护、滤波器保护及电容器组保护接入电流、电压正确；相关的测控、计量回路接入的电流、电压接入正确。

3.5 顺序操作试验

（1）试验目的。不带电顺序操作试验是为了检验换流站交、直场接线及运行操作顺序及电气联锁是否能正确执行；检验当一个顺序没有完成时换流站设备是否可以进入一个安全的状态；在手动控制/自动控制模式下检验每步操作的正确性。

不带电顺序操作试验主要包括：交流场/直流场手动单步操作及联锁功能检验和交流/直流场顺序自动操作控制及联锁。

（2）试验过程。

1）换流器接地/不接地。

换流器接地的操作步骤：合上极Ⅰ高端换流变压器接地开关；依次合上极Ⅰ高端阀厅4个接地开关。

换流器不接地与换流器接地的操作步骤相反。

2）换流器从连接到隔离和从隔离到连接。

换流器从连接到隔离的操作步骤：合上极Ⅰ高端换流器旁通隔离开关；拉开极Ⅰ高端换流器旁通高压侧隔离开关；拉开极Ⅰ高端换流器旁通低压侧隔离开关。

换流器从隔离到连接与从连接到隔离的操作步骤相反。

3）换流器从投入到退出和从退出到投入。

换流器从投入到退出的操作步骤：合上极Ⅰ高端换流器旁通开关。

流器从投入到退出的操作步骤：拉开极Ⅰ高端换流器旁通开关。

4）极隔离/连接。

极隔离的操作步骤：拉开极Ⅰ中性线开关；拉开极Ⅰ大地回线隔离开关；拉开极Ⅰ金属回线隔离开关；拉开极Ⅰ极母线隔离开关。

极连接的与极隔离的操作步骤相反。

5）直流滤波器隔离/连接。

直流滤波器隔离的操作步骤：拉开极Ⅰ直流滤波器高压侧隔离开关；拉开极Ⅰ直流滤波器低压侧隔离开关。

直流滤波器连接与隔离的操作步骤相反。

6）单极从大地回线运行转为金属回线运行。

苏州站的操作步骤：拉开金属回线旁路接地开关；合上极Ⅱ旁路隔离开关；合上大地回线转换开关；合上极Ⅰ金属回线隔离开关。

锦屏站的操作步骤：拉开金属回线旁路接地开关；合上极Ⅱ旁路隔离开关；合上直流大地回线转换隔离开关；合上极Ⅰ直流金属回线隔离开关；合上大地回线转换开关；拉开金属回线转换开关；拉开两个金属回线转换隔离开关。

7）单极从金属回线运行转为大地回线运行。

苏州站的操作步骤：拉开金属回线旁路接地开关；合上极Ⅱ旁路隔离开关；合上大地回线转换开关；合上极Ⅰ金属回线隔离开关。

锦屏站的操作步骤：拉开金属回线旁路接地开关；合上极Ⅱ旁路隔离开关；合上直流大地回线转换隔离开关；合上极Ⅰ直流金属回线隔离开关；合上大地回线转换开关；拉开金属回线转换开关；拉开两个金属回线转换隔离开关。

（3）试验结果。开关设备的手动控制模式的不带电顺序操作试验测试结果表明：从站级所有控制位置均能正确操作各个开关设备。接地开关、隔离开关及断路器之间的联锁关系正确。

开关设备的自动控制模式的不带电顺序操作试验测试结果表明：

1）从站级的所有控制位置能正确启动顺序操作；

2）无不正确的执行次序；

3）如果一个顺序没有完成，换流站停留在一个安全状态；

4）在顺序进行期间，当转换到冗余站控制系统时，这个顺序能够继续进行，直到完成为止。

3.6　最后跳闸试验

（1）试验目的。在主设备带电之前，检验交直流系统相关保护跳闸情况，验证每个保护柜与双极控制、极控制、阀控控制和站控制的停运顺序之间的接口及设备开关动作正确与否。

在换流变压器带电之前，通过采用不同的方法模拟保护跳闸，在两站（锦屏和苏州站）分别进行。最后跳闸试验在主回路不带电的条件下，由不同地点发出的模拟跳闸信号进行试验。针对锦苏工程每极两个 12 脉动换流器的情况，该试验对低端换流器和高端换流器分别进行。

锦苏直流工程中，直流保护和换流变压器保护采用三套保护，其中有两套保护发出跳闸闭锁指令，直流保护动作闭锁直流，完全采用“3 取 2”逻辑方案。交流滤波器保护、交流母线、开关、线路等保护完全双重化配置。

（2）试验内容：直流保护系统跳闸；手动紧急跳闸。

（3）试验过程。

1）模拟换流变压器瓦斯保护动作。启动换流变压器瓦斯保护动作，检查系统发出闭锁信号、换流器隔离信号、换流变压器进线开关执行跳开命令。

2）模拟阀冷却系统保护跳闸试验。在软件中模拟阀冷却系统保护动作，启动阀冷却系统保护动作的相关动作信号。检查系统发出闭锁信号、换流器隔离信号、换流变压器进线开关执行跳开命令。

3）手动紧急跳闸。手动按下主控室相应极的紧急停运按钮，跳开换流变压器网侧交流断路器。检验换流变压器网侧交流断路器能否正确跳开。

（4）试验结果。保护控制柜的输出量能同时正确启动两个极控制柜的停运顺序；保护柜与双极控制、极控制、阀控控制和站控制的停运顺序之间的接口正确，设备开关动作正确。

3.7 换流变压器和阀组充电试验

（1）试验目的。换流变压器带换流器投切及带电试验是要验证在正常交流系统电压下换流变压器带换流器正常运行的能力，并检查其保护和监视测量系统的运行情况。该试验主要检查换流变压器带电后振动情况、换流变压器合闸涌流、换流器控制电压相序和极性接入正确性、换流器带电后阀设备运行情况、晶闸管元件的闭锁状态、阀内冷系统带电运行情况、外冷却水设备运行情况、阀控系统运行情况和交直流控制保护系统运行情况。

（2）试验内容。

1）极Ⅰ低端换流变带电及投切试验；

2）极Ⅱ低端换流变带电及投切试验；

3）极Ⅰ高端换流变带电及投切试验；

4）极Ⅱ高端换流变带电及投切试验。

以上试验项目分别在锦屏和苏州站进行。

（3）试验过程。换流变压器带换流器投切及带电试验以换流器为单位分别在两站（锦屏和苏州站）、两极（极Ⅰ和极Ⅱ）的高低端换流变压器上进行。换流变压器充电共进行 5 次，试验时，先进行 3 次换流变压器充电试验，后两次充电试验结合开路试验进行。

试验前，检查待试换流站的交流系统和交直流开关场初始状态，确认待试换流器处于准备充电状态。

手动调节换流变压器分接开关，保证换流变压器二次侧电压为最低时，合上待试换流变压器进线断路器，使换流变压器第一次充电。手动调整换流变压器分接开关至空载挡位，并将换流变压器分接开关控制改为自动；换流变压器第一次充电保持运行 1h 后，断开换流变压器进线断路器，使换流变压器断电。再重复对换流变压器充电 2

次，并且每次充电间的时间间隔 5min。

在换流变压器充电试验期间，进行交直流场和阀厅的红外监测和紫外监测、变压器振动检查、噪声测试（变压器、阀厅内/外）、换流变压器励磁涌流测试、阀厅熄灯检查、二次回路电压的相序和幅值监测、极控和保护系统电气量的检查和监视、避雷器动作情况监视等。在换流变压器充电前后，抽取各点油样进行色谱分析。

（4）试验结果。

1）投空载变压器时励磁涌流未见异常，未发现谐振现象；

2）交流断路器投空载变压器性能正常；

3）换流变压器充电对交流系统的电压扰动处于规定的限制值之内；

4）晶闸管元件故障监测装置正确，触发脉冲的相位正确；

5）换流变压器内部无放电，无避雷器动作。

3.8 开路试验

（1）试验目的。开路试验是在直流一次回路断开的情况下，通过换流器解锁将直流电压上升至额定电压，检查换流器阀的触发能力及解锁阀的电压耐受能力、直流场（包括直流滤波器）的耐压能力。同时，开路试验还检查直流电压控制功能的正确性。

（2）试验内容。

1）极Ⅰ低端换流器不带线路开路试验（手动）；

2）极Ⅰ低端换流器带线路开路试验（手动）；

3）极Ⅰ低端换流器带线路开路试验（自动）；

4）极Ⅱ低端换流器不带线路开路试验（手动）；

5）极Ⅱ低端换流器带线路开路试验（手动）；

6）极Ⅱ低端换流器带线路开路试验（自动）；

7）极Ⅰ高端换流器不带线路开路试验（手动）；

8）极Ⅰ高端换流器带线路开路试验（手动）；

9）极Ⅰ高端换流器带线路开路试验（自动）；

10）极Ⅱ高端换流器不带线路开路试验（手动）；

11）极Ⅱ高端换流器带线路开路试验（自动）；

12）极Ⅰ双换流器不带线路开路试验（手动）；

13）极Ⅰ双换流器带线路开路试验（手动）；

14）极Ⅰ双换流器带线路开路试验（自动）；

15）极Ⅱ双换流器不带线路开路试验（手动）；

16）极Ⅱ双换流器带线路开路试验（手动）；

17）极Ⅱ双换流器带线路开路试验（自动）。

以上试验项目分别在锦屏和苏州站进行。

（3）试验过程。开路试验以换流器为单位分别在两站（锦屏和苏州站）、两极（极Ⅰ和极Ⅱ）的高端、低端和高低端串联换流器上分别进行。锦屏和苏州两换流站的开路试验试验方法和步骤相似。按照进行试验时直流线路是否带电压，开路试验分为带线路和不带线路两种；按照进行开路试验时电压上升的操作方式，可分为自动方式和手动方式；按照进行开路试验的带电换流器的组数，可分为单换流器方式和双换流器方式。

以手动方式带线路开路试验为例，在进行手动方式带线路开路试验时，本站直流极线隔离开关闭合，对站直流极线隔离开关断开，换流器处于开路试验状态。换流变压器充电后，开路试验方式下解锁换流器，分别手动设置电压参考值，按预定的斜率把直流电压升至选定的电压水平维持一定的时间，逐步升高直流电压；直流电压在每一台阶上的停留一段时间，直到达到额定的直流电压（单换流器运行时为 400kV，双换流器运行时为 800kV）。直流电压稳定在额定的直流电压水平期间，完成系统检查并记录数据。完成规定的检查后，分别手动设置电压参考值，逐步降低直流电压；直流电压在每一台阶上停留一段时间，直到电压下降到 0kV 并闭锁换流器；断开相应交流断路器，使换流变压器断电。在直流电压上升和下降的过程中，进行运行人员手动干预，中止电压下降过程，此时直流电压停留在干预时刻所对应的直流电压值上。

（4）试验结果。

1）换流阀的电压耐受能力、直流场包括直流滤波器的耐压能力正常，无避雷器动作。

2）换流阀的触发正常，直流电压控制功能正确。直流电压稳定，对触发角有正确的关系。

3）直流线路开路试验启动和停止操作顺序、电压变化停止和解除指令正确执行，没有意外的保护跳闸。

3.9 二次设备抗干扰试验

（1）试验目的。换流站交直流控制和保护设备抗干扰试验是在交直流系统带电时，验证交直流保护和控制设备在受干扰时是否发出错误信息或误动。该试验在每次换流变压器充电后进行。

（2）试验内容和过程。二次设备抗干扰试验以换流器为单位分别在两站（锦屏和苏州站）、两极（极Ⅰ和极Ⅱ）的高低端换流变压器上分别进行。

进行二次设备抗干扰试验时，在换流站一次设备未带电、该极二次设备盘柜全部带电的状态下，在距盘柜前 / 后门正前方 20cm 处，在开门和关门两种状态下，手持站内通信用步话机／手机通话。步话机的发射功率在 3～5W 范围内。检查该极二次设备盘柜是否有因为受干扰而发出错误信息和误动的情况发生。涉及的设备包括极控、直流保护、阀控、站控和操作控制台等。

（3）试验结果。二次设备抗干扰试验测试结果表明：所有的二次设备符合二次设备能够抗电磁干扰，满足相关规定。

第 2 节　端对端系统试验

1　试验的目的

系统调试目的是全面考核锦苏工程的所有设备性能和二次控制保护设备的功能，检验直流输电系统各项性能指标是否达到合同和技术规范书规定的指标，确保工程投入运行后设备和系统的安全可靠性；通过系统分析研究，掌握直流工程系统运行性能，保证工程调试期间系统稳定运行。通过工程的系统调试，可以对工程的性能做出全面、正确的评价。

锦苏工程系统试验是 2012 年投入运行的输送容量最大的直流输电工程调试工作。结合锦苏工程特点，首次研究并解决了送端孤岛运行方式下电网系统的频率和功率稳定问题，对送端和受端系统安全稳定进行了科学计算和仿真试验，周密制订了试验方案、试验计划和安全措施，对系统试验期间发现的问题进行了分析，提出了解决措施，保证了系统试验的顺利进行和按期完成。

2　试验方案编制

±800kV 特高压直流输电工程主回路有 46 种接线方式，其中单换流器运行方式 16 种，单极运行方式 8 种，双极运行方式 36 种，融冰接线方式 1 种。特高压直流输电工程系统试验方案内容分为四大部分：第一部分是单换流器系统试验方案，第二部分是单极双换流器系统试验方案，第三部分是双极换流器系统试验方案，第四部分为融冰接线方式系统试验方案。

2.1　单换流器系统试验方案

单换流器接线方式系统试验内容包括直流启停、初始化运行试验、基本控制模式试验、保护跳闸、直流闭锁试验、稳态运行试验、直流控制功能检查、直流稳态运行控制、动态特性、扰动试验、直流线路故障、金属/大地转换、额定负荷和过负荷、无功功率控制和接地极测试等试验项目。

2.2 单极换流器系统试验方案

单极换流器系统调试方案系统调试方案主要内容包括直流启停、基本控制模式、保护跳闸、稳态运行、直流控制试验、动态特性、扰动试验、直流线路故障、直流功率调制、远方控制、金属/大地转换、无功控制性能等项试验。

2.3 双极换流器系统试验方案

通过分析研究，双极接线方式分为三种：双极双换流器接线方式，双极单换流器接线方式，双极不平衡换流器接线方式。双极换流器系统试验主要内容包括直流双极启停、基本控制模式试验、保护跳闸、稳态运行、动态特性、交直流接地故障、直流功率调制、远方控制、无功控制等试验。

2.4 融冰接线方式试验方案

融冰接线方式试验是一种特殊接线方式下的系统调试试验。按照向上和锦苏工程设计要求，融冰接线方式是将极Ⅰ和极Ⅱ的高端换流器并联连接在一起，就形成了融冰接线方式。试验方案只进行融冰接线方式下功能性验证试验，检验在融冰接线方式下，并联换流器能否正常启停以及进行电流升降。

3 试验情况

3.1 锦苏工程系统试验完成情况

锦苏工程系统试验按计划完成了 46 种接线方式、568 项试验项目，项目包括：极Ⅰ低端或高端单换流器试验，极Ⅱ低端或高端单换流器试验，极Ⅰ双换流器试验，极Ⅱ双换流器试验，双极双换流器试验，交、直流线路故障试验，双极单换流器试验，双极不平衡试验，单换流器交叉连接试验，在线投切高、低端换流器试验，远方控制试验，融冰接线方式试验，单换流器和过负荷运行试验等。

3.2 锦苏工程系统试验结果

在系统调试中，对一次和二次设备进行了全面的检验，主要结果如下：

（1）直流系统能够正常启动和停运；当系统发生故障时，相关的保护跳闸功能动作正常，能够为设备和系统的安全运行提供保障。

（2）直流系统的电流控制、功率控制、无功/电压控制等功能正常，具备快速调节输送功率的能力，能够保证系统的安全稳定运行。直流功率提升/功率回降、紧急功率控制等功能正常，可供电网安全稳定控制系统使用。

（3）交/直流系统接地故障试验表明，系统控制保护能够正确动作；故障消除后，系统能够恢复正常运行；故障测距准确，满足工程要求。

（4）锦苏工程单换流器设备都经受了额定负荷（1800MW）和 1.1 倍过负荷（1980MW）运行考核，各项技术指标正常。换流站可听噪声测量结果满足技术规范要求；过电压测试和谐波测试满足技术规范要求。

（5）锦屏侧水电站投运后，锦苏直流双极设备都经受了额定负荷（7200MW）和 1.05 倍过负荷（7560MW）运行考核，各项技术指标正常。换流站及周边可听噪声测量结果满足技术规范要求；过电压测试和谐波测试满足技术规范要求。

所有试验结果均已满足工程技术规范书的要求，直流系统具备了投入运行的条件。

4　重点试验

4.1　单换流器额定负荷和过负荷试验

（1）在系统调试期间，送端锦屏侧交流进线只有月城—锦屏同塔双回线路在运行状态，所以交流系统所能提供的最大功率为 2200MW，故只能做单换流器额定负荷和过负荷试验。

1）直流功率：1800～2160MW。

2）试验内容：单换流器额定负荷和过负荷试验。

3）试验结果。极Ⅰ和极Ⅱ高、低端换流器额定负荷连续运行 4h，2h 过负荷运行，极Ⅰ/极Ⅱ的高、低端换流器设备都经受了额定负荷（1800MW）和 1.1 倍过负荷（1980MW）运行考核，在单换流器额定负荷和过负荷运行试验过程中，还进行了交流谐波测量、可听噪声测量、站辅助电源损耗测量以及接地极测量，各项技术指标正常。极Ⅰ和极Ⅱ高、低端换流器在额定负荷和过负荷下连续稳定运行 6h，标志着该换流器已经具备正常送电能力。

（2）在锦苏工程投入运行、锦屏电站机组投入运行后，完成了直流双极额定负荷（7200MW）和 1.05p.u.过负荷（7560MW）运行试验。

1）直流功率：7200～7560MW。

2）试验内容：双极双换流器额定负荷和过负荷试验。

3）试验结果。直流双极额定负荷连续运行 4h，2h 过负荷运行，双极设备都经受了额定负荷（7200MW）和 1.05 倍过负荷（7560MW）运行考核，在双极额定负荷和过负荷运行试验过程中，还进行了交流谐波测量、可听噪声测量、站辅助电源损耗测量，各项技术指标正常。双极额定负荷和过负荷下连续稳定运行 6h，标志着锦苏直流双极已经具备额定负荷输电能力。

4.2　直流线路故障试验

（1）试验目的。直流线路故障试验的目的是检验直流线路保护时序，观测暂时损失直流功率对交流系统的影响，同时根据技术规范书校验故障后恢复时间，以及校验直流故障定位仪（LFL）对故障点距离的测量准确度。

（2）试验内容。

1）双极低端换流器运行，直流线路故障：

a）靠近整流侧极Ⅰ直流线路故障；

b）靠近逆变侧极Ⅰ直流线路故障；

c）靠近整流侧极Ⅱ直流线路故障；

d）靠近逆变侧极Ⅱ直流线路故障；

e）金属回线，靠近逆变侧直流线路故障。

在试验过程中，锦屏侧行波和突变量保护动作，苏州站事件记录显示电压突变量保护启动，直流再启动成功。

2）双极全压±800kV运行，直流线路故障：

a）靠近整流侧极Ⅰ直流线路故障；

b）靠近逆变侧极Ⅰ直流线路故障；

c）靠近整流侧极Ⅱ直流线路故障；

d）靠近逆变侧极Ⅱ直流线路故障；

e）金属回线，靠近逆变侧直流线路故障；

f）金属回线，降压80%，靠近苏州侧极Ⅰ直流线路故障。

在试验过程中，锦屏侧行波和突变量保护动作，苏州站事件记录显示电压突变量保护启动，直流再启动成功。

（3）试验结果。

1）除去故障去游离时间，从故障开始到故障前直流功率的90%的测量总时间不超过业主根据动态性能试验确定的最优化控制器的设定值。

2）其他保护没有意外跳闸，包括非故障极线路保护不应动作，应保持稳定运行。

3）线路保护的所有部件，线路保护的主保护及备用保护、端对端的直流线路保护检测正确并正确动作。

4）两站的直流线路故障定位仪测量的距离位置指示的准确度在技术规范给出的误差范围内（±1个杆塔或±500m之内）。

4.3 交流线路故障

（1）试验目的。交流线路接地故障试验的目的主要是验证发生故障后，直流控制保护系统的响应情况，直流传输功率能否在规定的时间内平稳地恢复。同时可以考核交流系统故障时交流系统继电保护动作性能，了解交流系统发生故障后整个交直流系统的运行稳定性。

（2）试验内容。

1）功率正送，整流侧（锦屏侧）交流线路故障；

2）功率反送，逆变侧（锦屏侧）交流线路故障。

（3）计算分析。通过对锦屏站近区 500kV 交流线路月城—木里、月城—锦屏、月城—普提、月城—官地、普提—南天、普提—洪沟的 N–1 和 N–2 故障校核可知：上述线路 N–1 故障后系统稳定，部分线路 N–2 故障后需采取安控措施。

（4）试验过程。在锦苏工程系统调试过程中，共进行了 3 次交流线路故障试验，地点均选在锦屏侧：第 1 次是在直流双极低端换流器运行，功率正送，交流线路接地短路试验月锦 I 线 C 相进行的；第 2 次和第 3 次是直流双极全压运行，功率正送/反送，交流线路接地短路试验月锦 I 线 C 相进行的。

1）直流双极低端换流器运行，整流侧交流线路故障。直流双极功率控制，双极低端换流器运行，功率定值 400MW。锦屏站极 I 直流电压为 400.0kV，直流电流为 492.0A，整流侧触发角为 16.4°，整流侧换流变压器的挡位为 15，输送功率为 200.0MW，U_{Dio} 为 211.0kV，U_{dn} 为–1.0kV。极 II 直流电压为–402.0kV，直流电流为 491.0A，I_{DEL} 为–8.6.0A，整流侧触发角为 15.3°，整流侧换流变压器的挡位为 15，输送功率为 200.0MW，交换无功 188.0Mvar，U_{Dio} 为 211.0kV，U_{dn} 为–1.0kV。直流系统运行稳定，交流滤波器运行正常（5611BP11/13 交流滤波器及 5612HP24/36 交流滤波器），低压电抗器 312、311、322、321 投入，四川的换流母线电压为 537.0kV。换流站设备工作正常。

锦屏站下令进行月城—锦屏 I 线交流线路故障试验，锦屏站检测到交流低电压，零序过电流报警启动，5022、5023 断路器保护跳闸后重合成功，直流恢复正常运行，试验成功。

2）直流双极运行，整流侧交流线路故障。直流系统双极运行，双极功率控制模式，输送功率 720MW，方向锦屏送苏州。锦屏站极 I 直流电压为 799.0kV，直流电流为 447.0A，整流侧触发角为 15.8°，整流侧高、低端换流变压器的挡位均为 15，输送功率为 360.0MW，交换无功 75.7Mvar，U_{DIo} 为 210.0kV，U_{dn} 为–1.0kV。直流系统运行稳定，交流滤波器投入正确（5611BP11/13 交流滤波器、5612HP24/36 交流滤波器），低压电抗器 311、321 保持投入状态，四川的换流母线电压为 534.0kV。换流站设备工作正常。

锦屏站极 II 直流电压为–796.0kV，直流电流为 445.0A，整流侧触发角为 16.8°，整流侧高、低换流变压器的挡位均为 15，输送功率为 359.0MW，U_{DIo} 为 210.0kV，U_{dn} 为 0kV，I_{DEL} 为–2.9A。

锦屏站下令在月城—锦屏 I 线进行交流线路单相接地试验，锦屏站事件显示交流低电压被检测到，交流线路重合闸成功（5023 重合成功），交流故障清除后直流恢复双极运行。

3）直流双极高端换流器运行，逆变侧交流线路故障。直流系统双极运行，双极功率控制模式，输送功率 360MW，方向苏州送锦屏。锦屏站极 I 直流电压为–391kV，直流电流为 453.0A，锦屏侧关断角为 17.1°，整流侧高、低端换流变压器的挡位均为 13，输送功率为 179.0MW，交换无功 192Mvar，U_{DIo}为 206kV，U_{dn}为–1.0kV。直流系统运行稳定，交流滤波器投入正确（5621BP11/13 交流滤波器、5612HP24/36 交流滤波器），低压电抗器 311、321 保持投入状态，四川的换流母线电压为 538.0kV。换流站设备工作正常。

锦屏站极 II 直流电压为–393.0kV，直流电流为 450.0A，锦屏侧关断角为 15.9°，整流侧高、低换流变压器的挡位均为 14，输送功率为 179MW，U_{DIo}为 209.0kV，U_{dn}为 0kV，I_{DEL}为–7A。

锦屏站下令功率反送方式下在月城—锦屏 I 线进行交流线路单相接地试验，锦屏站事件显示交流低电压被检测到，换相失败被检测到，线路重合闸成功，交流故障清除后直流双极高端换流器恢复运行。

（5）试验结果。在整流侧和逆变侧的交流系统发生故障时，直流系统的输送功率从故障切除瞬间起分别在 220ms 和 250ms 内恢复到故障前的 90%。逆变侧交流线路故障，锦屏站事件显示检测到交流电压低，检测到换相失败，保护发出增大 GAMMA 角命令，直流双极稳定运行。

整流侧进行交流线路人工接地故障试验，故障清除后，直流系统恢复正常运行，试验成功。

直流系统恢复正常运行期间未出现换相失败或直流电流和直流电压的持续振荡。

4.4 锦苏孤岛运行方式试验

在锦苏工程系统试验时，锦屏换流站只有锦屏—月城 2 回线与交流系统相连，如果断开月城变电站至普提交流 500kV 线路，再断开月城 500/220kV 下网连接开关，则锦屏换流站就只与官地电厂连接，形成 500kV 孤岛运行方式；如果不断开月城 220kV 下网连接开关，则形成孤岛带 220kV 联网运行方式。根据系统条件和锦苏工程的特点，编制了孤岛运行方式系统试验方案，孤岛方式系统试验进行了 2 次。

（1）第一次联网/孤岛方式转换试验结果。

1）系统频率发生低频振荡，振荡频率特别低，仅 0.07Hz，且小地区仅有的 2 台机同相波动，应不属于机电振荡模式，基本上是等幅振荡，并未出现发散，如图 1 所示。

2）通过试验，直流频率控制器的死区变小可明显抑制频率波动振幅。锦苏工程频率控制采用了基于比例积分的频率控制器，该类控制器主要适用于送端孤岛、受端弱系统等情况。将直流频率控制器的频率控制死区由原来的 0.2Hz 改为 0.1Hz 后，频率振荡明显得到抑制。官地 2 台发电机的一次调频退出后，波动现象消失。

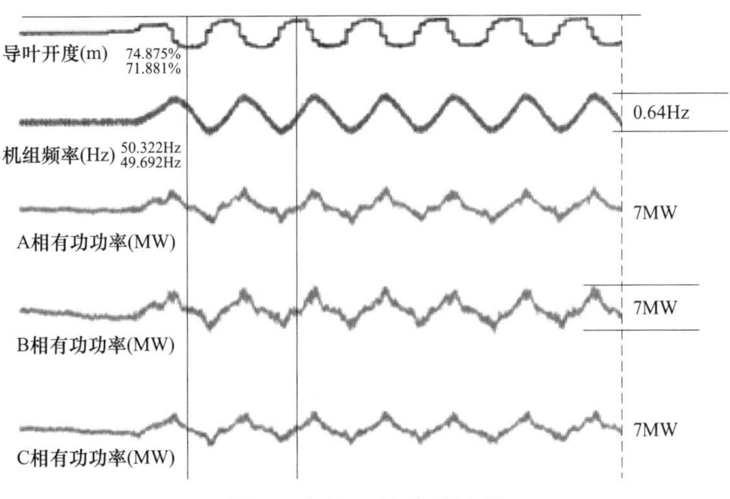

图 1　官地 1 号机录波图

3）成功验证了联网转孤岛、孤岛转联网的方式转换。完成了手动投切锦屏站低压电抗器、模拟直流线路故障、逆变侧极 I 换相失败故障、手动投切滤波器、直流双极运行、一极停运、功率转带等项试验。

（2）第二次孤岛方式试验结果。在对直流频率控制参数和官地电厂发电机调速器参数修改后进行试验，参数修改前后如表 1 和表 2 所示。

表 1　　特高压直流频率控制器参数值

参数	死区（Hz）	积分限幅	比例增益
原始值	0.2	2000	20
调整值	0.1	20	350

表 2　　官地电厂发电机调速器参数值

参数	死区（Hz）	积分增益	永态转差系数 BP
原始值	0.05	1	0.04
调整值	0.2	0.2	0.01

通过表 1 参数修改后，完成了 500kV 联网转孤岛试验，孤岛转 220kV 联网试验，220kV 联网直流停运试验以及 500kV 联网/孤岛（无负荷）相互转换试验，在中国乃至世界率先完成了特高压大型直流输电工程孤岛运行方式试验。

4.5　融冰接线方式系统试验

融冰接线方式采用极 I 和极 II 高端换流器并联运行接线方式，直流控制采用混合式多端直流控制模式。极 I 整流侧高端换流器采用电压控制模式，其余 3 个换流器采用电流控制模式。在向上工程融冰运行方式系统试验过程中，发现了以下技术问题。本节对这些技术问题进行分析并提出了的解决方案后，完成了融冰方式系统试验。

（1）稳态电流大于整定值。融冰方式系统试验采用极Ⅰ和极Ⅱ高端换流器并联接线运行方式，直流系统控制采用混合多端直流控制模式。在试验过程中系统均在 0.1p.u. 额定电流下运行，即各控流换流器电流整定值为 400A。极Ⅰ解锁成功并进入稳态后，发现稳态直流电流略大于整定值 400A。经分析电流大的原因为逆变侧空载电压偏低，从而使直流电流增大。由于融冰接线方式下极Ⅰ和极Ⅱ直流线路并联，导致直流线路电阻减小，直流线路压降低，整流侧极Ⅰ高端换流器控制电压，造成整流侧 400kV，逆变侧还是正常运行时的电压，从而造成融冰方式解锁后电流为 510A，大于其电流整定值 400A。解决的方法是提高逆变侧直流电压，减小直流线路压降，保持电流 400A 不变。所以当直流系统在融冰接线方式以最小负荷状态进行融冰方式调试时，可暂时提高逆变侧换流变压器分接头挡位，提高逆变侧换流器 U_{dio}，既可以提高逆变侧直流电压，也可以使得逆变器进入定电流控制方式。

（2）金属回线纵差保护跳闸及融冰模式跳闸。在极Ⅰ以 400A 直流电流稳定运行，极Ⅱ解锁时，直流线路上的一部分电流短时间内将流过极Ⅱ的高端换流器，造成整流站双极金属回线纵差保护（MRLDP）误动作。极Ⅰ MRLDP 保护动作跳闸后，极Ⅱ融冰模式跳闸立即动作。通过分析研究，当极Ⅱ高端换流器投入时，禁止整流站双极金属回线纵差保护（MRLDP）功能，直到两极实现并联稳态运行，以防此保护被误触发。

（3）融冰模式试验结果。进行了上述融冰接线方式控制保护功能修改后，在 2012 年锦苏工程系统调试过程中，完成了融冰接线方式系统试验，系统解锁时，先解锁极Ⅰ高端换流器，后解锁极Ⅱ高端换流器；系统闭锁时，先闭锁极Ⅱ高端换流器，后闭锁极Ⅰ高端换流器。完成了系统启停试验，电流升降试验和控制系统切换试验。

第 3 节　解决的主要技术和设备问题分析

在站系统和端对端系统试验过程中，发现和解决了一些设备和软件技术问题，下面对工程系统试验过程中发现的若干主要的技术问题进行分析，给出了解决方案，并应用于工程实际，保证了直流系统稳定运行。

1　锦屏站极Ⅱ低端换流阀跳闸故障分析

1.1　极Ⅱ低端换流器跳闸故障概述

在极Ⅱ高端换流器系统调试过程中，锦苏直流功率正送，双极功率运行，模拟极Ⅱ高端换流变压器重瓦斯保护跳闸，事件显示阀侧 A 相 SF_6 压力低跳闸，换流变压器跳开，阀组隔离，高端换流器闭锁；随后极Ⅱ低端换流器跳闸，事件显示阀控故障闭锁。试验中在高端阀退出后，直流电流瞬时降为零，并在 158ms 后低端换流阀接口装置（valve base electronics，VBE）上报晶闸管级故障并启动低端换流器跳闸闭锁。

1.2　极Ⅱ低端换流器跳闸故障分析

极Ⅱ高端换流器故障后 75ms 闭锁退出运行，在高端换流器停运期间，直流电流保持为零，等待逆变侧（苏州站）高端换流器闭锁后，直流电流再从零恢复。

在直流电流降为零 158ms 后，由于极Ⅱ低端换流器 VBE 故障，造成低端换流器跳闸闭锁。极Ⅱ低端阀实际处于电流断续状态，而且在电流降为零之后的 158ms 内触发角度一直比较小。按照换流阀晶闸管触发检测单元（thyristor trigger monitoring，TTM）设计原则，当直流电流断续状态时，在一定时间内，具有向换流阀晶闸管补发触发脉冲重触发晶闸管的功能，等待电流恢复运行。

通过分析，晶闸管故障原因为：晶闸管处于电流断续状态，且处于小角度触发，TTM 取能时间短，晶闸管上正压区间时间长，取能时间短，造成 TTM 上储能始终处于比较低的水平。在这种情况下 TTM 不能向 VBE 发回报信号。VBE 在持续 80ms 连续未收到 TTM 回报信号后将判断晶闸管故障，造成极Ⅱ低端换流器跳闸闭锁。

在直流线路故障或直流线路开路试验（open line test，OLT）时，由于阀处于大角度触发状态，晶闸管两端正压时间短，TTM 取能时间长，取能充足，所以即便发生电流断续，TTM 的取能也能满足向 VBE 发回报信号的要求。

1.3　VBE 软件修改及试验验证

根据以上分析结果，为避免再次出现类似问题，对 VBE 软件进行了以下逻辑修改：将对晶闸管级故障的检测时间由原来的 80ms 延长至 600ms。极Ⅱ低端换流器 VBE 软件修改完成后，重新进行模拟起动极Ⅱ高端换流变压器重瓦斯保护跳闸，事件显示极Ⅱ高端换流变压器 A 相主油箱瓦斯跳闸，极Ⅱ低端换流器稳定运行，验证了 VBE 软件修改后的正确性。

2　锦屏站滤波器频繁投切分析

2.1　滤波器频繁投切事件概述

极Ⅰ低端换流器额定功率运行试验期间，直流功率上升过程中，锦屏站出现 3 次交流滤波器频繁投切现象，导致交流滤波器控制模式由自动模式转为手动模式。

2.2　RPC 软件缺陷

经检查发现，在无功功率控制软件中，发出投入 1 组滤波器的指令信号展宽 1s，在这期间如果下令最先投入的滤波器组已投入信号还未返回至 RPC（reactive power control），那么 RPC 就会下令还要继续投入滤波器，当 RPC 收到已投入的滤波器组信号时，RPC 发现在当时的功率水平下已经多投入了几组滤波器，于是下令切除多余的滤波器，因而造成滤波器频繁投切。

2.3 滤波器场控制问题

通过分析，确定 RPC 下令投入滤波器后，要在规定的时间内收到滤波器已投入的反馈信号，这样就就从 RPC→滤波器→RPC 形成了一个检测环。另外交流场（包括滤波器）控制均由另一套控制系统控制，当交流场控制系统通过与极控 RPC 与交流长屏柜接口接收到投入滤波器的指令后，就下令交流滤波器投入。同时，交流场控制也要检测滤波器是否已经投入，如果规定的时间内没检测到滤波器已投入的反馈信号，则要重新发令投入滤波器，这样又形成了交流场控制→滤波器→交流场控制另一个环。这两环在信号传递过程中会发生冲突，造成交流滤波器场控制总线负荷加重，信号传递速率减慢，这也是造成交流场滤波器已经投入后，信息未能及时传递给 RPC 的原因之一。

2.4 控保主机与 AFC 接口不匹配

发生上述情况后，技术人员对该问题进行了分析，就 BCP（bipolar control and protection）对 AFC（AC filter control）的 CAN 节点监视问题进行了专题分析。发现交流场控制系统和直流控制保护主机的 CAN 总线被连到一起形成了环网，CAN 报文从两个方向传输，重复接受混乱了逻辑判断，把 BCP 的一边 CAN 总线断掉后，切断了环网，信号只能单向流通，BCP 再无输出报警了，重复投滤波器的问题也就解决了。

2.5 事件处理

进行了上述软件修改和交流场 CAN 总线连接的改正后，在进行极Ⅱ低端换流器额定负荷运行试验以及后续系统试验过程中，未发生滤波器频繁投切问题。

3 苏州站极Ⅰ VCU 跳闸试验分析

3.1 故障概述

直流极Ⅰ低端换流器定电流运行，直流系统输送功率 180MW，直流电压 400kV，直流电流 450A。逆变站（苏州站）进行 VCU 电源故障试验；第一套 VCU 电源故障后，系统切换，直流系统保持正常运行；第二套 VCU 电源故障后，直流系统闭锁。此时由于两套 VCU 电源故障，换流器失去触发脉冲，发生双桥同时换相失败，在直流系统中存在明显的 50Hz 电流、电压分量，造成整流站中性母线上与电抗器并联的 4 支避雷器中的一支损坏。

3.2 事件分析

（1）逆变站。逆变站两套 VCU 均失去电源后，直流执行 Y_BLOCK 并发出投旁通对，此时正好选择阀 2 和阀 5 为旁通对，由于双套 VCU 失电，无法投入旁通对。

因此，在失去电源前正常导通的阀保持导通状态，由于没有触发脉冲将不再进行换相，A、B 两相电流随时间持续增大，最大幅值约 5000A，直到换流变压器进线开关断开后电流才消失，整个过程持续约为 60ms。

逆变站交流系统电压通过还在导通的阀组叠加至直流侧，从极线电压及中性母线电压中均可以发现 50Hz 谐波分量，幅值均在 20kV 左右。

（2）整流站。整流站极线电压及中性母线电压中有 50Hz 谐波分量，幅值均在 200～300kV；直流极线和中性母线中基波电流最大幅值约 5000A。

（3）通信延迟。苏州站 VCU 故障后，锦屏站收到苏州站发出的闭锁指令信号用了 37ms，然后锦屏站开始移相、闭锁。查阅其他逆变侧跳闸试验时，锦屏站收到来自对站的闭锁指令需用 15～25ms 左右，因而此项试验锦屏站收到苏州站的闭锁指令时间稍长。

3.3 分析结果

结合逆变侧和整流侧分析结果，可以看出，由于逆变侧 VCU 故障，导致旁通对不能投入，不能迅速将交直流隔离，因而造成极线和中性母线 50Hz 交流基波和谐波分量，电压幅值均在 200～300kV。另外，站间通信延迟时间长增加了避雷器能量累积，最后导致一个避雷器损坏。

4 苏州站 5612 滤波器断路器 C 相损坏分析

4.1 故障概述

在直流极Ⅰ运行，苏州站进行无通信情况下，逆变站模拟直流过电流保护动作跳闸试验。苏州站极Ⅰ低端换流器保护跳闸，直流闭锁，换流阀隔离，交流开关跳开；在苏州站极Ⅰ低端换流器闭锁后，5612 交流滤波器跳开时断路器零序保护动作，5612 断路器 C 相发生故障，大组滤波器失灵保护动作跳开 5011 及 5612。

4.2 5612 断路器 C 故障跳闸分析

经检查发现 5612 断路器 C 相已损坏，初步确认为设备质量事故，事故的原因是 5612 断路器 C 相操作机构的拐臂断裂，仅一个断口拉开，导致击穿损坏。

4.3 事故处理

由设备制造厂负责对损坏的设备进行成组更换。

5 锦屏换流站 VBE-RDY 置零故障分析

5.1 概述

在锦苏工程系统调试过程中，锦屏站发生了几次换流器闭锁后，直流控制（换流器控制）给 VBE 下达指令投旁通对，但在投旁通对以后，VBE-RDY 突然变成零电位，导致 VBE 退出运行。对此问题进行了详细地分析，并提出和实施了改进措施，为工程的顺利投运打下了坚实的基础，也为进一步推进特高压直流输电工程建设和系统调试工作积累了基础技术资料和经验。

5.2 VBE 工作原理

锦苏工程锦屏换流站换流阀的控制和监控系统是由阀基电子设备（VBE）实现的。VBE 的功能除了晶闸管换流阀的触发和监测，同时也是换流阀和其他控制保护系统的接口，是 12 脉动换流桥触发控制系统的一个主要的功能部件，由两套冗余的微处理系统晶闸管控制和监测（TC&M）单元、光发射电路板和光接受电路板、供电电源和与极控、保护和检测系统的接口等组成。VBE 的功能是：产生所有晶闸管换流阀的触发脉冲，监测晶闸管换流阀及其相关设备的状态，在反向恢复期保护晶闸管免受损坏，产生换流阀电流过零关断信号，执行自检等。

晶闸管触发和监测系统结构如图 1 所示。TC&M 的硬件由两个互为热备用冗余的微处理器系统组成，也就是两个系统在运行时都在工作，但只有一个系统在控制换流阀。每个系统的故障检测包括信号检测、看门狗逻辑、自检和微处理器互检。一旦有故障，“VBE 就绪”（VBE-RDY）信号立即启动切换逻辑，自动切换到备用系统。如果两套 TC&M 都发出 VBE-RDY 信号置零，立即产生一个跳闸信号并将阀闭锁。

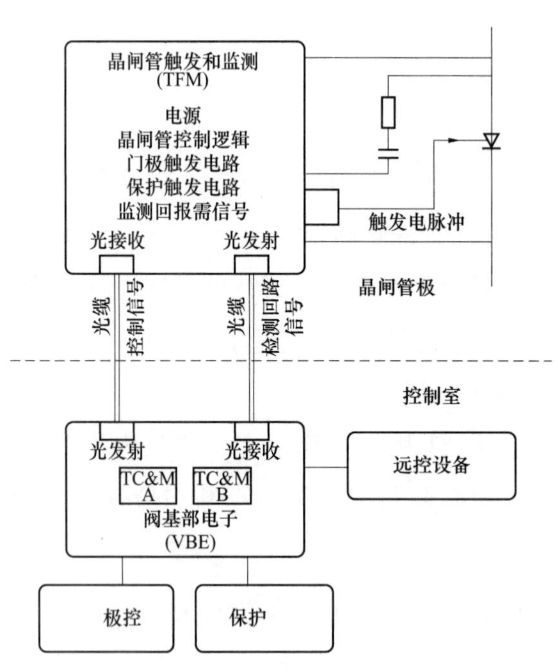

图 1 晶闸管触发和监测系统结构

每只晶闸管配置一块晶闸管触发和监测板（TFM），TFM 的功能是：检测晶闸管的阻断能力，检查晶闸管是否可以触发导通，检查晶闸管电流过零（建立负向电压），检查晶闸管是否由于正向过电压保护触发导通（也叫 BOD 动作）。TFM 与阻尼电路串联，从主回路耦合获取工作所需的电源。当晶闸管两端的正向电压超过门槛值时，TFM 根据接收的触发脉冲，发送一个触发脉冲到晶闸管的门极；当负向电压超过门槛值时，TFM 会发送一个脉冲，如果监测到 BOD 动作也发送一个脉冲，使得晶闸管导通。反向恢复期保护电路仅在阀关断后的一段时间内对晶闸管进行保护，此时，如果晶闸管两端的瞬时电压变化率超过 100V/μs，反向保护期电压保护电路产生一个指示脉冲到 VBE，VBE 根据单阀中该指示脉冲的数量情况（一般一个阀段出现 5 个以上的晶闸管级的 d*v*/d*t* 超限指示），VBE 就发触发指令使该单阀导通。

5.3　VBE-RDY 信号置零故障分析

在锦苏工程极 II 高端换流器系统调试过程中，锦屏站模拟极 II 高端换流器极母线差动保护 Z 闭锁试验时，当换流器保护闭锁后，出现 VBE-RDY 变成零电位导致 VBE 退出运行的故障，换流器隔离，录波图如图 2 所示。

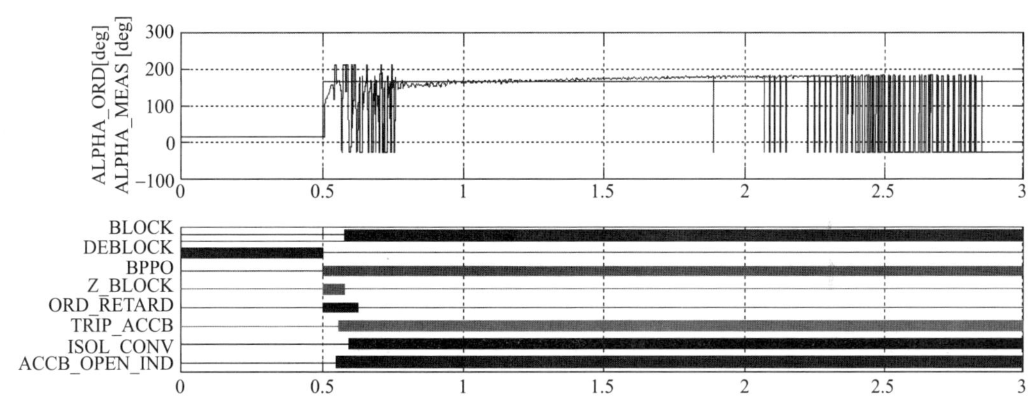

图 2　极 II 高端极母线差动保护跳闸，换流器隔离录波图

按照工程换流器保护设计原则，模拟极 II 整流侧直流极母线差动保护跳闸，换流器不应隔离，但在模拟试验中极 II 高端换流器报阀控故障并隔离。经过分析，当时的工况是模拟极 II 直流母线差动故障，保护将换流阀对应断路器跳闸，在发出跳闸指令的同时，极控给 VBE 下达指令投旁通对，但在投旁通以后，VBE-RDY 突然变成零电位，导致 VBE 退出运行。

通过检查系统调试记录，对极 II 系统调试锦屏侧 5 次模拟高端换流器保护跳闸试验进行了分析，发现 3 次模拟跳闸试验投入旁通对发生了 VBE-RDY 变成零电位的故障。第一次是锦屏站极 II 高端换流器手动紧急停运，极隔离，换流变压器跳开，投入旁通对，换流器闭锁；第二次是锦屏站下令模拟极 II 高端换流器过电流保护跳闸，事件显示“直流过流快速部分跳闸，执行 Z 闭锁”，极隔离，换流变压器跳开，换流器闭锁；第三次是锦屏站极 II 高端极母线差动保护 Z 闭锁试验投旁通对发生了 VBE-RDY 变成零电位的故障。

两次极 II 高端换流器投入旁通对 VBE-RDY 未变成零电位的试验是：第一次在苏

州站下令极Ⅱ双换流器紧急停运，先高端换流器紧急停运，锦屏站极Ⅱ高端换流器隔离，投入旁通对，极Ⅱ高端换流器闭锁；第二次是锦屏站进行极Ⅱ高端换流器不带线路开路试验，下令极Ⅱ直流电压手动由 0kV 上升至 400kV，再由 400kV 下降至 0kV，然后锦屏站闭锁极Ⅱ高端换流器。

通过以上 5 次试验投旁通对的操作，对 VBE-RDY 信号变化分析，得出一个结论，就是如果是在断路器跳闸时投旁通就会出现 VBE-RDY 置零导致 VBE 退出运行，而如果是在断路器合闸的情况下投旁通对就不会发生 VBE-RDY 变成零电位导致 VBE 退出运行，也就是说断路器跳闸与不跳闸与 VBE-RDY 置零有密切的关系。

5.4 VBE 投旁通对逻辑关系分析

（1）VBE 信号简介。VBE 输入信号：换流变压器进线开关合闸信号（CB_ON），触发控制信号（FCS），欠压信号（UNDERVOLTAGE），换流器解锁信号（DEBLOCKED），系统有效信号（ACTIVE），系统备用信号（PASSIVE），投旁通对有效信号（BYPASS ACTIVE），闭锁触发脉冲信号（BLOCK）。

VBE 输出信号：电流过零信号（END OF CURRENT），VBE 就绪信号（VBE-RDY），换流阀跳闸信号（CONVERTER TRIP），回报信号丢失（CHECK-BACK SIGNAL MISSING），晶闸管无冗余（NO THYRISTOR REDUNDANCY），回报信号太少产生跳闸（MIN. NO. OF CHECK-BACK SIGNAL NOT AVAILABLE），触发脉冲丢失（FIRING PULSE MISSING），阀检测正常（VALVE CHECK OK），投旁通对（BYPASS）。

（2）VBE 投入旁通对的逻辑关系。

1）向上工程 VBE 投入旁通的条件。在向上工程中复龙换流站 4 个换流阀的 VBE 投旁通对的条件是：

DEBLOCK=1& BLOCK=0　　AND

ACTIVE=1& PASSIVE=0　　AND

旁通阀 FCS 触发　　AND

BYPASS ACTIVE=1

逻辑图如图 3 所示。

2）锦苏工程 VBE 投入旁通的条件。锦苏工程锦屏换流站除极Ⅱ低端换流器采用的换流阀，其 VBE 投旁通对的条件是：

DEBLOCK=1& BLOCK=0　　AND

ACTIVE=1& PASSIVE=0　　AND

旁通阀 FCS 触发　　AND

CB_ON=1　　AND

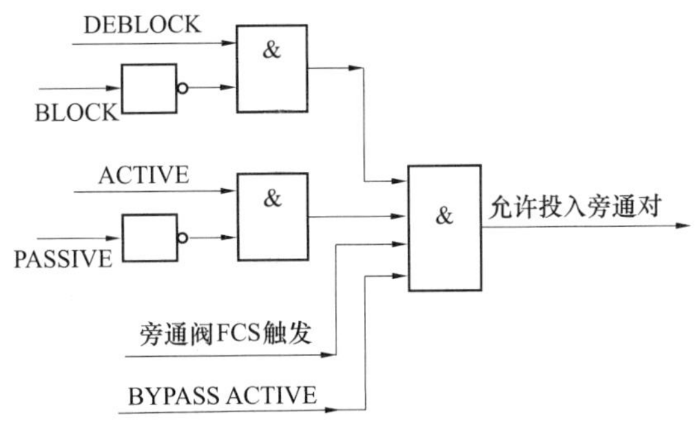

图 3 向上直流复龙站换流阀 VBE 投入旁通对条件逻辑图

BYPASS ACTIVE=1

逻辑图如图 4 所示。

锦屏换流站极 II 高端换流器采用的换流阀 VBE 投入旁通的条件比向上工程复龙站多了一个 CB_ON=1 条件。就是这个条件导致了换流阀 VBE-RDY 置零故障。

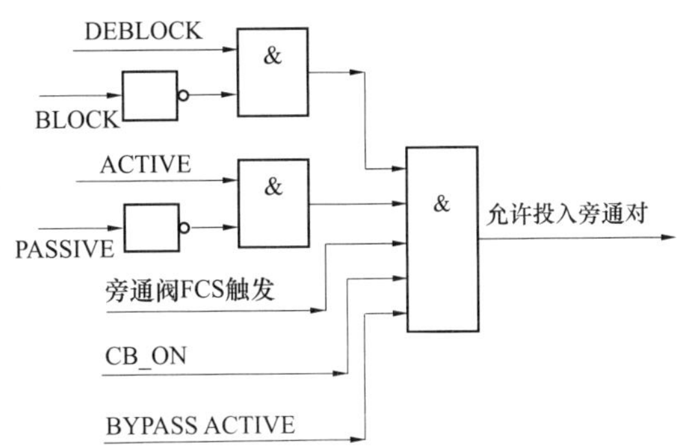

图 4 锦屏站直流换流阀 VBE 投入旁通对条件逻辑图

在上述锦苏工程 5 个逻辑条件中，有以下关系：

1）DEBLOCK=1 & BLOCK=0 组合无效，VBE-RDY=0；

2）ACTIVE=1 & PASSIVE=0 组合无效，VBE-RDY=0；

3）CB_ON=0 & DEBLOCK=1 & BLOCK=0 组合无效，VBE-RDY=0。

在锦屏站进行极 II 高端极母线差动保护 Z 闭锁试验时，出现 VBE-RDY 置零导致对应极控系统退出的故障，其原因就是因为 CB_ON=0 & DEBLOCK=1 & BLOCK=0 组合无效，所以造成 VBE-RDY 就在 2ms 后变成了零电位。

5.5 VBE-RDY 信号置零故障剖析

在进行极 II 高端极母线差动保护 Z 闭锁试验时，模拟极母线故障，差动保护发交流断路器跳闸指令，在发跳闸指令的同时，极控就发出投入旁通对的指令给 VBE，按照 VBE 设计逻辑设计是 DEBLOCK=1& BLOCK=0 & ACTIVE=1& PASSIVE=0 & 旁通阀 FCS 触发 & CB_ON=1 & BYPASS ACTIVE=1 才满足投旁通的要求，所以就要满足 VBE 逻辑条件才可以投旁通对，ACTIVE=1& PASSIVE=0，旁通阀 FCS 触发，

BYPASS ACTIVE=1 都是满足条件的，而 DEBLOCK=1& BLOCK=0 的条件是不满足的。锦苏特工程极控中，DEBLOCK 和 BLOCK 是由极控发出的，如图 5 所示。在 BYPASS ACTIVE=1 满足时，极控是不满足的，因为在这个状态下极控的解锁信号已经变为零。

从图 5 可以看出，尽管换流器极控已经处于闭锁状态，而换流器闭锁信号还没发给 VBE，DEBLOCK=1& BLOCK=0 的条件是不满足投入旁通对条件的。

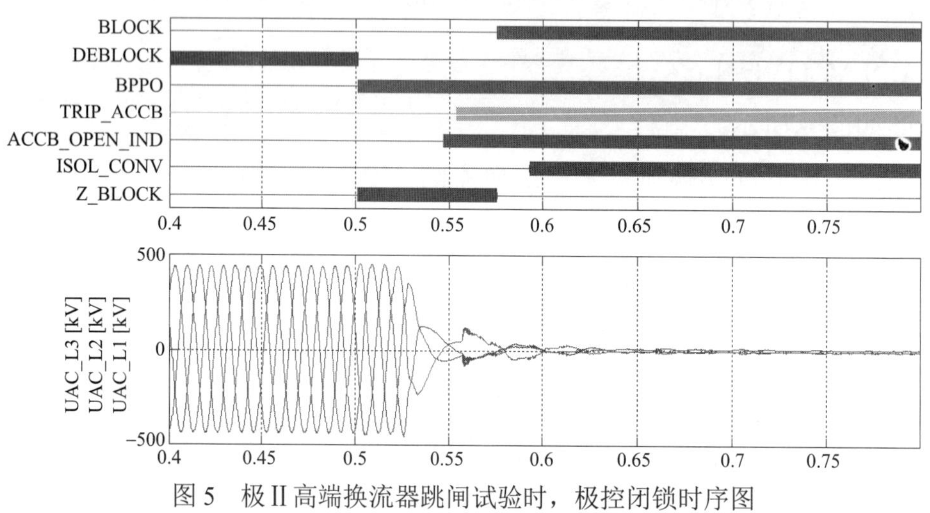

图 5　极 II 高端换流器跳闸试验时，极控闭锁时序图

为了满足换流阀 VBE 投旁通的条件，对换流器控制软件逻辑进行了一个更改，如图 6 所示。

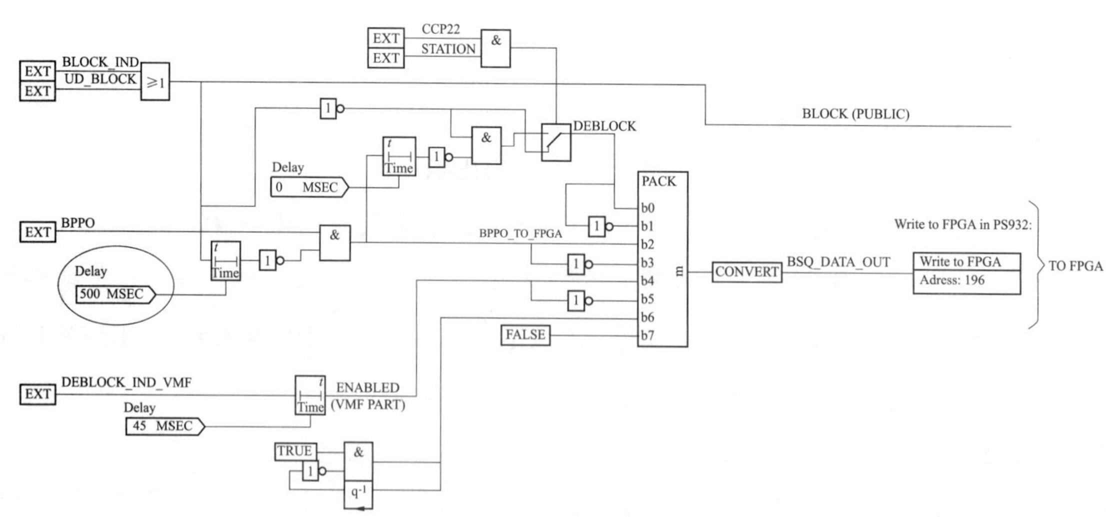

图 6　闭锁逻辑投旁通对与 VBE 接口逻辑图

从图 6 所示的软件可以看出，在直流极解锁信号由高电平变为低电平后，直流极闭锁，同时发出投入旁通对命令，而换流器控制发给 VBE 的仍然是解锁信号。

图 6 中椭圆圈里的部分，换流器控制发给 VBE 的解锁信号要延时 500ms 才能变

为低电平，直到投旁通开关，才把极控闭锁的指令给 VBE，所以真正的换流器控制（CCP）发给 VBE 时序图如图 7 所示。

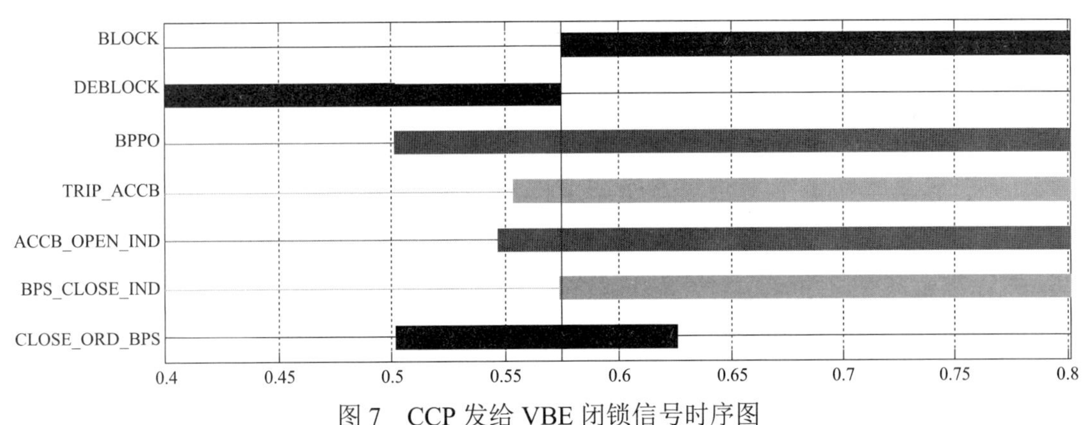

图 7　CCP 发给 VBE 闭锁信号时序图

在图 7 中，VBE 投旁通的 DEBLOCK=1 & BLOCK=0 满足了条件，剩下只要 CB_ON=1，VBE 就可以正常执行旁通指令了，但是在进行极Ⅱ高端极母线差动保护 Z 闭锁试验时，CB_ON 没有满足 CB_ON=1 的条件。

在图 7 中，0.55s 时刻换流变进线开关断开信号 ACCB-OPEN-IND 为 1，进线开关断开，也就是说 0.55s 时交流断路器断开指令执行，根据图 7，在 0.55s 时刻 VBE 正在投旁通对，换流器控制发给 VBE 的信息是换流器正处于解锁状态，而在换流器解锁状态下 ACCB-OPEN-IND 动作变成高电位，也就是交流断路器合闸信号处于零电位，即 CB_ON=0，这就导致了 VBE-RDY 信号变成零电位，进而 VBE 退出运行。

5.6　处理措施

由于锦苏直流锦屏侧在运行期间一直处于整流侧，直流系统停运时，投入旁通对的机会也较少，经过锦屏现场系统调试指挥部组织现场调试人员和设备成套单位进行分析研究后，决定只要整流侧换流器投入旁通对闭锁，VBE-RDY 信号置为零电平，VBE 退出运行，运行值班人员手动复位一次 VBE 就可以了。

在哈郑工程中，对换流器闭锁逻辑进行了修改，在换流阀解锁期间，CB_ON 信号异常时阀控设备继续进行换流阀正常触发和监视功能，只发告警事件，不进行控制系统切换，不撤销 VBE-RDY 信号，也就是 VBE-RDY 信号与 CB_ON 信号状态无关，这样就保证了换流器跳闸闭锁并投入旁通对之后，VBE-RDY 信号不会在很短时间内变为零，只有换流器解锁信号变成低电平后，VBE-RDY 信号才变零。

5.7　结语

上述对锦苏工程锦屏换流站极Ⅱ高端换流器采用换流阀的 VBE-RDY 置零故障进行了分析，指出了锦屏站 VBE-RDY 信号不仅与投入旁通对指令信号有关，而且与换流变进线开关的状态信号 CB_ON 信号有关。解决与投入旁通对有关的方法是在换流器闭锁信号延时 500ms 后发给 VBE，解锁信号延时 500ms 变为零；解决与 CB_ON 信号有关方法是 CB_ON 信号异常时阀控设备继续进行换流阀正常触发和监视功能，只发告警事件，不进行控制系统切换，不撤销 VBE-RDY 信号，也就是说 VBE-RDY 的状态与 CB_ON 信号状态无关。

6 苏州站换流变压器带电期间投入多组交流滤波器问题

在锦苏工程苏州换流站在进行直流站系统调试期间，发生极 I 低端换流变压器充电后多组交流滤波器自动投入、交流系统电压偏高的异常现象。

6.1 故障事件概述

在苏州换流站极 I 低端换流变压器第一次充电试验期间，充电前苏州站 3 大组 12 小组交流滤波器为热备用状态，1 大组 4 小组交流滤波器为检修状态，无功控制功能投手动方式。换流变压器充电成功约 8s 后，无功控制的 U_{min} 功能动作，开始将交流滤波器自动投入，直至将处于热备用状态的 12 组交流滤波器全部投入，同时发"交流滤波器大组母线过电压报警"。现场调试指挥确认交流滤波器异常投入、交流母线电压异常升高后，立即下令极 I 低端紧急停运，大约 3min 后，由运行人员于手动执行紧急停运操作，将极 I 低端换流变退出运行，并依次紧急手动切除所有交流滤波器。

6.2 事件原因分析

经现场检查，发现交流 1M 和 2M 母线的 CVT 送入直流极控盘柜的回路有接线端子异常断开，导致直流极控未能检测到交流母线电压，因此直流极控系统判断交流母线电压低于 U_{min} 设定值，无功控制的 U_{min} 功能动作，发出投入交流滤波器的指令，致使 12 组可用的交流滤波器全部投入。

图 8 为 U_{min} 控制原理图。

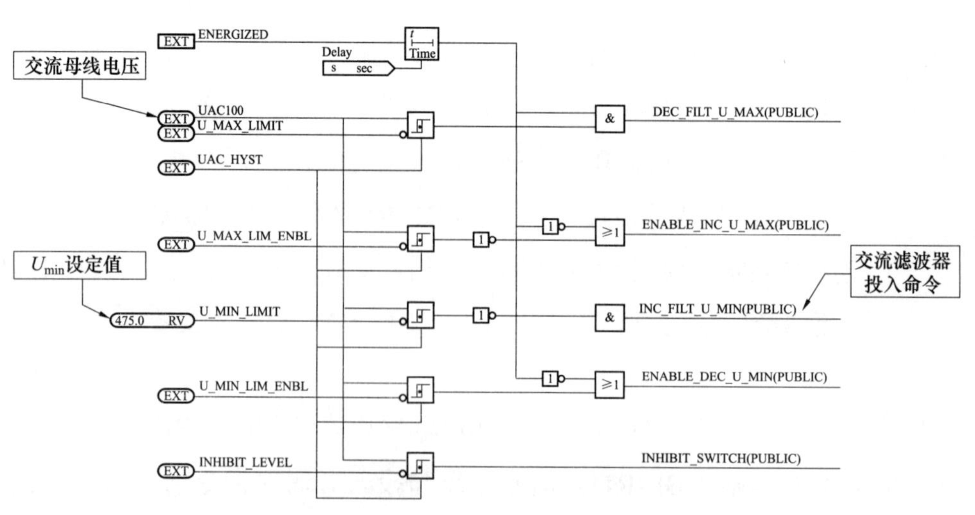

图 8 U_{min} 控制原理图

从图 8 程序中可以看出，当换流变压器充电或者交流母线电压大于 0.8p.u.，信号 ENERGIZED 为 1；如果交流母线电压低于 U_{min} 设定值（475kV）后，无功控制系统发出交流滤波器投入命令。

由于直流极控盘柜未能正常采集到 1M 和 2M 母线的电压量，双极控制系统（BCP）中交流母线电压 U_{AC} 输入信号为 0，当换流变压器进线开关合上后换流变压器带电，无功控制的 U_{min} 功能开放，BCP 控制系统检测到 U_{AC} 低于 U_{min} 设定值，发出交流滤波器投入命令。

异常发生后，由于无功控制的 U_{min} 功能一直处于有效状态，若在不退出换流变压器的情况下直接手动切除交流滤波器，U_{min} 功能会将刚切除的滤波器再次投入。因此，现场处理过程中，首先将换流变紧急退出，使无功控制的 U_{min} 功能失效。同时，无功控制的 U_{max} 控制滤波器切除功能会随之失效，使已投入的滤波器不能自动切除，需要运行人员手动将滤波器切除。

现场将异常断开的接线端子处理后，直流极控采集的交流母线电压 U_{AC} 信号恢复正常。

6.3 解决措施和方法

为了避免调试或正常运行过程中由于交流母线电压回路异常造成交流滤波器异常投入，经分析研究的修改策略为：在无功控制 U_{min}/U_{max} 信号有效条件逻辑中增加交流母线低电压检测功能，当两个交流母线电压均过低时，将 U_{min}/U_{max} 功能闭锁。

现有程序中 U_{min}/U_{max} 有效信号 ENERGIZED 为：交流场带电（检测交流母线电压大于 0.8p.u.）或者换流变压器充电（检测交流进线电压大于 0.7p.u.），如图 9 所示。

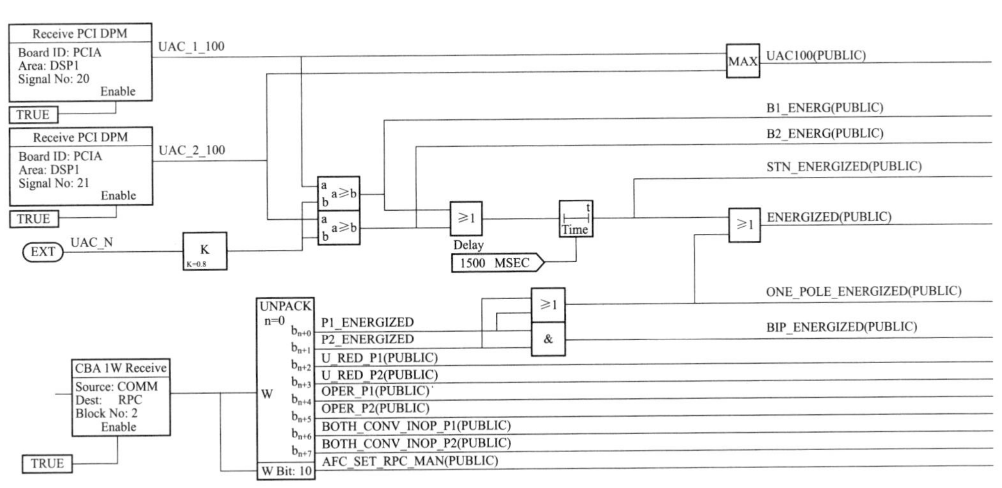

图 9　U_{min}/U_{max} 有效信号条件

为了避免在未检测到 U_{AC} 的情况下，U_{min} 投入滤波器小组开关，对程序做如下更改建议：

（1）取消换流变充电判据条件。将 U_{min}/U_{max} 信号有效条件ENERGIZED逻辑改为：交流场带电，取消换流变压器充电判据条件。软件逻辑详见图10。

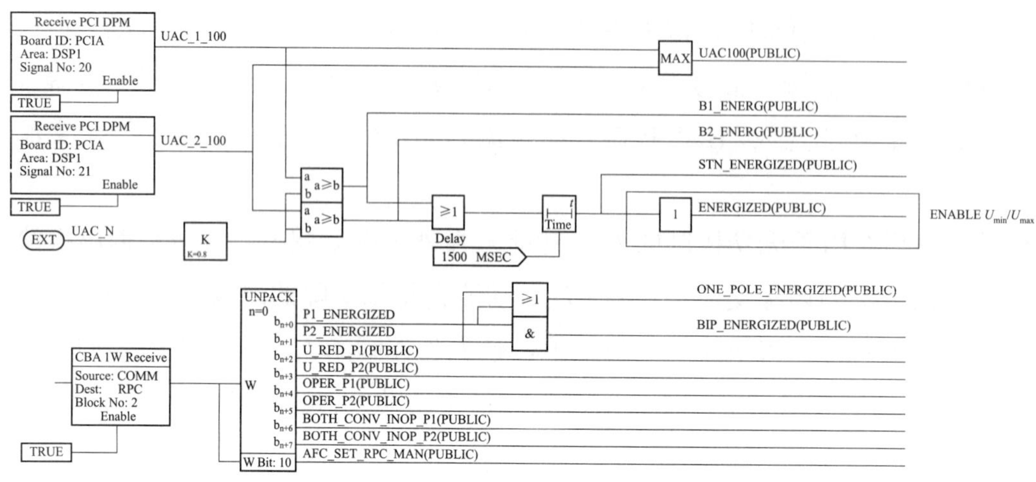

图10 取消换流变压器充电判据条件

（2）增加交流母线低电压检测功能。在 U_{min}/U_{max} 信号有效条件ENERGIZED逻辑中增加交流母线低电压检测功能，当两个母线电压均低于0.2p.u.时，U_{min}/U_{max} 信号有效条件 ENERGIZED为0，软件逻辑详见图11。

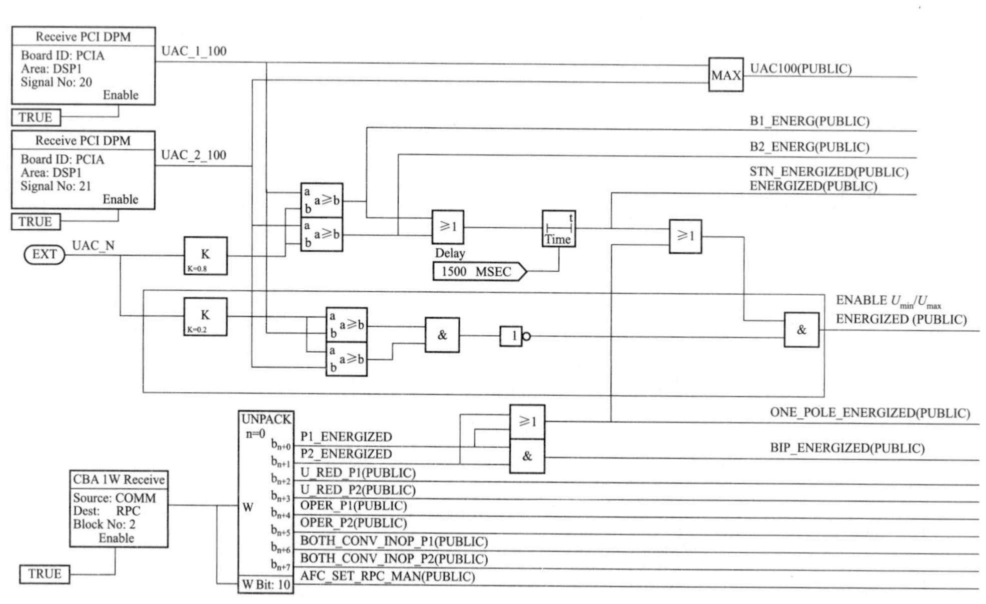

图11 增加交流母线低电压检测功能

（3）检查交流电压测量回路。对相应电压回路回路进行测量，确认其电压正常后把此电压接入。

采取以上措施后，换流变压器重新带电，未发生投入滤波器的现象。

第 4 节　站系统和端对端系统试验结论

1　站系统试验结论

锦苏工程站系统调试结果表明：换流站设备以及直流线路绝缘性能良好，换流站控制及保护设备的功能和性能满足工程合同和技术规范的要求，满足进行端对端系统调试的条件。

由于站系统调试单位充分认识到特高压直流工程调试的重要意义，以及站系统调试工作的艰巨性和复杂性，为了保证调试工作高效高质量地完成，在前期技术准备方面做了大量工作，认准了调试的难点，明确了最优的工作路线，确定了有效的试验项目，制订和优化了测试方案。调试过程中对出现的问题进行了及时分析，提出了处理意见，并指导或协助施工单位进行了及时处理。最后顺利完成站系统调试的所有试验项目，为端对端系统调试奠定了良好的基础。

2　端对端系统试验结论

通过锦苏工程系统试验研究和工程实践，在国内首次完成了大型直流输电工程送端孤岛运行方式试验；通过对直流系统的研究，编制了系统试验方案；通过分析研究，解决了融冰方式控制保护技术问题，完成了融冰接线方式试验；根据系统条件和工程特点，完成了单换流器额定负荷和 1.1p.u.过负荷运行试验以及双极额定负荷和 1.05p.u.过负荷运行试验，对系统设备性能和控制保护功能进行了全面验证和考核。对系统试验过程中发现的技术和设备问题进行分析，提出了解决方法，并在现场落实实施，保证了系统试验的顺利进行和按期完成。

系统试验的成果已经应用于锦苏工程。系统试验的结果表明，其一次和二次设备性能满足技术规范的要求，试验期间系统电压和功率控制正常，经受了各种操作、交/直流系统人工接地故障和大负荷等试验的考核，具备了试运行的条件。系统试验的圆满完成，证明该工程的科研设计、设备研制、施工建设和调度运行均是成功的，从而保证了工程的安全可靠投入运行，也为后续特高压直流输电工程的建设积累了宝贵的经验，奠定了坚实的基础。